西北工业大学精品学术著作
培育项目资助出版

互联网+环保公益项目价值共创

张亚莉　丁振斌　李辽辽　张海鑫　著

科学出版社

北　京

内 容 简 介

本书是作者在互联网+环保公益项目管理领域长期研究成果的总结，聚焦于参与主体众多、互动关系复杂的互联网+环保公益项目，利用定性和定量结合的研究方法，分析了影响不同主体参与网络公益的要素。基于价值共创理论，分析了我国情境下互联网+环保公益项目价值共创的过程，探讨了不同主体如何通过跨界合作实现价值共创，为促进互联网+环保公益项目发展提供新的分析角度和多个实现途径。

本书可作为管理科学与工程、工商管理等相关专业研究生以及项目管理专业人员的参考书，也可供从事环保公益项目管理实践工作的人员阅读参考。

图书在版编目（CIP）数据

互联网+环保公益项目价值共创/张亚莉等著.—北京：科学出版社，2023.11
ISBN 978-7-03-076638-0

Ⅰ.①互…　Ⅱ.①张…　Ⅲ.①互联网络-应用-环境保护-公用事业-研究-中国
Ⅳ.①X-12

中国图家版本馆 CIP 数据核字(2023)第 193971 号

责任编辑：杨　丹／责任校对：崔向琳
责任印制：赵　博／封面设计：陈　敬

科学出版社 出版
北京东黄城根北街 16 号
邮政编码：100717
http://www.sciencep.com
中煤（北京）印务有限公司印刷
科学出版社发行　各地新华书店经销
*
2023 年 11 月第 一 版　开本：720×1000　1/16
2024 年 6 月第二次印刷　印张：13 1/2
字数：271 000
定价：150.00 元
（如有印装质量问题，我社负责调换）

前　　言

互联网+环保公益项目涉及环境保护和公益大众化两大领域，已成为学术界关注的热点。健全互联网+环保公益项目的理论体系，需要将公益组织、公益平台、企业、公众、政府等多主体结合起来，通过清晰界定概念、单主体深入探究、多主体互动分析，促进多方跨界合作。本书基于价值共创视角，聚焦蓬勃发展的互联网+环保公益项目的多方跨界合作路径与机制，运用多种研究方法及多源数据，跨层次、分阶段地揭开了跨界合作的"黑箱"，以期为新时代大力推进互联网+环保公益项目提供根本遵循和指明实践路径。

本书首先围绕互联网+环保公益项目价值共创问题对相关文献进行了系统的梳理，并结合对我国公益主体的访谈等方式分析互联网+环保公益的现状和面临的挑战。其次，通过对不同主体参与行为的分析，细化各主体参与意愿和行为的驱动机制，并利用大样本进行检验。再次，基于访谈及问卷调查结果构建了项目成功的评价指标体系。最后，通过扎根理论方法揭示了互联网+环保公益项目多方跨界合作机制，提出了互联网+环保公益项目组织管理与公共治理方面的建议。本书可为跨组织项目管理、价值共创、数字化公益提供理论参考，也可为公益组织和互联网平台的公益项目管理、政府的平台治理政策制定、企业的公益社会责任履行、公民的公益意识培育及公益参与等提供建议和参考。

本书内容源于国家社会科学基金项目"价值共创视角下互联网+环保公益项目跨界合作机制与路径研究"(18XGL020)的研究成果。撰写本书过程中参考了大量的文献资料，在此向相关作者表示感谢。西北工业大学管理学院的张洁、赵兴放、陈德林、洪欢、Tan Chrissie Diane、王子悦、李锋、何光辉、马占龙、蒋兴桥等参与了与本书内容有关的课题研究工作，付出了很多努力，在此表示感谢。最后，感谢西北工业大学精品学术著作培育项目对本书出版的资助。

尽管经过多次修改完善，但由于作者水平有限，书中难免存在不足，欢迎读者批评指正。

目　　录

第 1 章 绪　　论

1.1　研究背景及意义

近年来，气候变化和环境污染对人类的生存和发展造成了威胁。我国政府将生态文明建设作为国家发展的重要战略之一，把环境保护纳入经济社会发展的整体规划中，并采取了一系列积极的措施。建设美丽中国成为全民共识，而环境问题的解决需要社会多方参与、持续发力，因此，深入了解当前环保形势，探索切实有效的环保实践，具有十分重要的意义。

推进生态文明建设与数字化技术结合是宏观政策支持引导和未来环保实践发展的方向。生态文明建设与数字化技术的结合是一种创新的发展方向，既可以提升环保实践的效率和效果，又可以为可持续发展提供更广阔的空间。数字化技术的应用，可以提供精准的数据支持、提升环保实践的效率和效果、促进环保产业的发展和创新。近年来，环保公益发展迅速，已经逐渐发展为推进全民参与生态文明建设的重要方式。调查发现，无论是环保公益参与捐赠人数还是捐赠金额，都呈现出迅速增长的趋势。根据中国社会科学院社会学研究所与社会科学文献出版社联合发布的《慈善蓝皮书：中国慈善发展报告 (2022)》，2021 年全国社会公益资源总量预测为 4466 亿元。相较以往，公益发展在社会捐赠、志愿者服务等各方面都取得了阶段性的成果。然而，我国公益事业的发展中也存在着一系列的难题。例如，如何更有效地缩短受赠方与捐赠方之间的距离，如何利于捐赠方更便捷地参与公益项目以及更高效地完成项目捐赠等。目前互联网技术与公益融合形成的新业态，即互联网＋环保公益项目的出现，打破了传统公益的诸多限制，为解决传统公益事业效率低下等问题带来了更多的可能。互联网上开展公益项目，起初是利用传统网页端完成线上捐赠，后来发展为利用社交软件进行信息传播，并以移动捐赠或直播公益等不同方式吸引公众参与公益。这些方式加快了项目信息的传播速度，降低了参与者的门槛，拉近了公众与公益项目之间的距离。而且，互联网＋公益更加透明规范，通过公开项目进展、捐赠进度及资金流向等信息，公益组织能够更好地接受公众监督，从而向更专业的方向发展。

随着环保公益与互联网技术深度融合，更多人开始利用互联网思维，主动尝试通过公益平台寻求帮助。更加多样的项目和更加便捷的参与方式激发了民众的公益热情 (苑广阔，2019)。互联网平台的存在，为公益事业的传播、动员、筹资、捐款提供了便利的条件，为公益项目的开展创建了合作场所，帮助社会公众与公益慈善机构之间建立信任，形成良好的循环。可以说，互联网+重塑了传统公益项目，越来越多的公益活动逐渐由传统的线下募捐模式转变成新的互联网+公益模式。

互联网+环保公益项目借助互联网、手机应用软件和大数据分析等技术加快公众、公益组织和企业等不同领域的合作，促进环保公益事业的发展并实现价值共创。这种新型公益形式有效促进公益传播大众化，激发社会公众参与公益的热情。依托互联网+的技术优势以及网络规模的放大效应，互联网+环保公益项目在影响社会多方参与环保公益活动方面取得了显著成效。例如，"蚂蚁森林"是一项旨在带动公众低碳减排的公益项目，每个人的低碳行为在"蚂蚁森林"里可计为"绿色能量"。"绿色能量"积累到一定程度，就可以用手机申请在生态亟需修复的地区种下一棵真树，或者在生物多样性亟需保护的地区"认领"保护，从而使得用户可以利用自身的亲环境行为来创造社会公益价值。此类互联网+环保公益成果不断地引起社会舆论的高度关注，吸引更加多元化的群体参与公益项目。

互联网技术为环保公益项目的发展奠定了基础，带来机遇的同时也带来了挑战。网上环保公益项目的泛滥，使得公众难以选择，加之互联网信息的复杂多样化和网络上社交关系的不确定性，以及相伴而来的欺诈、隐私泄露等问题，降低了公众对项目的信任和参与意愿。此外，公众对于环保公益的认知更多停留在感性的同理心层面，对环保公益事业背后的专业性、价值性和对社会发展的推动感知度较低。相当数量的环保公益组织在数字化转型方面存在困难，受人、财、物等资源限制，难以扩大其服务规模。

针对当前互联网+环保公益项目的机遇与挑战，本书主要聚焦以下问题：

(1) 当前我国互联网+环保公益项目发展状况是怎样的？

(2) 不同主体 (个体与组织) 如何参与互联网+环保公益项目？

(3) 哪些关键因素会影响互联网+环保公益项目的成功？

(4) 公益组织、公益平台、企业、公众、政府之间如何进行跨界合作实现价值共创？

基于以上思考，本书从价值共创的视角出发，构建我国互联网+环保公益项目的跨界合作理论模型，探讨公益组织、公益平台、企业、公众、政府实现价值共创的路径，并提出互联网+环保公益项目的组织管理与公共治理策略。

从学术研究角度看，借助数字化平台的互联网+环保公益项目已引起了学者广泛关注。健全互联网+环保公益项目的理论体系，需要将公益组织、公益平台、企业、公众、政府等多主体结合起来，将单主体深入探究与多主体互动分析相结合，促进多方跨界合作。本书基于价值共创，运用多种研究方法、多源数据，跨层次、分阶段地揭开了跨界合作的 "黑箱"，丰富了公益数字化创新在融合创新和价值共创方面的理论成果，也为互联网＋环保公益的公众参与、跨组织项目管理、组织可持续管理、环保公共治理领域的多学科交叉研究提供了新的思路。

从实践上看，互联网＋环保公益项目的开展是实现全社会公益参与的重要途径，对于我国社会生态文明建设实践层面也具有重要意义。当前，不同平台企业推出的互联网＋环保公益项目已成为通过多领域跨界合作与资源整合来推动环保公益事业可持续发展的新方式，在提高公众的公益参与、企业社会责任、环保公益宣传监督以及环境影响方面产生着深刻的影响。本书基于系统化研究得出的成果将为我国互联网＋环保公益事业的科学发展提供参考，有助于提高公众在公益环保、社会协作和价值共创方面的热情和参与度，帮助改善企业和公益组织的慈善行为，践行企业社会责任，利用网络平台进行数字化建设，以及给政府指导数字化公益事业提供建议。有关研究工作力图有效融合公益组织、公益平台、企业、公众、政府的力量共同促进环境保护，建设生态文明和美丽中国。

1.1.1 互联网＋环保公益的兴起

互联网＋是创新 2.0 背景下互联网发展的新模式、新业态，为社会改革、创新和发展提供广阔的网络平台。简单讲，互联网＋就是 "互联网＋各个传统行业"，是利用信息通信技术以及互联网平台，让互联网与传统行业进行深度融合，创造新的发展生态 (马化腾，2016)。互联网＋的目的在于充分发挥互联网的优势，将互联网与传统产业深入融合，以产业升级提升传统行业生产力，最终实现社会财富的增加。

近年来，互联网＋的飞快发展颠覆了很多传统行业的发展模式，并带来了更多新的发展机遇 (徐家良，2018)。"公益＋互联网" 以公益个体、公益组织为发起者，利用新的媒介发展新公益。随着微博、微信、抖音等新媒体的产生和发展，公益组织及公益个体利用互联网媒介发声来增强信息的流通性，进而引起更多人对公益的关注和参与。部分互联网企业整合各界资源，与公益组织联合，进行跨界创新。新的公益形式以互联网技术为主导，由互联网公益平台创建并推出公益项目。这些平台为公众参与公益提供场所，通过降低公众的参与门槛，最终推动公益事业的发展。

互联网＋公益是依托移动互联网、大数据、云计算等网络技术介入公益活动设计、生产、流通的全过程，是互联网与公益的深度融合。互联网不只是工具，而且是新的分工体系、社会环境、生活方式和思维方式 (刘秀秀，2018)。不同于传统公益，互联网重塑了捐赠人、公益组织和受助群体组成的多主体联盟的关系结构，提供了新的互动机制。在传统公益阶段，公益组织作为公益活动开展的主体，连接捐赠人与受助群体，一个项目从发起、运作到反馈的整个过程中，除公益组织外的其他主体参与性较低。互联网与公益结合后，捐赠人和受助群体开始主动走到台前献爱心或者寻求帮助。小额捐赠、时间捐赠等多种参与形式大大拓宽了捐赠人群体，人人公益的局面就此打开。互联网技术大幅度降低了公益参与门槛，分散的行动者全方位行动起来，展现出技术红利分散化共享的景象。

互联网+公益最初是由网络公益众筹的模式发展而来。网络公益众筹是公益组织、机构或个人通过互联网众筹平台发起相应的筹款项目，获取出资人对项目的支持 (杨睿宇等，2017)。2009 年成立的 Kickstarter 将众筹与网络结合起来，发起者通过网络，利用众筹方式快速地筹集项目所需资金，而众筹平台为创建者和出资人提供了交流与资源实现的平台。国外众多发展较成熟的众筹平台，如 Rockethub、Kickstarter 和 Indiegogo，为想借助互联网筹款的人提供机会，帮助他们向社交网络和其他渠道宣传想法或者发起项目，并获取资金来实现目标。在多主体互动中，一个重要的角色是出资人。通过众筹平台，出资人获取项目信息，受参与动机驱动出资，表达对项目的支持，同时可获得相应回报。

众筹包含不同的形式，有不同的出资方式，对应的出资人有不同的动机和回报。Collins 等将众筹分为四类：捐赠众筹、奖励众筹、众筹贷款和股权众筹，其中最成功的是基于奖励的模式，参与者通过向项目捐赠获得非财务奖励 (Collins et al., 2012)，具体形式见表 1-1。

表 1-1　众筹形式

类别	出资方式	出资人动机	回报
捐赠众筹	捐赠	内在动机/社会动机	无形收益
奖励众筹	捐赠/预购	内在动机/社会动机/ 对奖励的渴望	奖励/无形收益
众筹贷款	贷款	内在动机、社会动机及经济动机的结合	还本利息 (一些社会动机的贷款是无息的)
股权众筹	投资	内在动机及经济动机的结合	投资回报/奖励/无形收益

互联网+公益与捐赠众筹具有一定的相似性，发起人通过网络平台发布捐赠项目信息，参与者受内在动机或者社会动机的驱动，贡献自己的力量进行捐赠。互联网的发展不断地改变社会公益项目的参与形式，推动公益事业的发展。Kau 等 (2003) 认为互联网的发展带动了在线购物的兴起，也促进了对慈善机构的在线捐赠。越来越多的人通过互联网获取信息，并通过网络平台参与慈善实践。特别是发生人道主义危机之后，通过互联网参与项目捐赠的人增多。灾难和饥荒能够引发更多对网站平台的首次访问，参与捐赠的用户也在增加，使得在短时间内能够筹集大量资金 (Gomes et al., 2001)。

随着众筹平台的成熟和公益领域的不断发展，专业的环境保护平台也日益壮大。例如，我国环保领域的首个公益众筹平台 "绿动未来"，将互联网与环境保护进行融合，创新了项目的内容和活动形式，传播了绿色生活方式的理念。通过"绿动未来"环保公益众筹平台，可广泛动员社会各界，汇聚形成全社会参与环境保护的巨大力量。除了传统的筹集资金外，通过社交媒体和移动应用获取公共信息来保护环境，将成为未来环境保护新的发展方向 (尹梦琪等, 2019)。在社交媒体中，非筹款活动也能够实现公益参与，公众可以通过发文、点赞、评论和转发来参与公益。

我国互联网+公益主要围绕"传播、捐赠与服务模式"演变发展，呈现出相对清晰的四个阶段螺旋式发展路径 (腾讯研究院, 2021)。

第一阶段以公益组织为中心，基于数字传播塑造品牌影响力，主要体现为门户公益频道扩大公益信息的传播范围、提升传播效率。

第二阶段以捐赠人为中心，数字化"传播–筹款"促进公众筹款普及，主要体现为社交网络和移动支付构建数字化"传播–筹款"场景，而线上公众捐赠也对公益组织的财务透明度和管理水平提出更高要求。

第三阶段以多元主体为中心，泛行动激发"传播–筹款"模式创新，主要体现为平台流量深度融入各类企业业务场景和公众生活场景，推动泛公益行动的多元参与。

第四阶段以社会价值为中心，新兴技术融入公益服务创新，主要体现为公益组织效率提升，新兴技术回归公益服务的初心，围绕解决社会问题推陈出新，推动公益数字化飞速发展。

1.1.2 互联网+环保公益项目

互联网+环保公益是互联网+公益的拓展和延伸。通过整合互联网和大数据分析技术，辅以当前应用广泛的移动数字经济场景，将社会公众、企业和公益组织联结在一起，力图达到既满足社会公众参与环保活动需求，又帮助企业树立良好形象以及社会环保公益组织开展环保活动的目标，实现多方共赢，最终促进我国环保公益事业的蓬勃发展。在互联网+环保公益时代，环保公益活动的平台更为多元，公众参与方式更为多样。通过互联网渠道开展环保公益活动可以让参与环保公益的人更多、活动影响范围更广、环保效果更佳。

互联网+环保公益项目为环保类公益发展提供了新的发展模式。它依靠互联网的力量，借助多种媒介进行传播，拓宽了项目的传播范围，吸引了更多的参与者，使得受众群体越来越多样化。同时，互联网汇集了众多项目类型，为公益项目的众多利益相关者建立了沟通渠道，也为参与者提供了更大的项目参与自主权。作为公益事业的最终体现形式，公益项目直观反映了捐赠者的行为意愿、组织机构的推进结果以及捐赠资源的分配情况 (李维安等, 2017)。

与常见的网络众筹项目不同，公众不仅可以通过直接捐赠资金或者筹集善款的方式参与项目，而且可以通过日常生活中的亲环境行为在线记录兑换公益平台内的虚拟物，然后公益平台将虚拟物转化为具体的环保项目的实施 (如在荒漠地区种树等) 来支持环保公益项目，为生存环境的改善贡献力量。例如，互联网+环保公益成功创新的案例：用户可以通过步行、电子支付等行为由系统生成虚拟能量，能量累积后在 "蚂蚁森林" 页面种植虚拟树，之后企业与合作的公益组织或企业伙伴会在生态亟需修复地区种下一棵真树，或者在生物多样性亟需保护的地区 "认领" 保护权益。"蚂蚁森林" 的成功不仅是传播低碳环保理念的一种创新实践，也为环保公益的发展提供了启示。

新兴项目降低了公众参与的门槛，有助于环保公益组织解决筹资困难的问题，同时也能让捐助企业通过履行其社会责任达到正面宣传的效果。可见，互联网+环保公益项目的出现满足了不同社会群体的环保需求，有效促进了公益需求的多方对接、社会资源整合与价值共创的目标实现。

互联网+环保公益项目是在互联网+理念和传统行业融合背景下出现的一种数字化社会创新，借助互联网、手机应用软件及大数据等数字技术来支持不同领域的协作，以改善环境并实现价值共创。换言之，它利用互联网的思维、技术和理念，推动社会建立一种线上线下结合、联动的 "人人环保" 机制，从而实现全员参与、全员监督。互联网+环保公益项目不仅能够提升环保公益流程透明度，增强公众对公益事业的信心，而且可以让环保公益项目参与变成公众生活的常态，促进实现环保事业的长期性和持续性。从价值共创视角来看，互联网+环保公益项目是以互联网技术为主导，通过多方联合，整合各界资源，实现跨界融合，最终促进共同发展，主要表现为建立互联网环保公益平台、推出互联网环保公益项目、降低参与门槛，为环保公益项目的参与提供网络平台 (岳佳仪，2018)。

互联网+环保公益项目主要分为三类：第一类是公益平台内第三方环保公益项目。公益平台规模较大，涉及公益领域广泛，环境保护是其中一个模块，参与者往往通过浏览该平台的公益项目信息，进而选择自己感兴趣的项目进行捐款等公益行为。第二类是环保公益平台组织的项目，参与者可以通过日常环保行为在网络平台捐赠虚拟物品，项目执行方在现实中实现。第三类是前两者的结合，参与者通过日常环保行为换取公益能量，用能量值参与不同类型的公益项目。互联网+环保公益模式不仅消除了传统环保公益 "难接触、难参与" 的弊端，而且利用互联网平台的流量优势扩大了公益行动的影响力，并且部分解决了公益项目的筹款难题。

传统的环保公益项目在实施过程中存在很多难点，如公益活动影响力有限、经费筹措困难、社会监督渠道不畅等。互联网+环保公益项目可以节约时间、人力、宣传等成本，降低公众参与环保公益的繁琐程度，同时能提高环保公益流程的透明度，进而增强公众的信任。互联网+环保公益项目的优劣势如图 1-1

所示。

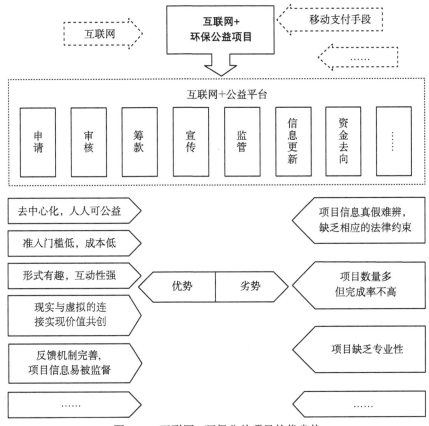

图 1-1   互联网+环保公益项目的优劣势

优势主要体现在以下几方面：

第一，去中心化，人人可公益。传统的环境保护项目主要由政府或非政府组织开展，范围有一定的局限性。互联网为全民环保提供了一个平台，可以实现人人都能参与环保。每个人都可以是环保公益项目的组织者和发起者，公益参与不再只是接受信息，更多的是传达信息 (李梦娣，2018)。互联网+公益相较于传统的公益筹款更加便捷，参与者可以通过社交媒体、手机软件等进行线上筹款。公益活动不再受时间和空间的限制，环保成为普通个体随时可参与的活动 (胡怡等，2018)。

第二，准入门槛低，成本低。项目发起方通过互联网平台发起筹款，降低了人员、场地等筹款成本，使所筹善款更多地用于公益项目。在公益平台中，项目从发起、审核、公布、筹款到结束都在线上进行，大幅度缩短了项目时间，提高了效率。

第三，形式有趣，互动性强。互联网+环保公益项目以高效性、交互性、游戏化等特征吸引公众随时加入环保公益活动中 (段晓竣，2018)。一方面，互联网+环保公益与其他行业的跨界融合，使得公益项目增加了很多新元素。另一方面，在互联网上参与公益事业的人不是孤立的，一般是整体并且有密切的联系和互动，在线环保公益活动在一定程度上也可被视为一种特殊的社交手段。例如，"蚂蚁森林"的用户可以选择树的类型和种植地点来种树，朋友间不仅可以相互沟通，还可以通过排名榜提升用户的荣誉感。通过互联网公益，用户可以在做公益活动时与朋友一起进行更多的社交互动 (孔萌萌，2018)，这在一定程度上可以提高公益参与群体的持续参与意愿。

第四，现实与虚拟的连接实现价值共创。在互联网时代，企业试图用"互联网+公益"的形式来履行企业的社会责任 (corporation social responsibility，CSR)，如捐赠和捐跑，这在学术上被称为"虚拟 CSR 共创"，即企业战略性地运用社交媒体技术主动吸引用户共同参与到企业社会责任活动中。互联网打破了现实和虚拟的边界，用户通过虚拟社区的行为获得现实生活的价值共创。如"蚂蚁森林"把植树活动转移到线上，以虚拟方式开展，使环保公益活动有了更加灵活的发展空间。

第五，反馈机制完善，项目信息易被监督。互联网+环保公益项目的整个流程及信息更新、资金去向说明等均可通过公益平台得知。这些信息的公布便于项目执行方的自我检查以及政府、媒体和公众的监督。同时，公众可通过公益平台和项目执行方进行即时交流，在提高流程透明度的同时也完善了反馈机制。

互联网+环保公益发展迅速，庞大而复杂的网络环境为互联网+环保公益项目带来优势的同时，也带来了不少的挑战。

第一，项目信息真假难辨，缺乏相应的法律约束。由于互联网信息的去中心化、平等化和海量性 (岳佳仪，2018)，公益门槛有效降低，产生了很多由非公益组织发起的公益活动。这些项目的信息真实性无法确定。此外，环保公益网络平台的项目众多，对申请信息的表述也没有详细的规定，工作人员很难确认信息的所有细节。当前相关法律执行参照了传统公益和互联网相关法律法规，还未形成其专有的法律法规。

第二，项目数量多但完成率不高。公众每天在网上接触大量的新信息，注意力容易被转移到其他领域。同时，公众很少会持续关注项目的信息更新，难以实现自发的二次传播。

第三，项目缺乏专业性。互联网+环保公益打破了壁垒、实现了跨界融合资源 (孙玉琴，2019)，仅几年就获得了不小的成功，但互联网+环保公益的专业组织机构发展相对滞后。志愿者大多为兼职，长期参与的志愿者数量较少，志愿者的频繁轮换不可避免地影响公益项目的专业性及连贯性。

1.2 本书内容

本书首先围绕互联网+环保公益项目价值共创问题对相关文献进行了系统的梳理，并结合对我国公益主体的访谈等方式分析互联网+环保公益的现状和面临的挑战。其次，通过对不同主体的参与行为分析，细化各主体参与意愿和行为的驱动机制，并利用大样本进行检验。再次，基于访谈及问卷调查构建了项目成功的评价指标体系。最后，以扎根理论方法揭示了互联网+环保公益项目多方跨界合作机制，提出了互联网+环保公益项目组织管理与公共治理建议。具体内容分为 7 章。

1 绪论。互联网+环保公益项目基于社交网络平台或专业公益平台向社会大众发起，属于生态保护领域的特殊公益事业。该章梳理了互联网+环保公益项目的研究背景及本书内容设计的整体思路，包含互联网+环保公益的兴起、互联网+环保公益项目的界定等。

2 互联网+环保公益项目发展现状。作为一种新兴数字化的社会创新，互联网+环保公益项目实践引发了社会的广泛关注。该章通过文献和实践调研探究我国互联网+环保公益项目理论发展和实践的现状。首先，通过文献梳理了互联网+公益项目的各主体参与行为研究，分析了相关领域的研究现状。然后，通过实地访谈参与项目的各类型主体 (包括公益组织、公益平台、企业和公众)，分析我国互联网+环保公益项目实践情况，探讨当前该领域的发展方向、难点等。

3 互联网+环保公益项目的个体参与。随着互联网+环保公益项目的兴起与发展，公众可以通过网络随时随地了解、参与公益活动。该章分为三部分：一是从参与意愿与行为出发，分析社会影响对个体参与的作用机制；二是针对环保众筹项目，研究众筹平台网站声誉对个体捐赠的影响；三是聚焦为个体提供环保公益项目信息的互联网平台，探究公益平台的用户黏性。

4 互联网+环保公益项目的组织参与。社会多方参与对互联网+环保公益项目的成功实施尤为重要。该章基于"技术–组织–环境"模型探究企业参与互联网公益项目的影响因素，构建了影响企业参与行为的理论模型。数字化经济背景下，国内环保公益组织正在试图突破传统公益方式的禁锢，以更具创新意义和更具专业性的环保公益项目运作模式不断改善环境。该章关注公益组织参与数字化环保公益项目的价值共创机制，通过探索影响因素的作用效果，试图回答公益组织为何参与价值共创，以及价值共创意愿如何转化为行为的问题。

5 互联网＋环保公益项目成功评价及影响因素。互联网＋环保公益项目的成败与公益多方的利益息息相关,失败的项目不仅会对利益相关者造成损失,还会影响环保公益项目在公众中的形象, 降低公众信任度。互联网＋环保公益项目如何取得项目成功? 哪些理论可以指导项目发起方的行为从而获得更好的筹款效果? 基于这些问题, 该章从项目成功的视角出发, 结合项目利益相关者与项目生命周期等理论构建互联网＋环保公益项目评价指标体系, 探究了平台项目信息展示对项目成功的影响, 从信号理论和文本倾向角度出发探究互联网＋环保公益项目的成功因素。

6 互联网＋环保公益项目价值共创模式。互联网＋强化了公益主体间的连接及价值共创实现的可能性。目前, 互联网＋环保公益项目方面的理论滞后于实际需求, 因此, 该章使用扎根理论方法, 从价值共创的视角出发, 探讨了公益组织、公益平台、企业、政府、公众通过多方跨界合作实现价值共创的路径。

7 总结与对策建议。从四个方面提出有针对性的指导建议和管理策略, 分别是: 公益组织和公益平台参与互联网＋环保公益项目的管理策略, 企业参与互联网＋环保公益项目的指导建议, 政府监管互联网＋环保项目的政策建议等。

1.3 研究方法与数据资料

本书采取多元互证的研究方法。各章节根据不同研究对象和研究目的选择合适的研究方法, 包括文献研究、深度访谈、问卷调查、文本分析、扎根理论等方法。同时, 运用多种数据来源 (一手、二手数据) 和多方被调查者 (公众、企业、公益组织等) 的混合研究策略来保证理论和结果的严谨性和适用性。

1) 文献研究

文献研究主要是指通过查阅丰富的学术文献资源数据库和网络材料, 了解国内外关于互联网＋环保公益项目以及与研究主题密切相关的理论现状, 收集相关书籍、论文和新闻报道等材料作为基础研究材料。通过对材料进行整理、分析和总结构建理论研究框架。

文献梳理工作主要体现在两部分: 一是为探究互联网＋环保公益项目现状而对各参与主体进行全面、系统的文献回顾, 主要将 Web of Science、Scopus、中国知网等权威数据库作为文献来源。通过 "直接检索关键字—剔除重复内容—遗漏文献的检索补充" 的基本步骤, 筛选获得中英文文献, 梳理了互联网＋环保公益项目的发展脉络, 总结了国内外研究现状。二是各章节按照不同的研究对象、研究问题和理论切入点, 分别进行深度的领域内文献回顾, 挖掘了研究主题与概念之间的相关联系, 以此构建研究模型并提出相关假设。

2) 深度访谈

通过深度访谈可以针对所关注的问题获得受访者的观点、意见、情感、感受等,并能随着情景灵活地调整访谈节奏、内容,以获得更多的资料。结合受访对象赠予的相关文件及书面资料,进行全面的汇总和梳理,收集大量的相关资料。有效访谈资料的收集离不开事前的充分准备、事中的严格管控以及事后的及时整理。提前准备包括合理设置访谈提纲、选择合适的访谈对象、熟悉访谈内容以及了解访谈对象;过程的严格管控包括提前将问题给到访谈对象、使用简洁明确的询问语言、选择合适的访谈时间和地点等;获得访谈内容后, 及时整理访谈资料,避免遗忘和曲解。

本书很多章节使用了访谈获取一手数据资料,确保理论研究与现实实践密切结合。首先,通过访谈参与互联网+环保公益项目的企业中高层管理人员、公益组织负责人、公益平台负责人、公众,明确了我国互联网+环保公益项目的实践情况以及存在问题,并为后续研究提供理论建构方向的线索和根据。其次,在研究具体问题时,通过访谈研究的目标对象,帮助建立或检验研究模型。最后,将访谈获得的资料作为扎根理论的重要一手数据来源。个体互动行为的角色分析中访谈了在志愿云平台注册且公益时长 400 小时以上的团队负责人及其他符合要求的个体;公益组织研究中, 访谈了相关公益组织工作人员;建立多方参与价值共创合作模式研究部分,对公益基金会/环保项目/公益平台的负责人进行半结构化访谈, 形成 68000 余字的文字资料, 见表 1-2。

3) 问卷调查

问卷调查是一种基于某一特定样本进行信息搜集的方法,研究者希望以此为基础得出关于样本总体的定量化描述。问卷调查包括两个常见的用途:一是了解和描述某个特殊群体的态度与行为;二是进行假设检验,关注变量间的关系推论是否可以得到样本数据的支持。当问卷数据用于假设检验时,研究者需要提前确定研究变量的测量方式以及语言表达的准确性和无歧义性,然后通过线上或线下向特定群体发放问卷的方式回收数据。为确保数据的有效性,研究者通常需要合理设置问卷,选择合适的研究对象发放问卷并利用一系列数据指标评估问卷的质量,方可进行最终的检验。

在探索个人和组织参与互联网+环保公益项目以及项目成功评价部分,主要采用调查问卷的实证研究方法。针对调查对象设计相应的问卷,并采用专家校对和预测试的方式保证问卷的合理性和有效性,通过标准化的问卷对参加互联网+环保公益项目的人群 (参与个体、企业和环保公益组织) 进行调查。先后发放 6 套不同主题的问卷,共回收 1575 份有效问卷,见表 1-2。

表 1-2　　一手数据资料采集情况

调研主题	方式	调研对象	调研时间	有效样本量
互联网+环保公益项目现状调查	重点访谈	企业管理者/公益组织/公益平台/参与个体	2019.4	5/10/5/24
个体互动行为角色	重点访谈	公益团队的负责人及符合要求的个体	2021.1~2021.2	20
环保公益组织参与意愿及行为	重点访谈	环保公益组织从业人员	2021.4~2021.5	10
多方参与价值共创	重点访谈	平台或公益基金会或环保项目的负责人	2021.1~2021.3	8
个体参与影响因素	问卷调查	互联网+环保公益项目参与个体	2019.9~2019.11	294
个体利用平台捐赠影响因素	问卷调查	互联网+环保公益项目平台参与个体	2019.9~2019.11	311
平台用户黏性	问卷调查	互联网+环保公益项目平台用户	2020.4	252
企业参与意愿与行为	问卷调查	参与互联网+环保公益项目的企业员工	2019.4~2019.5	268
环保公益组织参与意愿及行为	问卷调查	互联网+环保公益组织从业人员	2021.4~2021.5	231
项目成功评价研究	问卷调查	参与互联网+环保公益项目的个体	2020.6	219

4) 文本分析

文本分析是指对文本的表示及其特征项的选取，把从文本中抽取出的特征词进行量化来表示文本信息。文本的语义不可避免地会反映人的特定立场、观点、价值和利益。因此，由文本内容分析，可以推断文本提供者的意图和目的。

本书对互联网+环保公益项目的成功因素的研究中，通过使用爬虫工具爬取腾讯公益——乐捐平台已完成结项报告的 369 份 (2019 年 11 月收集) 环保公益项目的完整信息 (包含项目发起人信息、图片、文本信息等)，分析影响互联网+环保公益项目成功关键因素。此外，通过对爬取到的 393 份 (2020 年 12 月收集) 互联网+环保公益项目的纯文本信息进行情感倾向分析，探究了互联网+环保公益项目文本情感倾向对筹款效果的影响。二手数据资料收集情况见表 1-3。

5) 扎根理论

扎根理论 (grounded theory) 是从资料、数据中发现理论的方法论，广泛应用于研究新兴议题，被认为是定性研究中最科学的方法论。扎根理论是针对某一现象归纳式扎根生成理论的质性研究方法，回答了在社会研究中如何能系统地获得与分析资料以发现理论的重要问题。具体而言，扎根理论通过系统收集资料进而寻找反映社会现象的核心概念，并且在概念之间建立联系、形成理论。

表 1-3　　二手数据资料收集情况

资料来源	文字资料数量
公益平台已结项的环保公益项目完整信息	369 条
公益平台已结项的环保公益项目纯文本信息	393 条
近 10 年国家及地方政府与研究相关的部分政策文件	1.98 万字
21 家代表性公益基金会披露的 2017～2020 年部分企业社会责任报告、基金会年报、ESG 报告等相关报告	6.2 万字
37 家环保公益相关企业披露的 2017～2020 年企业社会责任报告、可持续发展报告、企业年报等相关报告	5.7 万字
与研究主题密切相关的 80 篇国内外权威文献	1.1 万字
近 5 年与研究相关的人民网、新华网、百度、搜狗微信搜索平台、中华公益网等有重要影响力的社交或公益网站新闻公告等	5.4 万字
公益行业报告会、分享会，收集讲稿、图文等其他二手资料	10.6 万字

　　本书在构建互联网+跨界合作价值共创模式时，采用扎根理论法建立相关理论体系。通过系统地收集各类一手、二手资料，包括开展半结构化访谈、收集公开报告、爬取网页信息、整理文献等多种方式完成了多源数据的收集，形成了 27 万字的文字资料。运用程序化扎根理论对数据进行编码和分析，通过开放性编码、主轴编码和选择性编码，最终构建形成多主体价值共创视角下的跨界合作模式，见表 1-3。

　　对基于上述方法收集到的有效数据，本书采用了多种数据处理工具进行数据的筛选、数据的质量检验以及最终的数据分析。基于问卷调查的研究中，主要采用 SPSS、AMOS、SmartPLS 等统计分析软件进行信度和效度分析、探索性因子分析和验证性因素分析，以及结构方程模型分析。基于文本分析的研究中，主要采用 SPSS、爬虫工具、Python 等软件进行文本预处理、预测模型的建立与数据检验。基于扎根理论的研究中，主要采用质性研究工具 Nvivo 进行扎根编码。

第 2 章　互联网+环保公益项目发展现状

互联网+环保公益项目基于社交或专业公益平台发起，是社会大众参与生态保护领域公益事业的重要渠道。作为一种新兴数字化社会创新，互联网+环保公益项目在实践层面快速增长，而相关研究及理论还处于探索阶段。本章通过文献回顾和实践调研探究我国互联网+环保公益项目理论和实践的发展现状。首先，通过系统性回顾现有学者的研究成果，综合评估互联网+环保公益项目领域的研究现状。然后，通过访谈参与互联网+公益项目的各类型主体，分析我国互联网+环保公益项目实践经验，进一步明确当前该领域的发展方向和难点等，为后续研究提供现实及理论基础。

2.1　互联网+环保公益项目研究综述

本节从公益组织、公益平台、企业、公众、政府五个方面梳理互联网+公益项目领域的相关研究。

2.1.1　文献来源

文献收集选择 Web of Science Core Collection 作为数据来源，检索过程划分为两个阶段。第一阶段通过直接搜索关键词完成，关键词的初始设定根据研究团队讨论形成，通过初始关键词检索筛选的文献分析，形成第二次检索的关键词，按照这种方式进行关键词的迭代更新，直到不再产生新的关键词。直接检索结果根据研究领域、标题进行筛选，共获得文献 215 篇。将各部分合并，剔除重复文献 82 篇。再阅读标题摘要，剔除与研究主题无关文献 44 篇，第一阶段最终确定文献 89 篇。

第二阶段进行遗漏文献的检索补充。通过文献分析软件 HistCite 对 89 篇文献共同引用的文献进行分析，判断其是否在已有的文献库中。再结合 Scopus 数据库的检索，补充加入文献 20 篇，最终确定分析文献 109 篇。对筛选完成的 109篇文献进行了描述性统计分析，统计结果见表 2-1。

表 2-1　文献描述性统计结果

统计类别	具体分类	文献数	占比/%
文献类型	期刊文章	92	84.40
	会议论文	17	15.60

续表

统计类别	具体分类	文献数	占比/%
发表年份	2019	20	18.35
	2018	17	15.60
	2020	16	14.68
	2021	12	11.01
	2014	10	9.17
	2016	9	8.26
	2017	9	8.26
	2011	5	4.59
	2013	5	4.59
	2015	3	2.75
	2012	2	1.84
	2010	1	0.92
作者所在国家或地区	美国	45	41.28
	中国	27	24.77
	英国	11	10.09
	韩国	6	5.51
	西班牙	5	4.59
	德国	4	3.67
	印度	4	3.67
	澳大利亚	3	2.75
	加拿大	3	2.75
	日本	3	2.75
	荷兰	3	2.75
	其他	21	19.3
期刊或会议名称	Nonprofit and Voluntary Sector Quarterly	14	12.84
	Voluntas	4	3.67
	Computers in Human Behavior	3	2.75
	Decision Support Systems	2	1.84
	Frontiers in Psychology	2	1.84
	IEEE Access	2	1.84
	Industrial Management Data Systems	2	1.84
	Information Technology People	2	1.84
	Journal of Economic Behavior Organization	2	1.84
	Journal of Public Economics	2	1.84
	Management Science	2	1.84
	Nonprofit Management Leadership	2	1.84
	Public Relations Review	2	1.84
	Social Behavior and Personality	2	1.84
	Telematics and Informatics	2	1.84
	其他	10	9.20

2.1.2　公益组织参与公益项目

1) 社交媒体使用

社交媒体为非营利组织提供了有效的沟通平台，是公益数字化的重要媒介。Saxton 等 (2011) 对公益组织的互联网技术应用做了探索性的研究，提出了公益互联网技术使用的理论概念及分析框架。还有研究者探究了非营利组织在 Twitter 上的交流模式，通过社交媒体文本内容分析其行为模式 (Zhou et al., 2016; Svensson et al., 2015; Guo et al., 2014b; Nah et al., 2013; Waters et al., 2011)。组织策略、能力、治理特征和外部压力都对非营利组织的社交媒体采用产生了影响 (Nah et al., 2013)。非营利组织可能并非为了促进利益相关者的参与使用 Twitter，而只将社交媒体视为单向信息发送渠道 (Lovejoy et al., 2012)。但研究发现，社交媒体提供了组织和利益相关者的沟通渠道，组织的信息披露能够提升慈善捐助水平 (Saxton et al., 2014)。关于渠道的对比研究发现，线上捐赠与线下捐赠影响因素存在差异，网络增大了项目影响 (Saxton et al., 2014)。在与用户的互动过程中，Guo 等 (2014a) 发现非营利组织能获得的注意力与该组织网络规模、参与讨论频率和数量密切相关。筹款成功与非营利组织的 Facebook 网络规模、活动和受众互动度呈正相关。大的慈善机构能够更有效地利用平台与其他组织建立联系 (Wallace et al., 2021)。Xiao 等 (2021) 通过一个模拟的社交媒体活动检验了筹款信息特征对捐赠意愿的影响，发现感知信息的可信度、透明度、认知细化和共情，引发了更大的捐赠意愿。

2) 营销策略

公益组织通过数字化技术进行有效营销传播。Ryzhov 等 (2016) 研究发现非营利组织利用资金直接邮递进行捐赠营销能够增强捐赠效果。研究发现，公益组织的在线口碑会影响其筹款的效率及效果 (Moqri et al., 2016)，非营利组织宣传广告中受益者面部表情、传播信息价值都会影响捐赠者的意愿。在公益信息传播的研究中，Wang 等 (2014) 通过仿真方法分析了传播过程中关键转发点和扩散路径。Liu 等 (2020) 发现转发请求及捐赠请求至关重要。Sorensen 等 (2017) 分析了组织如何通过社交媒体吸引成员参与以及在这一过程中共创价值。Li (2020) 提出了一种社会募捐的推荐机制，包括分析捐赠者的偏好、捐赠者与募捐者的关系以及募捐动态特点。Hsu 等 (2021) 通过使用精细聚类算法进行了捐助者分类，探索了在线捐助者的特征，并提出了针对性的营销策略。与公众和媒体的有效沟通，包括利用社交广告的传播机会，能够在提升宣传效果的同时，加强公众组织联系，开展公共教育 (Lugovoy et al., 2019)。

3) 公益众筹

众筹的出现为数字化公益的发展提供了新机会，已有的数字化公益研究在众筹研究中具有重要地位。与线下的筹款活动保持一致，公益众筹项目效果也会受到活动类型的影响 (Einolf et al., 2013)。Mollick(2014) 基于 48500 个项目分析结果，描述了众筹成功与失败的原因。Pitschner 等 (2014) 使用大样本的众筹项目数据，评估了营利性和非营利性活动的融资绩效，为数字化公益众筹项目研究奠定了基础。在众筹项目的信息传递中，视频、图片和文本设置会对众筹结果产生影响，过度使用"帮助""金钱"和"谢谢"等词可能会带来负面影响 (Xu, 2018)。Cason 等 (2019) 通过对捐赠性众筹建模，分析了能否以退款方式改善公共物品的众筹效率。也有研究从融资结果角度出发，探究公益活动的合法性、价值性及社会网络外部性对组织间项目的影响结果。研究发现组织的法律地位及追责措施对融资结果不产生影响，组织能力展示、有吸引力的故事以及问题解决方案更加重要 (Zhou et al., 2019)。研究表明营销策略、在线可搜索性及社交网络能够提高筹款成功率 (Kubo et al., 2021)。在线上线下的捐赠关联中，网络使用不仅可以带来线上捐赠，还可以潜在地增加线下捐赠，而且发现项目的政治关联并非总是对组织有利 (Zhou et al., 2021)。

4) 公益项目

数字化公益项目是多主体互动完成的，研究者聚焦项目本身及特点开展了一系列研究。Meer(2014) 的研究发现捐赠价格会影响捐赠行为，项目间的竞争激烈程度会影响项目筹款，并计算了项目捐赠的价格弹性。单一慈善机构的筹款增加在项目高度可替代的条件下会影响其他机构的项目 (Meer, 2017)。对于项目成功的研究发现，在线平台的项目信息 (Majumdar et al., 2018)、目标受益人的数量 (Salido-Andres et al., 2018) 能够显著影响项目成功与否。公共和私人组织之间的合作项目能够有效缓解信息不对称，提高项目成功率 (Hong et al., 2019)。Ba 等 (2020) 的研究发现医疗、教育、扶贫和环境四种不同类型的网络慈善众筹的成功率存在差异，最关键的影响因素是项目执行者的类型。捐赠项目的视觉和文本内容也会影响捐赠者的参与，Lee 等 (2020) 通过实验设计方法对这一影响进行了验证。

2.1.3 公众参与公益项目

1) 动机

公众动机描述个体参与公益服务的原因。Wallace 等 (2017) 对青少年社交媒体捐赠行为及线下捐赠行为进行了比较分析，发现社交媒体上的捐赠具有炫耀性动机，这与线下捐赠是存在差异的。Kwak 等 (2018) 分析了享乐型捐赠者对于慈善网站设计的感知过程。也有研究分析了动机的相互作用，提出参与者是由内在、外在和形象提升动机组合驱动的 (Cox et al., 2018b)。Bagheri 等 (2019) 提出了个人动机的框架，认为动机包括个人动机即面对共同的问题、价值观、思想和信念，社会动机即帮助弱势群体、学习技术知识和项目能力、实现想法和创造价值。也有研究认为在线慈善捐赠主要动机为社会动机，而不是利他主义 (Chen et al., 2021b)。

2) 意愿

意愿反映了公众愿意参与数字化公益项目的程度以及持续参与的程度大小。Althoff 等 (2015) 发现捐赠者与接受捐赠的人之间积极的互动能够提升持续参与意愿。在对组织和个人层面的在线捐赠，影响因素是存在差异的，对组织的捐赠更多地受到与结果相关因素的影响，而对个人的捐赠更多地受到与互动相关的因素影响 (Gleasure et al., 2016)。研究者还发现了同理心和感知公信力对慈善众筹捐赠意愿的积极影响 (Liu et al., 2017)。Li 等 (2018) 研究发现社会影响、信任感、努力期望、绩效期望显著影响捐赠者对慈善众筹项目的捐赠意愿。在线捐赠意愿会受理性信任和情感共情的驱动 (Chen et al., 2021a)。捐赠过程安全和隐私有关的问题也会影响捐赠意愿 (Sura et al., 2017)。Yang 等 (2018) 研究发现感知说服力、成就感和感知趣味性对用户公益参与的持续意愿产生正向影响。捐赠持续性会受社会存在、信任和感知行为控制的影响 (Chen et al., 2019)。捐赠意愿会受到个体特征的影响，捐赠者性别和对宗教的态度 (Sansani et al., 2018)、姓氏和受助者性别 (Munz et al., 2020; Sisco et al., 2019)、个人的道德观和对社会规范的看法 (Erceg et al., 2018) 都会在慈善行为中发挥重要作用。在组织层面上，对慈善组织的信任感是捐赠的最重要预测因素 (Chen, 2018)。社会层面，亲社会文化规范会影响慈善捐赠 (Broek et al., 2019)。Zhao 等 (2020) 提出了预测模型，分析了慈善众筹中捐赠重复和捐赠持续行为。Jiao 等 (2021) 分析发现，内在动机和社会联系是分享行为及捐赠行为预测因素。感知易用性、自我效能感和社会联系通过外在动机和内在动机的结合对支持者的捐赠意愿产生积极影响 (Chen et al., 2021b)。

3) 行为

行为研究包括可能影响参与行为的因素及行为分析等。Reddick 等 (2012) 发现参与线下团体活动更多的互联网用户更有可能在线捐款。捐赠者同样期待着捐赠的激励效果及有效反馈，Castillo 等 (2014) 通过实验验证了这一现象。在捐赠行为中，Windmeijer 等 (2015) 对同伴效应即周围人对自身捐赠的影响进行了验证，发现他人前期捐赠的信息会影响捐赠行为，这一结果得到了进一步的检验 (Sasaki, 2019)。Liu 等 (2018) 开发了理论模型分析慈善捐赠的影响因素，实证检验发现个人的同理心和对慈善众筹项目的感知可信度是决定捐赠意愿的关键因素。个体的社会资本水平与在线捐赠密切相关，并且与线下慈善行为产生存在差

异 (Cox et al., 2018a)。自我形象维护对于慈善捐赠具有重要作用 (Adena et al., 2020)。Du 等 (2020) 开展了慈善平台中公民行为研究，发现绩效期望和努力期望对再参与意愿有正向影响，再参与意愿又会促进个体的平台公民行为。捐赠金额的研究中，Argo 等 (2020) 发现虽然大多数捐赠者会在活动时遵循建议的捐款数额，但往往会出现捐赠目标向上偏离的情况。

2.1.4 公益平台与新兴技术

公益项目的众筹平台以及纯公益性质的互联网平台近年来快速发展。随着众筹工具的引入以及公益数字化的加速，公益平台研究越发重要，本小节从平台设计、平台运营以及新兴技术的应用三个方面对已有研究进行介绍。

1) 平台设计

平台设计研究包括平台的后台服务流程、展示过程等全流程的研究。David 等 (2014) 提出设计用于慈善组织之间的商品交换、改善沟通、促进协作的在线慈善平台，并给出了网站的搭建框架。网站的设计中，代言人会影响网站互动体验，更好的网站代言人能够提升捐赠者的体验 (Panic et al., 2016)。Kwak 等 (2019) 以光环效应作为切入点，提出慈善网站评价相关的四种光环：集体光环、美学光环、互惠质量光环和质量光环，并检验了光环效应对慈善网站评价的影响。在平台的捐赠值设计方面，Altmann 等 (2019) 探究了违约带来的捐赠影响，发现基于个人捐赠历史的个性化默认值能够增加捐赠收入。游戏化对捐赠者的行为能够产生积极影响，进而提高人们公益众筹的参与度 (Golrang et al., 2021; Behl et al., 2020)。Zhang 等 (2020) 发现网站接受度、人群熟悉度和捐赠互惠度是影响众筹成功的关键因素。

2) 平台运营

平台运营研究主要涉及在运营过程中平台对于项目或公益组织控制的相关研究。Choy 等 (2016) 通过案例研究分析了公益众筹中信息技术功能可见性、捐赠者动机、慈善众筹功能可见性之间的关系，发现信息技术支持使慈善捐赠和筹款更有效，与线下筹款相比有更高的社交属性及激励作用。透明度和分配平衡是公益数字化过程的关键问题，Mauliadi 等 (2017) 开发了适合不同慈善组织的系统以解决这一问题。Mejia 等 (2019) 通过实验研究了透明度对捐赠众筹的影响，发现信息更新和项目认证对捐款都有积极影响，运营透明度直接影响捐款效果。Sulaeman(2019) 研究了同一平台上支持类似的多个慈善活动如何影响每个活动收到的捐款，发现活动数量的增加导致平均捐款减少，但当某些活动表现异常出色时，其他活动 (包括表现不佳的活动) 会收到更多捐款，展示了公益众筹市场的扩张效应。平台自身营销活动如提供慈善礼品等是提升持续捐赠额度的重要途径，但有可能提升捐赠流失率 (Xiao et al., 2021)。

3) 新兴技术的应用

信息技术的发展为数字化公益的开展提供了新的技术思路。已有研究将区块链、虚拟现实、人工智能等技术与公益数字化结合，解决传统公益的众多缺陷，尽管这些技术的运用存在一定争议 (Saunders et al., 2016)。区块链具有分布式记账、高透明度的特点，Jain 等 (2018) 借鉴了现有的加密货币和区块链技术，设计了一个分布式账本应用程序，旨在通过问责制、透明度和灵活性来增加社会福利。Khan 等 (2019) 以区块链去中心化应用程序的形式设计了一个新模型，优化了捐赠流程。Saleh 等 (2019) 也基于区块链技术进行了捐赠平台设计。Farooq 等 (2020) 设计了基于区块链的慈善管理平台。Wu 等 (2020) 以区块链技术为基础，从捐赠、物资分配、信息发布与共享等方面探讨了慈善捐赠的实际问题。一些非营利组织在筹款中使用了虚拟现实 (VR) 技术，这引发了对其有效性的质疑。但 Yoo 等 (2018) 通过实验研究发现，VR 媒介相较于平板媒介，捐赠意愿、感知生动性、感知交互性和社会存在感都显著提升，进而影响捐赠意愿。研究也发现 VR 的媒体效应对于高感觉寻求者比低感觉寻求者更强。人工智能技术的运用中，Elsden 等 (2019) 讨论了智能捐赠的概念，研究了自动化第三方 "托管" 捐赠，通过访谈及实验设计方法，分析了智能技术运用的机会、挑战、风险及技术适用条件。Behl 等 (2021) 分析了人工智能驱动的众筹平台如何通过更快地实现融资目标以及感知风险在人工智能运用过程的作用，发现人工智能的使用有助于理解捐赠者的态度。

2.1.5　企业及政府在公益项目的角色

1) 企业及政府主体研究

数字化公益活动中企业及政府也是重要的参与主体。互联网的快速发展带来了激进主义，研究发现具有公众形象脆弱性的公司可能会面临来自互联网的捐赠压力及更激烈的社会比较 (Luo et al., 2016)。Andre 等 (2017) 认为基于奖励的慈善众筹平台使得商业和慈善之间的界限越来越模糊，众筹平台通过互惠的捐赠培养了特定类型的关系，而不是通常的利他动机和自私动机之间的对立。Jilke 等 (2019) 发现政府对非营利组织的资助未对慈善捐赠效果产生影响。Tsai 等 (2019) 聚焦公共事业的公益活动，发现公益众筹项目对于公共政策建议的作用并非一直存在，政策影响效果与公益项目展示过程的政策诉求有关。

2) 数字化公益模式研究

数字化公益市场环境研究主要分析公益市场环境带来的影响。Ozdemir 等 (2010) 分析了在线中介机构通过互联网为捐赠者提供数据库服务的过程，探索性地分析了公益与数字化的结合。Xiao 等 (2011) 指出公益价值网络的两个特征为以捐赠者为中心和价值增值，并分析了公益价值网络。Gandia(2011) 也提供了非政府组织网站发展的信息披露模式。随着移动互联网技术发展，研究聚焦探究移动捐赠与互联网捐赠的关系，分析了移动通信技术在非营利组织筹款活动中的战略应用 (Chen et al., 2013; Bellio et al., 2013)。Tanaka 等 (2016) 分析了慈善众筹中利益相关者和角色的多样性。Pandit 等 (2018) 研究了通过网络提供公共物品均衡时的福利和成本，展示了关于均衡结构和效率的结果。Yu 等 (2018) 基于信息处理理论，提出了在线慈善信息信任形成模型。Li 等 (2020) 提出了一种社会募捐的推荐机制，通过分析捐赠者的偏好、捐赠者与募捐者的关系以及募捐动态的特点来促进慈善募捐的传播。

2.1.6 研究总结

国内互联网+环保公益起步较晚，该领域的相关研究尚未形成系统体系，研究成果相对较少。对传统公益项目的文献回顾发现，相关研究主要侧重于公益项目的运营与评价。尤其是近年来在公益项目实施过程和社会评价中，学者们越来越重视公益项目的社会合作问题。例如，赵文红等 (2008) 以实证分析的方式就非营利组织与企业合作关系进行了研究；赵辉等 (2014) 的研究关注了公益项目中的企业伙伴关系；裘丽等 (2017) 探究了非政府组织间的沟通与资源共享。

在环保公益方面，学者认为新兴的互联网+公益项目已经引起了人们的关注 (Moqri et al., 2016)。夏丹 (2017) 探讨了企业与环保组织的公益合作的策略。刘永昶等 (2017) 探讨了互联网+环保公益项目属性与信息传播和项目效果的关系。胡乙等 (2017) 研究了公众参与环保公益项目的互联网平台建构问题。郭志达 (2017) 分析了基于互联网推动环境治理变革在公益宣传、信息公开、舆论引导和公众监管方面的主要表现。有学者用"蚂蚁森林"的运行流程来对互联网+环保公益项目的运行流程作简单概括 (陈小燕，2017)。当前学者在该领域进行了探索性的研究，但关于互联网+环保公益的研究内容还亟待丰富。

关于"公益"的研究可以分为以下几类：第一类研究是从理论或逻辑层面对公益活动的定义、发展特点、传播模式、动员机制进行概括，属于宏观层面的研究，这类型研究比较常见。第二类研究聚焦公众参与，号召人们从身边小事做环保，强调环保公益的全民化与日常化 (马晓荔等，2005)。第三类研究探究互联网+环保公益项目的本质，认为互联网公益是依托移动互联网、大数据、云计算、区块链等网络技术介入公益活动设计、生产、流通的全过程，是互联网与公益的"深度融合"。研究认为互联网不只是工具，而是"核心基础设施""核心生产要素""新的分工体系""新的社会环境""新的生活方式"和"新的思维方式"(卢广婧璇，2016)。

当前的研究主要集中于对互联网公益活动的探索性研究，包括对社交媒体的互联网公益活动的发展现状、发展特征，以及传播模式的讨论。多对某一个领域的环保公益活动进行探究，而对环保类互联网公益的价值共创机制的研究很少。翁智雄等 (2015) 提出我国环保公益的发展分为弱化组织结构的传统环保和互联网环保，并且提出我国互联网公益活动存在缺乏专业性、制度规范性、有效的监督与法律保障等问题，针对当下的环保公益活动的发展状况，结合 "互联网+""众筹" 等互联网公益融资新模式，总结出我国仍处于起步阶段。在环保公益活动的动员模式研究中，Reuver 等 (2011) 提出了环保公益活动中的群内动员、跨群动员和超群动员的模式，运用社会网络分析法和框架分析法，分析了不同模式的特征。

国外对公益的研究开展较早，研究主题和内容广泛。美国《商业周刊》专栏作家谢尔·以色列在他的专著《微博力》中提到人们使用 Twitter 进行公益活动，通过 Twitter 筹集捐款、参与慈善事业。Seo 等 (2009) 讨论了跨国非政府组织如何利用新媒体开展公众关系维护及其影响因素。他们认为，对非政府组织而言，新媒体有提升组织形象和增加财力资源两大重要作用。Lovejoy 等 (2012) 认为非营利组织通过使用微博等社交媒体实现即时信息更新、网络社区的形成、公众参与社区公益活动时更为便利。非营利组织使用微博等社交媒体可以改变公众参与公益活动的方式，另外可以增强非营利组织与其各个利益相关者之间的有效沟通和互动 (Rodríuez et al., 2012)。因此，当前国外学者关于互联网与公益的研究主要聚焦于探讨互联网对公益组织自身的发展及公益项目执行发挥的作用。

2.2　我国互联网+环保公益项目现状调查

本节旨在对公益组织、公益平台、企业、公众四个关键主体参与互联网+环保公益项目的现状进行调查与分析。研究通过实际调研和深度访谈获取数据，提出了互联网+环保公益项目目前存在的问题，并对各个利益相关者提出具体建议及对策，以促进互联网+环保公益项目更好地发展。

2.2.1　调查研究设计

针对所关注的问题，研究采用半结构化的访谈形式，通过深度访谈收集特定事件的信息，获得受访者的观点、意见、情感、感受等，并随着情景灵活地调整访谈节奏、内容，以获得更多的资料。按照 "目的性抽样" 的原则进行抽样，抽取那些能够为研究问题提供最大信息量的访谈对象，针对不同的受访群体设计了不同的访谈提纲。访谈围绕互联网+环保公益项目的现状，以及各参与者在参与互联网+环保公益项目过程中的相关问题展开，并根据访谈时的具体情况进行了及时修改与调整。

选取与互联网+环保公益项目有密切关系的人员作为访谈对象，共计 40 余人，涉及四类访谈对象：第一类是互联网+环保公益项目参与企业的高层或中层管理人员，共计 5 人；第二类是互联网+环保公益项目参与公益组织的负责人，共计 10 人；第三类是公益平台的负责人，共计 5 人；第四类是互联网+环保公益项目的参与个体，共计 20 余人。通过对四类不同人群的访谈，力图从不同角度、不同方面，了解我国互联网+环保公益项目的现状。

研究重点探究互联网+环保公益项目的现状和存在的问题。由于不同主体的访谈对象具有差异性，所以针对不同的访谈群体，分别设计了不同的访谈提纲。并且根据与不同访谈对象访谈时的实际情况，进行了相应的调整。

1) 参与企业访谈提纲

针对互联网+环保公益项目参与企业的中高层管理人员设计访谈提纲，希望从企业管理者的视角，了解企业参与互联网+环保公益项目总体情况，发现参与过程中存在的问题。访谈提纲主要围绕以下几个方面展开：企业参与的互联网+环保公益项目；参与方式；对现在逐渐兴起的互联网+环保公益项目的看法；吸引企业参与互联网+环保公益项目的因素；企业在参与互联网+环保公益项目的过程中遇到的问题以及解决方法；企业对参与的互联网+环保公益项目的关注情况；参与互联网+环保公益项目对企业的影响及企业对项目效果的满意度；企业高层管理人员是否支持企业参与互联网+环保公益项目；参与互联网+公益项目是否符合企业商业价值和商业文化等。

2) 公益组织访谈提纲

公益组织访谈提纲是针对公益组织主要负责人设计的。公益组织是环保公益项目的主要执行者，访谈希望从公益组织的视角，了解公益组织与公益平台合作的现状及执行公益项目过程中存在的主要问题。访谈提纲主要针对几个方面：公益组织执行项目的方式；与互联网+环保公益平台合作的原因及合作后的变化；执行环保项目的过程中遇到的问题以及解决方法；是否借助互联网平台做宣传措施；与互联网+环保公益平台合作后对公益组织的影响等。

3) 公益平台访谈提纲

公益平台访谈提纲是针对公益平台负责人设计的。公益平台是连接公益组织、参与企业和参与个体的枢纽，访谈旨在了解公益平台运行的现状及与多方合作的过程中存在的主要问题。访谈提纲主要针对几个方面：公益平台运行的方式；在运行过程中遇到的问题以及解决方法；相比传统线下公益模式的优势以及存在的不足；推广方式及采取哪些措施激励用户持续参与等。

4) 参与个体访谈提纲

参与个体是公益平台最大的用户群体，是互联网+环保公益的巨大推动力量。访谈旨在了解普通个体参与互联网+环保公益项目过程中的感受以及对公益平台的意见及建议等。访谈提纲主要针对几个方面：参与互联网+环保公益项目的原因及频率；对使用平台的技术感受；网络安全问题对使用的影响；平台的哪些措施会增加用户对其的信任感；参与互联网+环保公益项目对自身的影响以及未来的参与意愿；对公益类平台宣传措施的看法等。

确定正式访谈提纲后，与需要访谈的企业、平台、组织与个体联系，对选择的访谈对象进行了深度访谈。其中，个体访谈以面对面交谈为主，企业、平台和组织以电话访谈为主。为保证内容的可靠性，访谈之前都会与访谈对象进行预约，以保证每次访谈有足够的时间。每次访谈都会在征求受访者同意的情况下对访谈内容进行录音，并在访谈过程中随时记录重要信息，结束后再结合记录信息，对录音资料进行全面整理。对不同意录音的受访者，进行现场记录并在访谈结束后第一时间加以整理，以保证资料的有效性。此外，结合受访对象赠予的其他文件资料，进行全面的汇总和梳理，收集了大量的一手资料。

2.2.2   调查结果分析

从公益组织、公益平台、企业、公众四个方面，对深度访谈的结果进行分析，揭示互联网+环保公益项目的现状，为互联网+环保公益项目的进一步推广和完善提供实践依据。按照访谈规范要求，研究提及人员都采用匿名形式。

2.2.2.1   企业参与现状

1) 参与意愿

访谈的企业大多数对互联网+环保公益项目持观望和正在了解的状态，仅参与过线下环保公益项目。他们支持互联网+环保公益项目，表示未来愿意在有条件时参与互联网+环保公益项目。管理者认为环保公益项目与互联网的融合具有十分广阔的前景，企业除了自身的盈利目标以外，都对社会有责任感，愿意在条件成熟的基础上积极参与互联网+环保公益项目。

其中某公司部门主管说道：

"我们应该齐心协力打赢生态环境保护攻坚战。互联网这一载体能够唤起更多人的意识，推动更多人加入到环保、公益的行列中，互联网将对环保公益项目的快速推动产生深远的影响。借助互联网平台，环保公益信息更对称，重建社会对环保公益的信心，吸引更多的人加入这一行列。环境保护是时代赋予企业的社会责任，需要企业为环境保护承担更多的社会责任，当下公司处于快速发展期，所以暂未参加互联网环保公益项目，我相信当公司步入正常的发展轨迹后，具备社会责任感的我公司必会主动承担并积极加入到互联网环保公益项目当中。"

也有的企业认为参与互联网+环保公益项目的基础是企业本身的发展状况，若企业发展不稳定，则没有余力参与到环保项目中。参与互联网+环保公益项目不能违背企业的盈利目标，最好能看到短期的利润增长。

2) 存在问题

针对企业参与互联网+环保公益项目过程中可能存在的问题,不同的企业有不同的看法。有的企业认为不论自身还是外在都存在很大的问题:

"阻力分为自身和外在,自身主要是承办活动,承办公益项目的能力不足,后者有些活动由于缺乏经验办得不好。外在主要是一些竞争对手的压力或者不了解我们公司的人带来的阻力。除此之外,公司如何与实施环保公益的平台对接,以及具体的实施方式,也是需要考虑的问题。"

有的企业指出:

"由于企业的参与度不高,与互联网+环保公益项目有关的想法可能会偏'假大空',重理论而轻实践,没有从企业自身角度出发,政策可执行性不强。"

此外,被访谈企业也提出了一些其他方面的问题,如企业参与互联网+环保公益有关的制度建设尚未完善,可能出现权责不明晰,缺少针对企业的专业性公益平台等。

3) 对自身的影响

被访企业都认为参与互联网+环保公益项目对企业会产生有利的影响,并且符合企业的商业价值和文化。教育类企业认为参与互联网+环保公益项目既为环保做贡献,又有益于品牌影响力的推广,如可以营造一个好的口碑,获得更多的社会认可度,也有助于进一步地招生。金融类、商务类及普通制造企业认为参与项目可以促使企业承担更多的社会责任,让企业拥有更大的社会影响力和支持,同时也会拓宽管理层制定企业长期发展规划的战略视野。重工业类企业表示参与互联网+环保公益项目有助于提升企业环保、可持续发展的绿色形象。被访者也表示企业高层十分支持公司参与互联网+环保公益项目,对未来企业互联网+环保公益项目的参与度保持乐观。

2.2.2.2 公益平台参与现状

1) 平台发展现状及特点

访谈选取的公益平台访谈样本情况各不相同,有的平台发展已经十分成熟,拥有庞大的用户群体和完备的运行机制,而更多的平台处于发展中阶段,各方面条件也不尽成熟。根据访谈及前期调查结果,大部分平台针对用户参与设置的是捐助虚拟物品,如虚拟能量、虚拟米粒、虚拟点赞、运动步数等,少部分平台选择用户直接捐款的方式。其中某平台负责人说:

"我们尽量避免让用户以直接捐款的方式参与环保公益项目,你知道,现在有很多不同种类的公益平台,如果用户经常看到不同的捐款链接,势必会造成一种疲劳感,我们想要传达的是'轻轻松松做公益'这样一种理念。让公益占据我们的生活主体是不可能的,能做的就是让公益点缀生活。"

2) 存在问题及解决措施

处于不同发展阶段的平台,存在的问题不尽相同,某发展较为成熟的平台表示:

"公益性捐赠是可以抵税,这是每一个捐款人应该知道并且可以较低门槛实现的权利。目前由于开具捐赠票据需要公募慈善组织投入专门的人力,不仅邮寄耗时且还需要公募慈善组织承担邮寄费用支出,一定程度上影响了捐赠人便捷地获取捐赠票据。如能实现捐赠票据的无纸化,无疑将大大提升大家对于公益捐赠的热情。"

处于发展中的公益平台则有着共同问题,即推广和普及度不高。某平台负责人说道:

"由于我们运营的是公益类平台,营销和宣传并不是我们的重点,更重要的是平台正处于发展过程中,缺乏足够的资金来投入到宣传和推广中。"

有平台负责人表示:

"公益平台还是与企业有本质区别的,我们的目标并不是盈利,而是踏踏实实做公益。即使宣传我们也会着重宣传所做的一些公益项目,而不是平台本身。希望能吸引一些真正热爱公益的群体,这也必然会与平台的普及度产生矛盾。"

也有平台负责人持相反的看法:

"从纯公益的角度是不可行的。我前段时间在一本书上看到一句话,说这个时代最好的公益应该是去设计一套商业模式,让各方都受益,使更多的人参与其中。这样才是比较好的公益,是可持续的公益。所以如何让公益持续发展,也是我们平台所面临的问题。"

有平台表示创新能力不足是平台面临的一大问题,应该着力引进形象设计、活动策划人才,力求形成人才优势互补的新生态。

关于如何吸引用户持续参与的这个问题,被访谈公益平台有两种截然不同的看法。

一种看法认为没有必要采取过多的措施,希望公益项目本身能够吸引真正热爱公益的人。例如,某平台表示:

"说实话,要让用户持续参与,这个真的很难。我们做公益的,只是希望大家都能发自内心地参与公益,让公益成为一种习惯,而不是靠一些手段或措施短时间激起用户的兴趣。公益这个东西要想普及到所有人中比较难,我们只有吸引到一批真正热爱公益的人就足够了。"

另一种看法认为,作为公益平台,有必要采取一些措施来吸引用户持续参与。具体方式各不相同,有的平台通过举办一些活动吸引用户的参与,有的平台利用明星效应来吸引用户的关注,有的平台则通过每日运动、趣味互动等方式吸引用户持续参与。

3) 平台未来规划与展望

首先，对于没有特定企业与基金会扶持的公益平台，未来要做的是先生存，然后再可持续地发展。

其次，扩大平台的规模。不断创新互联网+与公益结合的新模式，推动互联网先进技术与公益项目的有机结合，在不同的公益领域继续探索。

最后，提升项目的影响力，吸引更多的人或组织参与进来。

2.2.2.3 公益组织参与现状

通过对环保公益组织的访谈，发现几乎所有的公益人员都对保护环境、保护生态文明有强烈的责任感和使命感，其中大部分被访谈者具备专业的环保知识。在执行方式上，所有被访谈的组织既发起又执行环保公益项目，认为这样的方式利于组织的长远发展。

1) 与公益平台合作情况

受访的环保公益组织大部分与公益平台合作过，小部分组织正在与平台进行对接，计划与平台进行合作。之所以选择与平台合作，是因为平台可以连接不同的参与方，降低公益门槛，拓宽公益渠道。在增加公益组织筹款的便捷度的同时，加大公益项目的宣传力度。当前，公益组织与平台合作逐渐成为主流趋势。某公益组织表示：

"公益行业需要联合互助，共同成长。公益平台的这种设计，可以连接更多的公众了解和参与公益，也相对比较简单易操作。我们愿意以自己的力量，帮助环保公益的传播推广。"

讨论与公益平台合作后对项目执行方面的影响时，一部分组织表示与公益平台的合作处于起步阶段，暂时没有感觉到太大的变化。另外一部分组织表示经过与平台较为长期的合作，感觉参与项目的人明显增多，项目的影响力明显扩大，筹款的效率也提高了不少。

2) 存在问题与解决措施

公益组织面临的最大问题为人员缺乏、人员流动和筹款问题，与平台合作为解决这些问题提供了便捷的渠道。某公益组织负责人认为：

"公益行业的通病就是人才缺乏，本机构也存在同样的问题。无论多伟大的事情，归根结底都需要人去解决和落实。有才之人的参与十分重要。另外就是筹款，公益行业的很多工作，无法靠简单的商业模式来进行造血发展，足额的外部筹款才可以保障稳定运行。上述两个主要问题的解决就是通过招募和自身培养人才，来不断提高业务能力，包括筹款的业务能力，最后实现良性循环。"

还有一个主要困难为公益组织缺少政府政策上的支持及指导，尤其是一些小型的公益组织。某公益组织负责人说道：

"我们组织的规模较小，有时候需要的一些帮助或一些诉求根本得不到满足。"

此外，公益组织在执行项目的过程中还存在一些其他问题。有的公益组织提到公益项目的完成不能完全依靠公益组织及其他参与方，还需要政府的监管，电力部门等其他部门的共同协助。有的公益组织发现在执行项目的过程中，气候、地形、恶劣的环境等也会阻碍项目的执行。

针对这些问题，被访谈公益组织采取过很多措施，如通过互联网平台、微信公众号、招聘网站招募志愿者，对员工进行培训等，但效果并不显著。对于无法解决的现实因素，公益组织均表示只能靠不断坚持来克服。

3) 人力成本

关于与互联网+公益平台的合作是否会对组织人力产生影响这一问题，被访谈者有着截然不同的看法。

一部分组织认为，与平台合作对组织人员的相关知识会有更高的要求。因此，组织需要招聘和培养一部分相关人员与平台对接，这在一定程度上会提高人力成本。

另一部分组织则认为，与平台合作并不会对组织内人员产生影响。因为平台会为组织提供相应的人员支持和技术支持，相关专业知识是平台人员应该具备的。

2.2.2.4　公众参与现状

受访个体参与互联网+环保公益的初衷不尽相同，有的出于为环保做贡献的使命感和成就感，有的单纯被平台趣味性的设计所吸引，而有的则二者兼具，娱乐的同时也能做一些有意义的事。

1) 技术方面

访谈询问了个体对使用过的平台的技术操作、功能设计等方面的自我感知。大部分被访谈者表示平台操作方面可接受，但希望能够再简化一点，真正做到随手做公益。不需要有过多的步骤，尽量占用更少的时间。在功能设计方面，被访者普遍反映平台趣味性不强，容易造成疲劳感。"最好能多开发一些小游戏，在娱乐放松的时候就可以做公益，或者设置一些参与后的短期可见的小奖励。"此外，大部分被访谈者希望平台显示的信息更加详细和全面。有人认为：

"我们希望知道每一笔捐助都用在哪里，具体帮助了谁，被帮助者到底获得了什么实质性的帮助，发生了哪些实质性的变化，这样才能让我们真切地感觉到自己真的做了一些有意义的事情，会有更强烈的成就感。"

2) 安全风险方面

使用公益平台的过程中，用户不可避免地要注册个人账户，涉及网络安全及个人隐私。对于这些问题，几乎所有被访谈者都持有相同的看法：

"为了避免这个问题，我只会选择大部分人用的大企业开发的平台，相对有很强的安全保障，不需要担心安全问题。"

还有一小部分被访谈者认为：

"我也接受使用一些不太出名的平台，但只能用匿名的方式，如果这个平台需要我绑定电话号码或其他社交账号，甚至是身份证号，我就会放弃使用。"

之后向被访谈者介绍了几个他们从未接触过的平台，进一步询问访谈对象是否会考虑使用这些平台。几乎所有被访谈者的答案都是否定的。"这几个平台我之前没有听说过，身边的人也没有用过，我反正持怀疑态度，这些小平台是不是真正在做公益都有待考究。"继续询问了被访谈者"平台采取什么措施或提供哪些信息会增加对平台的信任感？"大部分被访谈者认为若平台与大企业合作，会更让人信任；部分被访谈者认为最好有官方提供的公益成果证明；还有人建议若使用时注册步骤简便，不涉及过多的个人信息，也会提高对平台的信任感。

3) 个人感受方面

所有被访谈者都认为参与互联网+环保公益项目让自己的生活有所改变。在这个过程中，增强了自己的幸福感、责任感和成就感，让自己更加关注环保公益这个领域。也不知不觉改变了自己某些行为，让绿色行为习惯逐渐渗透到了自己的生活中。

访谈还涉及了互联网+环保公益项目的推广普及。受访者一致认为即使是公益，宣传也是必不可少的。要想实现全民公益，就要大力宣传。某被访谈者提出：

"现在是注意力经济时代，各类媒体平台都在想尽办法吸引注意力，公益平台想在形形色色的流量产品中吸引大众注意力，那夺目的宣传必不可少。利用明星效应，通过微博、视频网站等进行推送，都会得到有效的宣传。"

还有人认为：

"公益的曝光率增加，会在一定程度上激起人们的使命感，大家才会更乐意参加。"

2.3　本章小结

本章首先通过文献梳理国内外关于互联网+环保公益项目的研究现状，发现现有研究多集中在单一主体的研究中，或比较直观的层面，如关注互联网+环保公益的传播、特征、评价等。对于我国互联网+环保公益项目各方深层次的合作机制还需要进一步深入理解。然后，深入访谈了互联网+环保公益项目的多方参与主体，包括公益组织、公益平台、企业、公众，了解各主体参与项目的动机、方式、行为，以及面临的机遇和挑战，并指出各参与主体目前存在的问题以及对未来的发展展望。结果表明，鉴于环保问题日益重要的发展趋势，在环保政策积极导向以及环保价值观的引领下，大部分参与主体对互联网+环保公益项目发展持乐观态度，并表达了多方合作的迫切需求。

文献回顾和实践调查均表明我国互联网+环保公益领域存在较大的实践发展空间和研究探索空间。互联网+环保公益发展面临的现实实践问题有待更好地解决方案和理论指导，而项目多方参与价值共创的机制尚不明确。

第 3 章　互联网＋环保公益项目的个体参与

互联网＋公益的出现削弱了传统公益活动中公益组织的中心作用。随着互联网＋公益项目的兴起与发展，公众可以通过网络随时随地了解、参与公益活动。经过发展演化，现代公益重心已逐渐由公益组织转移到个体参与者，因此，探究个体参与者在互联网＋环保公益项目中的作用至关重要。本章研究对象是参与互联网＋环保公益项目的个体，具体研究内容分为三部分：一是从社会影响角度，探讨个体参与的影响因素模型并进行检验；二是针对环保众筹项目，研究个体参与者在众筹网站上的捐赠行为，分析捐赠行为的影响因素；三是聚焦为个体提供环保公益项目信息的数字化平台，探究互联网＋环保公益平台上用户黏性的影响因素。本章力求丰富个体参与互联网＋环保公益项目的理论研究，为更有效地调动个体参与意愿和行动提供指导。

3.1　社会影响对个体参与的作用机制

生态保护和可持续发展有赖于公众的积极参与，公益平台的出现极大地促进了人们参与生态环保事业。本节以感知价值理论、感知风险理论和社会影响理论为基础，利用实证研究方法对互联网＋环保公益项目的个体参与进行分析。研究结果显示，社会影响正向显著影响感知价值，同时正向影响参与意愿，与感知风险有显著负向的关系；感知价值正向显著影响参与意愿，对参与行为的影响并不明显；感知风险负向影响参与意愿；参与意愿对参与行为具有正向显著影响；性别对参与行为有显著的调节作用，女性参与者比男性参与者的实际参与程度高。基于分析结果，对参与者、项目发起者和环保公益项目平台等提出了针对性建议。

3.1.1　相关理论

1) 感知价值理论

感知价值 (perceived value) 理论源于消费者研究领域，指顾客在购买并使用产品或服务之后，判断该产品或服务是否能满足顾客的使用愿望和心理需求得到的整体评价 (Woodruff, 1997)，可以划分为感知价格价值、感知质量价值、感知情感价值及感知社会价值等多个维度 (Sweeney et al., 2001)。在高度竞争和同质化程度高的今天，尽管感知价格价值和感知质量价值仍对消费者购买意愿有所影响，但感知情感价值和感知社会价值对购买意愿的影响更加重要 (Asshidin et al., 2016)。在公益领域，感知情感价值与感知社会价值同样会影响众筹项目参与者的捐赠意愿 (Ho et al., 2014)。由于互联网公益平台很少涉及实物商品，本书只关注公众参与者的感知情感价值和感知社会价值。感知情感价值是指个体通过参与互联网+公益项目而体验到的情感和感受的总和。感知社会价值是指个体通过参与在线公益项目感知到的社会利益的效用。

2) 感知风险理论

感知风险 (perceived risk) 理论由 Bauer 提出，后被其引入消费者研究的领域。此后，感知风险理论受到了众多学者的广泛关注，使得该理论不断发展。与感知价值相反，感知风险是指消费者对可能使他们不快乐的消费结果的不确定性的感知 (Bauer, 1960)。感知风险的维度包括财务风险、身体风险、功能风险、社会风险、心理风险和时间风险等 (Peter et al., 1975)。在 Web 2.0 时代，有必要将感知隐私风险作为虚拟世界中感知风险的一个重要维度加以考虑 (Cases, 2002; Miyazaki et al., 2001)。结合互联网公益项目的特点，本书采用隐私风险、心理风险和操作风险三个维度来测量互联网+环保公益项目个体参与者的感知风险。

3) 社会影响理论

社会影响 (social influence) 理论是由社会心理学家 Kelman 提出的，后被用于研究社会情境下个体行为的框架中，如计划行为理论 (theory of planned behavior, TPB) 和技术接受模型 (technology acceptance model，TAM)。个体行为受大众媒体和周围人影响的情况可以定义为社会影响 (Fishbein et al., 1975)。当用户采用新技术时，他们经常会受到周围人分享的价值观和评论的影响 (Venkatesh et al., 2003)。Guo 等 (2011) 通过消费者在虚拟世界购买行为的模型构建研究中发现，社会影响显著影响消费者在虚拟世界的购买行为。同伴会影响个体帮助他人的意愿 (Bereczkei et al., 2010)，主观规范会影响个体参与众筹的意愿 (Shneor et al., 2019)。

在本节中，将社会影响定义为互联网+环保公益项目的个体参与者在选择参与环保公益项目时受到来自周围人的压力和影响，主要研究个体感知的社会影响对感知风险和感知价值的影响，以及社会影响对个体参与意愿的直接影响程度。

4) 参与意愿

Fishbein 等 (1975) 的态度和行为预测研究中，把意愿 (intention) 解释为个体会发生某种行为的主观概率。影响意愿的关键是态度，也就是个体基于其经验，对发生的状况所做的心理准备和其行为倾向，具有不确定性。若被调查者已经形成了意愿 (也就是已经产生了是否采取行动的计划)，则意愿在预测用户行为上的效果优于态度。张晓东等 (2011) 在网络消费者购买行为的研究中指出，网络交易环境下，参与意愿 (participate intention) 包括三个阶段：① 刚刚知晓阶段，个体知道但是不一定会感兴趣，需进一步了解；② 兴趣产生阶段，该新事物能满足个体需求，并且个体可以从中获利；③ 评估阶段，个体开始考虑接受新事物，但是仍然需要评估才能做出最终决定。

王宇灿等 (2014) 应用社会交换理论等时发现，感知到的帮助他人的愉悦感对消费者的在线评价参与意愿有正向显著的影响。杨艳军等 (2018) 将参与意愿作为中介变量，研究了绿色众筹投资者的参与行为，发现感知价值和信任正向影响参与意愿进而影响参与行为。网上购物意愿实际上是解读消费者网络环境下购买行为产生的概率，用消费者购买意愿来测量购买行为是比消费者偏好更准确的一种测量方式。这一观点，恰好也阐述了意愿对行为的预测作用，因而在本节中，个体参与互联网+环保公益项目的意愿，指的是个体参与者参与某个环保项目的概率和可能性。参与意愿代表的是 "行为的意向"。

3.1.2 研究模型及假设

社会影响通过认知过程和社会建构影响人类行为。根据社会认同理论 (social identity theory)，人们会将自己划入某个社会类别 (Tajfel et al., 1986)。参与互联网+环保公益项目会给参与者一种目标一致和身份相同的感觉。在信息系统文献中，使用系统的参与意愿容易受到主观规范形式的社会影响的影响 (Venkatesh et al., 2003)。如果周围的人都在积极使用一个系统，个体可能也会采用该系统以融入群体。因此，在互联网+环保公益背景下，人们的参与意愿在很大程度上是由这种规范性信念决定的 (Wang et al., 2019)。从事这种公益生态活动会使个体看起来与其他有环保意识且积极参与环保活动的人相似。

本节的社会影响变量指的是个体参与者所处环境对环保公益项目的宣传程度和周围对其行为有影响的人对该类项目的评价对参与者是否参与项目的影响程度。如果参与者周围对互联网+环保公益项目的宣传程度很高，周围人认可这一类项目并且推荐其使用，那么会在很大程度上激励其参与，并在未来延续。反之亦然。因此，提出假设 H1。

H1：社会影响正向影响其参与意愿。

社会影响除了对参与意愿产生直接影响外，还可能通过认知反应的中介产生间接影响。也就是说，社会影响会影响个体对在线环境社区相关风险和价值的感知，进而影响其使用该平台的意向。在风险方面，研究人员发现社会影响会影响个人对不确定性和潜在危害的评估 (Lascu et al., 1999)。研究发现，亲朋好友的推荐、品牌声誉和正面评价降低了消费者对风险的感知 (Aghekyan-Simonian et al., 2012; Lin et al., 2011)。通过从众效应，社交网络中的个体最初在风险认知上有所不同，但随着时间的推移，在相互影响下变得更加相似 (Scherer et al., 2003)。在数字平台上，正面的电子口碑是一种风险缓解机制 (Flanagin et al., 2014)。互联网+环保公益项目个体参与者感知到的风险会受周围人的影响。如果对参与者影响很大的人极力推荐参与该类项目，并一直说服使用，会降低参与者感知到的风险，故提出假设 H2。

H2：社会影响负向影响其感知风险。

同样，社会影响对感知价值也有影响。意见领袖的输入 (Burt, 1999) 和在线评论 (Elwalda et al., 2016) 可以改变消费者对产品的感知价值。周围朋友、同事等对在线公益平台生态的口碑将影响个体对使用平台有益程度的看法。除人际交流和社交网络互动之外，传统大众媒体通过其媒体依赖性在塑造人们对待公共利益问题的价值观方面也发挥着重要作用 (Ho et al., 2015)。从以上研究中可以总结出，个体对某个产品或服务的感知价值会受到周围人对该产品或服务的评价和意见的影响，互联网+环保公益项目个体参与者的感知价值会受到周围人或周围环境对环保公益项目看法和宣传程度的影响。因此，提出假设 H3。

H3：社会影响正向影响其感知价值。

作为行为抑制因素，感知风险会对参与意愿产生负面影响 (Ostlund, 1974)。为参与在线环境社区，用户通常需要提供个人信息，而这可能存在隐私泄露的风险 (Lee, 2009)。此外，由于亲环境行为需要付出时间和努力，参与在线环境社区可能破坏或侵入人们的私人生活 (Forsythe et al., 2004)。在对所有风险的评估的基础上，人们可能会对是否参与在线环境社区感到犹豫。本节将互联网+环保公益项目个体参与者感知到的风险定义为参与者主观判断的参与到环保公益项目中所产生的不确定和不安全的因素，故提出假设 H4。

H4：感知风险负向影响其参与意愿。

感知价值是消费者感知到的利益和为之付出的成本之间比较的结果。与感知风险相反，感知价值是参与意愿的积极预测因素。在当前研究情境下，当人们坚定地相信其所参与在线环境社区有助于推动世界绿色发展时，将更愿意使用这样的平台。当个体必须评估来自不同渠道的信息时，会进行基于信息处理中心路线的理性推理。例如，当人们通过大众媒体接触到不同的在线公益项目时，可能会比较不同平台的价值观进而做出选择。本节将互联网+环保公益项目感知价值分为个体参与者感知到的情感价值和社会价值两个维度。情感价值指的是参与互联网+环保公益项目给参与者带来的情感状态和情绪感觉的总和。社会价值是参与互联网+环保公益项目给参与者带来的社会责任意识和环保意识变化的效用总和。随着个体参与到环保公益项目感知价值的增加，其参与意愿也会往偏好方向发展，故提出假设 H5。

H5：感知价值正向影响其参与意愿。

此外，感知价值有时会直接产生参与行为 (Eggert et al., 2003; Tam, 2004)。当说服来自值得信赖的来源时，人们很可能采取信息处理的外围路线。例如，当密友推荐一个互联网+公益项目时，个体的感知价值可能会绕过行为意图，而直接进行实际参与，故提出假设 H6。

H6：感知价值正向影响其参与行为。

意愿是个体会采取某种行为的概率和倾向。行为是个体实际对这种行为所做出的行动。意愿是行为的先决条件，与行为的相关性很高，因而意愿可以用来预测行为的发生。信息系统研究人员在微博 (Hsu et al., 2008) 和电子商务平台 (Ha et al., 2009) 这种个人参与的系统研究中发现了参与意愿和参与行为之间关系的实证证据 (Wixom et al., 2005)。在 Web 2.0 和移动计算时代，参与意愿仍然可以预测移动支付或社交网络 (Schaupp et al., 2010; Guo et al., 2011) 这一类便捷数字化工具的实际使用行为。互联网+环保公益项目参与也是如此。因此，提出假设 H7。

H7：参与意愿正向影响其参与行为。

研究人员通常将人口统计变量作为控制变量使得对主效应的估计更加准确。例如，用户年龄和收入分别与消费者对新产品的采用呈负相关和正相关。Martin 等 (2000) 发现，年龄和教育是用户采用电信创新的协变量。其他研究表明，不同性别用户对电脑的态度有所不同，男性对电脑的焦虑程度低于女性 (Busch, 1995)。因此，为了更准确地估计主关系，研究控制了包括受教育水平、性别、年龄和月收入在内的人口统计变量对结果即参与意愿和参与行为的影响。

基于以上假设，建立研究模型，见图 3-1。

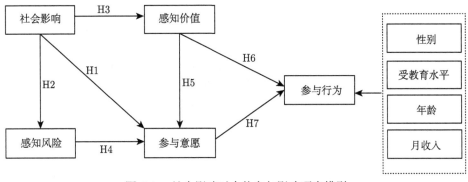

图 3-1　社会影响对个体参与影响研究模型

3.1.3　量表设计

1) 感知价值的测量

本节将互联网+环保公益项目的感知价值分为情感价值和社会价值两个维度来测量。关于感知价值的测量，将 Sweeny 等 (2001) 对产品感知价值的测量量表，融入互联网+环保公益项目的概念和特性，最终得到每个维度包含 2 个测度条目的测量量表。

2) 感知风险的测量

本节将互联网+环保公益项目的感知风险分为隐私风险、心理风险和操作风险三个维度来测量。将 Featherman 等 (2003) 对于消费者对使用电子服务的感知风险的测量和 Stone 等 (1993) 对购买个人电脑的感知风险的测量，融入互联网+环保公益项目的概念和特点，最终得到三个维度 10 个测度条目感知风险的五点 Likert 量表。

3) 社会影响的测量

本节对互联网+环保公益项目的社会影响的测量借鉴整合型科技接受模式 (unified theory of acceptance and use of technology，UTAUT) 中社会影响变量的测量方法。将 Venkatesh 等 (2003) 对用户接受的测量和黄雪冰 (2015) 对移动支付的社会影响的测量，融入互联网+环保公益项目的概念和特点，最终得到 3 个测度条目社会影响的五点 Likert 量表。

4) 参与意愿和参与行为的测量

本节的因变量是互联网+环保公益项目个体参与意愿，是指个体的参与倾向。将 Sambeek(2015) 对移动互联网使用意愿的测量，融入互联网+环保公益项目的概念和特点，最终得到 4 个测度条目参与意愿的五点 Likert 量表。

3.1.4　数据分析及结论

3.1.4.1　样本描述性统计

研究的调查对象是互联网+公益项目的参与个体。近年来我国互联网公益平台快速发展，吸引了大量的公众和企业参与到各种环保活动中。研究通过 "问卷星" 进行为期一个月的问卷发放。除测量题项外，问卷要求每个参与者选择所有使用过的在线公益平台。调查链接和邀请函一起发送至多种社交媒体平台用户圈。

总共回收 312 份问卷，除去 18 份未选择使用平台数据，有效问卷共 294 份 ($N = 294$)，有效回收率为 94.2%。参与者性别比例均等，相对年轻且受过良好教育。年轻人普遍受教育程度较高，更愿意关注和接受新事物，职业和收入水平的分布也与总人口一致，具体数据见表 3-1。

表 3-1 样本的描述性统计表 $(N = 294)$

基本信息		频次	占比/%
特征	特征属性		
性别	男	149	50.68
	女	145	49.32
年龄	18 岁以下	13	4.42
	18~25 岁	124	42.18
	26~35 岁	108	36.73
	36~45 岁	35	11.90
	46~55 岁	9	3.07
	55 岁以上	5	1.70
职业/身份	学生	96	32.66
	党政机关或事业单位工作人员	25	8.50
	国有企业工作人员	57	19.39
	私有企业工作人员	80	27.21
	自由职业者	30	10.20
	其他	6	2.04
受教育水平	大专及以下	42	14.28
	本科	121	41.16
	硕士	117	39.80
	博士及以上	14	4.76
月收入	2000 元及以下	87	29.59
	2001~4000 元	54	18.37
	4001~6000 元	68	23.13
	6001~8000 元	55	18.71
	8001 元及以上	30	10.20

表 3-2 是参与者参与过的环保公益项目的数量统计。

表 3-2 参与者参与过的环保公益项目数量 $(N = 294)$

数量	5 个及以下	6~10 个	11~20 个	21 个及以上
人数	101	95	84	14
比例	34.35%	32.31%	28.57%	4.77%

接受调查的参与者有一半以上参与过的环保公益项目在 10 个以下, 参与的项目在 20 个以上的仅占总体的 4.77%。可能的原因是互联网+环保公益项目出现时间不长, 公众对这一类项目的了解不是很充分, 已经参与到此类项目中的参

与者所接触的环保公益项目数量并不多，大部分公众处于试探接触阶段。

表 3-3 是参与者在环保公益平台上的好友数量情况。

表 3-3　参与者在环保公益平台的好友数量 ($N = 294$)

数量	10 人及以下	11~30 人	31~50 人	51~70 人	71 人及以上
人数	14	60	113	79	28
比例	4.76%	20.41%	38.44%	26.87%	9.52%

在环保公益平台上有 31~70 个好友的参与者占大部分，占全部被调查者的 65.31%，好友数量在 10 人及以下的参与者仅占总体的 4.76%。与微信平台上的好友数量在 50~200 人以上分布比较平均的情况相比，环保公益平台上的好友数量较少，这与互联网+环保公益项目出现时间不长有关，还没有达到用户爆发性增长的阶段。

表 3-4 是参与者与平台好友的日常互动程度和参与者对参与过的环保公益项目进展的关注程度。

表 3-4　互动程度和关注程度 ($N = 294$)

项目	最小值	最大值	均值	标准差
互动程度	1	5	3.17	0.971
关注程度	1	5	3.32	1.145

参与者与好友的互动程度均值为 3.17，标准差为 0.971，分布不分散，说明参与者与好友的互动程度属于中等偏上水平。参与者对已经参与过的环保公益项目进展的关注程度均值为 3.32，标准差为 1.145，分布比较分散。

3.1.4.2　信度和效度分析

本节运用 SmartPLS3.0 的 PLS 算法中的 Algorithm 来运行数据，进而检验数据的信度和效度。运行得出 Cronbach's α 值、提取平均方差 (AVE) 和组合信度 (composite reliability, CR)，以此来验证测量量表的信度。如表 3-5 所示，各个变量的数据均符合要求，尽管社会影响的 Cronbach's α 值略低于 0.7，但其组合信度良好，因此，社会影响的信度可以接受。其他变量的 Cronbach's α 值和 CR 均大于 0.7，AVE 均大于 0.5，表明该结构模型的各个变量都有良好的信度。

由表 3-6 可以看出，所有变量的 AVE 均大于临界值 0.5，表明收敛效度良好。为保证该结构模型的区分效度良好，每个变量的测量题项之间应保证相关性较高，并且每个测量题项与其他变量的相关性要相对低一点。测量题项和构念的探索性因子分析的交叉负荷矩阵也能用来判断构念之间的区分效度要求。进一步分析可以看出, 各个构念和其测量题项之间的交叉负荷值都大于 0.7, 并且都大于非本构念的测量题项的交叉负荷值, 因此本节研究的区分效度良好。

表 3-5 各变量信度指标 $(N = 294)$

变量名称	Cronbach's α	CR	AVE
参与意愿 (PI)	0.76	0.85	0.58
感知风险 (PR)	0.92	0.94	0.59
社会影响 (SI)	0.66	0.82	0.60
感知价值 (PV)	0.75	0.84	0.57

表 3-6 构念交叉因素负荷 $(N = 294)$

变量名称	参与意愿	感知风险	感知价值	社会影响
PI1	0.75	-0.20	0.16	0.20
PI2	0.76	-0.25	0.19	0.26
PI3	0.77	-0.22	0.19	0.26
PI4	0.77	-0.22	0.18	0.25
PR11	-0.17	0.74	-0.44	-0.44
PR12	-0.18	0.77	-0.46	-0.49
PR13	-0.22	0.77	-0.48	-0.50
PR21	-0.24	0.70	-0.40	-0.41
PR22	-0.22	0.79	-0.53	-0.52
PR23	-0.15	0.78	-0.52	-0.53
PR24	-0.31	0.81	-0.55	-0.59
PR31	-0.23	0.78	-0.49	-0.54
PR32	-0.23	0.81	-0.55	-0.56
PR33	-0.26	0.76	-0.45	-0.45
PV11	0.19	-0.48	0.78	0.56
PV13	0.20	-0.48	0.75	0.58
PV21	0.24	-0.53	0.74	0.59
PV23	0.06	-0.42	0.76	0.49
SI31	0.27	-0.52	0.54	0.78
SI33	0.26	-0.49	0.61	0.76
SI35	0.21	-0.52	0.57	0.78

由以上分析可以得出, 本节研究的测量量表具有良好的信度和效度。

本节涉及的变量大多是潜在变量, 一般用其所包含的所有测量题项统计量的均值来表示, 对应到 SPSS24.0 软件中, 需要通过 "转换" 功能来计算测量题项的均值，形成一个新变量对应潜在变量，然后采用 Pearson 相关性分析来得到各变量之间的相关性，具体结果如表 3-7 所示。

表 3-7　各变量的相关性分析

变量	均值	标准差	感知价值	感知风险	社会影响	参与意愿	参与行为
感知价值	4.18	0.62	**0.75**				
感知风险	1.79	0.74	−0.628**	**0.77**			
社会影响	4.16	0.61	0.737**	−0.655**	**0.77**		
参与意愿	4.03	0.65	0.232**	−0.290**	0.318**	**0.76**	
参与行为	4.03	0.92	0.225**	−0.284**	0.312**	0.544**	NA

注：$N = 294$；**代表在 0.01 水平（双侧）上显著，对角线上加粗的数值为 AVE 的平方根，NA 表示不适用。

各个变量之间均存在在 0.01 水平上的高度显著的相关关系。其中，社会影响和感知价值（$r=0.737$，$p < 0.01$）有着显著的正相关关系；社会影响和感知风险（$r = -0.655$，$p < 0.01$）有着显著的负相关关系；社会影响和参与意愿（$r = 0.318$，$p < 0.01$）有着显著的正相关关系；社会影响和参与行为（$r = 0.312$，$p < 0.01$）有着显著的正相关关系；感知风险和感知价值（$r = -0.628$，$p < 0.01$）有着显著的负相关关系；感知风险和参与意愿（$r = -0.290$，$p < 0.01$）有着显著的负相关关系；感知风险和参与行为（$r = -0.284$，$p < 0.01$）有着显著的负相关关系；感知价值和参与意愿（$r = 0.232$，$p < 0.01$）有着显著的正相关关系；感知价值和参与行为（$r = 0.225$，$p < 0.01$）有着显著的正相关关系；参与意愿和参与行为（$r = 0.544$，$p < 0.01$）有着显著的正相关关系。该模型中所有变量的 AVE 平方根都大于该变量与其他变量之间的相关系数，说明具有区分效度。

3.1.4.3　假设检验

使用赫尔曼单因子分析方法检验模型的共同方法偏差。对所有题项的探索性因子分析结果表明，第一个主成分解释总变异量的比例低于 50%，表明没有严重的共同方法偏差。与研究模型中的其他反映型构念不同，最终结果变量 "参与行为" 是构成型构念。为了测试模型，基于偏最小二乘法结构方程建模进行分析，因为基于偏最小二乘法的结构方程建模比传统的基于协方差的结构方程建模更适合处理构成型构念（Hair et al., 2016）。模型运行结果如图 3-2 所示。SmartPLS 软件估计出的模型路径系数 β 及显著性如表 3-8 所示。

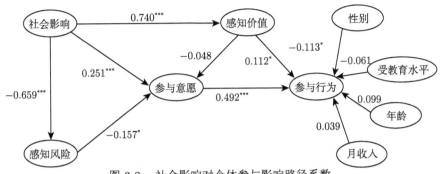

图 3-2　社会影响对个体参与影响路径系数
*** 代表在 0.001 水平 (双侧) 上显著，* 代表在 0.05 水平 (双侧) 上显著

表 3-8　结构模型路径系数显著性检验结果

路径	路径系数	标准误	T 值	显著性水平	p 值
参与意愿 → 参与行为	0.492	0.05	10.57	***	0
感知风险 → 参与意愿	−0.157	0.07	2.19	*	0.03
社会影响 → 参与意愿	0.251	0.09	2.84	***	0
社会影响 → 感知风险	−0.659	0.04	16.56	***	0
社会影响 → 感知价值	0.740	0.03	26.34	***	0
感知价值 → 参与意愿	−0.048	0.09	0.52	NS	0.61
感知价值 → 参与行为	0.112	0.05	2.19	*	0.03
年龄 → 参与行为	0.099	0.06	1.75	NS	0.08
受教育水平 → 参与行为	−0.061	0.06	1.08	NS	0.28
性别 → 参与行为	−0.113	0.05	2.25	*	0.02
月收入 → 参与行为	0.039	0.06	0.66	NS	0.51

注：*** 代表在 0.001 水平 (双侧) 上显著，* 代表在 0.05 水平 (双侧) 上显著，NS (not significant) 表示不显著。

从图 3-2 中可以看出，感知价值对参与意愿没有显著影响，这是唯一没有得到支持的假设关系 (假设 H5)。控制变量方面，年龄、受教育水平、月收入对参与行为的影响系数分别为 0.099、−0.061、0.039，且 p 值均大于 0.05，因此可以认为年龄、受教育水平、月收入对互联网+环保公益项目的参与行为不存在显著的影响。年龄方面可能的原因是不同年龄段的个体对环保公益项目的使用情况并没有明显的差异，也可以理解为个体环保观念与年龄没有关系。受教育水平方面可能的原因是不同教育水平的个体对环保公益项目的实际使用情况并不存在显著的差异。月收入水平方面可能的原因是互联网+环保公益项目仅靠参与者的亲环境行为参与到项目中，不涉及经济交易，因此月收入的影响并不明显。性别方面，性别对参与行为的影响系数是 −0.11，p 值为 0.02，表明性别在 0.05 的水平上显著影响参与行为，这说明与女性相比，男性实际参与互联网+环保公益项目的程度更低，这是因为男性对带有轻娱乐性质活动的参与度低于女性，而环保公益项目作为一种新型的网络产品，更容易吸引女性的关注，即性别对参与行为的调节作用显著。

另外，参与意愿的 R^2 为 0.115，可知社会影响、感知风险、感知价值对参与意愿的方差解释能力为 11.5%，说明社会影响、感知风险、感知价值对参与意愿有一定的解释力度。参与行为的 R^2 为 0.330，可知感知价值和参与意愿对参与行为的方差解释能力为 33.0%，说明感知价值和参与意愿对参与行为有一定的解释能力。

最终互联网+环保公益项目参与意愿的相关研究假设的检验结果如表 3-9 所示。

表 3-9   研究假设检验结果

假设	内容	检验结果
H1	社会影响正向影响其参与意愿	成立
H2	社会影响负向影响其感知风险	成立
H3	社会影响正向影响其感知价值	成立
H4	感知风险负向影响其参与意愿	成立
H5	感知价值正向影响其参与意愿	不成立
H6	感知价值正向影响其参与行为	成立
H7	参与意愿正向影响其参与行为	成立

3.1.4.4 结果讨论

研究表明，社会影响负向影响感知价值，正向影响感知风险与参与意愿；感知风险负向影响参与意愿；感知价值对参与意愿没有显著的影响作用，但正向影响参与行为；参与意愿正向影响参与行为。

个体对互联网+环保公益项目的参与意愿受到感知风险、感知价值的影响。在一定的社会条件下，如果参与者周围的亲朋好友和对其有重要影响的人参与过互联网+环保公益项目并且对其持有积极肯定的态度，会持续不断地对参与者提到他们参与过的项目，并且强烈推荐其参与。那么，该个体对于互联网+环保公益项目的感知价值会随着周围这些人的肯定态度和看法而增加，从而直接影响其参与行为的产生，即一个人产生参与意愿之后，高水平的感知价值会直接促使其发生参与行为。感知风险则会随着周围人的这种积极态度和看法而降低，低水平的感知风险会促使参与者更加愿意去参与互联网+环保公益项目，也就是参与者持有一种低水平的感知风险有可能会激发更强烈的参与意愿。此外，个体可能直接通过周围的社会影响，也就是周围人的推荐和说服产生参与意愿与行为。

研究个体参与意愿是为了解和预测其参与行为。总之,参与意愿越强烈,发生实际参与行为的可能性也就越大。公众选择参与互联网+环保公益项目不受其年龄、受教育程度和月收入的影响,任何年龄段的个体都有可能参与环保公益项目,不同受教育程度的个体也都有可能参与环保公益项目,月收入的差异也不会影响个体参与环保公益项目。但是,女性比男性更容易参与互联网+环保公益项目。

3.1.4.5 研究贡献

在理论层面,本节选择新兴的互联网+环保公益项目作为研究对象,并且从其个体参与意愿和参与行为这一新的视角进行探索,提出了一个互联网公益项目个体参与影响因素的研究模型,并用实证结果揭示了社会影响影响实际参与行为的机制。

在实践层面,本节能够为互联网+环保公益项目更好地发展提供一定的指导。首先,对于互联网+环保公益项目的个体参与者,提供了参与者在面对互联网+环保公益项目时应该重点考虑的因素。公益是需要个体花费大量时间参与的一种群体行为。互联网+环保公益项目的出现,降低了个体参与环保活动的门槛,充分发挥了普通大众作为环保公益团队组成成员并合作参与环保事业的优势。环保公益是一项长期并且持续参与的行为,个体参与者要坚持持续参与。其次,互联网+环保公益项目的发起者作为项目的源头,需要能让公众信服并且参与其中。再次,对于互联网+环保公益项目的提供平台,环保公益信息的公开是保证项目成功的关键,而互联网技术的发展增强了信息的透明度。网络上的海量信息让人难以辨别真伪,此时就需要平台提前对发布项目的合理性和真实性进行审核,保证所发布的互联网+环保公益项目都是真实有效的。现阶段存在网络环境不安全的情况,一些钓鱼网站依附于正常的平台网页,如若参与者误点击,很有可能造成信息泄露和财产风险。此时,平台需要及时清除不安全网站的依附,保证参与者权益。总的来说,平台必须保证信息的公正公开并且真实,维护个人信息安全,才能打消参与者顾虑,使更多的社会个体参与到环保公益项目中。此外,平台要通过一系列的宣传和趣味活动等方法来维系参与者,尽可能保证参与者的持续参与。最后,从社会角度出发,由于社会影响对个体参与互联网+环保公益项目的意愿有积极的影响,因此,公益主体应加大自我效能的宣传和推广、营造环保的社会氛围、提高环保公益的影响力,使公益的主力军青年群体可以直接了解并参与互联网+环保公益项目。扩大宣传力度,通过当下传播力强的自媒体和明星效应能够使青年群体的参与行为从偶发性转变为持续性。最关键的是要以价值导向的方式引导个体树立社会认同感和自身使命感,帮助普通大众从根本上意识到个体参与环保公益的重要性,从而实际参与互联网+环保公益项目。

3.2　众筹平台网站声誉对个体捐赠的影响

互联网众筹平台作为一种特殊类型的社会信息系统，近年来越来越受到人们的关注。然而，现有的研究主要集中在用户意愿和奖励的项目上，而关于人们为什么参与了捐赠的知识体系还不完善。本节研究基于活动理论，从接受度、网站熟悉度、互惠信念三个方面探讨众筹公益项目成功的关键因素。在此基础上，结合电子商务和慈善行为构建了研究模型，以预测参与者的信任度和实际捐赠意愿。为了检验假设的关系，对从多个国家的众筹平台收集的 744 份用户调查问卷进行了结构方程建模分析。研究结果为大多数假设提供了支持证据，揭示了众筹活动中技术使用和社会协作的影响因素。

3.2.1　网络捐赠中的用户信任

3.2.1.1　网络捐赠行为

捐赠行为的相关研究能够帮助组织更好地了解捐赠者，并利用必要策略吸引更多人捐赠。互联网作为一种筹款工具，除了支持在线支付交易外，还为筹款人提供了开展其他工作的机会，如活动推广和志愿者招募等 (Reddick et al., 2012)。很明显，非营利组织和其他慈善机构有转向网上捐赠趋势，因为互联网为捐赠者和受赠者提供了更方便有效的支付交易。研究表明，充分利用互联网作为捐赠平台取得了很好的效果。尽管如此，如果捐赠者不把网络平台视为慈善活动的主要渠道，那么慈善组织对在线平台的广泛使用并不能立即保证筹款活动的成功 (Sura et al., 2017)。

捐赠行为与特定的筹款机构有情感联系，捐赠者对该机构的信任程度是捐赠意愿的预测因素。因此，对筹款机构的看法，对于捐赠者将如何与之建立联系并获得信任至关重要。同时，将互联网视为捐赠和付款的媒介也是捐赠者在面临捐赠选择时考虑的一个重要因素。安全和隐私是捐赠者在线支付时首要考虑的事项，Sura 等 (2017) 将计划行为理论与有关筹资项目、筹资机构和互联网的外部筹资变量结合，根据项目类型和项目位置、信任度以及数据隐私等变量来预测网上捐赠的态度。

在此基础上，Sura 等 (2017) 扩展了 Treiblmeer 和 Pollach 提出的网上捐赠模型，并添加了社交网站 (SNS) 功能作为网上捐赠行为的决定因素。SNS 被认为是具有优势的营销工具和高度可定制的有效沟通中心，有助于筹款组织者设计有针对性的募捐方法，培育聚集与筹款机构支持同一事业的人的在线社区。SNS 可以帮助非营利组织加强慈善机构的营销和运营，以及他们所开展的活动。学者使用慈善项目、慈善组织、互联网技术特征和 SNS 功能作为影响人们对网络捐赠总体态度的变量。在这四个变量中，只有互联网技术特征对总体态度有着显著的影响，互联网技术特征对网络捐赠行为至关重要 (Sura et al., 2017)。

3.2.1.2 网络众筹

近年来，一种以众筹形式出现的新的小额融资媒介快速增长。随着社交媒体的发展，任何希望筹集资金和捐款的人都可以进行众筹 (Belleflamme et al., 2014)。与传统的线下筹款项目相比，在线众筹网站为筹资人和潜在的支持者提供了有关筹资程序详细而精确的指导，并允许筹资人定期向支持者及时更新项目的信息 (Wash, 2013)。

众筹网站的筹资项目可划分为三种类型：基于股权类、基于报酬类和基于捐赠类 (Xu, 2018)。第一类基于股权或利润回馈，众筹投资者或支持者提供资金，并在将来能从公司利润中获得一部分。第二类是基于报酬或预先订购，让创新者和企业家有机会通过获得赞助者的初始资金落实他们的构思设计。同时，奖励也是人们参与众筹项目的主要动机 (Zhang et al., 2020)。第三类是基于捐赠的众筹。资助者不分享利润，也没有从筹款实体那里获得任何回报 (Belleflamme et al., 2014)。此外，基于捐赠的项目和基于报酬或股权的项目的筹资人有着不同的期望。基于捐赠的项目通常是为慈善事业筹集资金，众筹者为这些基于捐赠的项目捐款并没有期望任何回报，因此，以捐赠为基础的众筹被视为慈善机构和非营利组织筹集资金以支持其各自事业的新媒介 (Xu, 2018)。

Kickstarter 和 Indiegogo 等众筹网站备受大众欢迎 (Zhang et al., 2020)，人们可以在此筹集资金，如为一项新业务筹集资金 (基于股权)，为开发新产品获取支持 (基于报酬) 或为医疗账单筹集捐款 (基于捐赠)。同时，也有少数众筹平台专注于慈善或捐赠的项目，如 GoFundMe(www.GoFundMe.com) 和 SimplyGiving (www.SimplyGiving.com)，给流浪者建造房屋以应对灾害情况，或帮助孩子受到适当的教育 (Xu, 2018)。

近年来，以捐赠为基础的众筹成为人们筹集资本新的渠道。众筹的出现引入了新的利益相关者，如众筹网站和互联网。本节对众筹相关文献的回顾将展示影响众筹网站捐赠行为的不同因素。可以看出，除了捐赠者的社会心理行为外，还需考虑众筹网站、募捐项目和互联网的属性。

研究表明，由于形象意识的存在，人们在公共场合比在私人场合更倾向于进行亲社会行为。由于互联网提供了更广的社交网络范围以及更多的机会来筹集社会资本，网络环境将会促进自我展示，并且注重形象意识和重视自我形象的人更倾向于参与公共的亲社会活动 (Cox et al., 2018a)。

从众行为是另一个解释个体为何遵守社会规范行为的概念。Sasaki(2019) 利用 JapanGiving 众筹平台的数据对从众行为进行了调查，总结了多数效应对捐献者从众行为的影响，如该捐赠者会受到同一项目的最近五个捐赠者的金额影响，这种行为在价值较低的捐赠中更为突出。

如今，网上捐赠行为的因素已经发生了变化，不仅与捐赠者有关，也与募捐机构和经营这些众筹项目的众筹网站有关。众筹网站的视觉呈现形式很容易被识别，众筹网站用户感知到项目的第一印象对项目的成功起着决定性的作用。Zhang 等 (2019) 基于报酬的众筹的研究结果表明，在项目标题中提到消费者利益会影响项目的实际捐助者人数。由于参与众筹网站是一项虚拟活动，捐赠者和募捐者没有足够的机会进行交流，因此第一印象对募捐项目的成功显得至关重要。

在众筹网站中，特别是在众筹项目中使用图片和视频或许是一种更有效的交流方式，因为图片和视频都是 "丰富的媒体"，即它们携带更多的信息，可以同时引发许多触动。此外，在众筹项目页面上添加图片和视频会使人觉得募捐者为运行项目做好了充分的准备。文本信息尽管只具有基本元素，但其带有项目描述和募捐者希望传达给受众的其他信息，因此可以作为众筹项目的基础。同时，众筹网站中的项目类别也可以帮助确定哪些项目更容易成功。Xu(2018) 的研究结果表明，图片和视频并不能增加所有类别项目的成功率，这反映了不同项目类别在吸引潜在捐助者方面的独特性。

由于众筹参与和在线购买的决策过程在许多方面相似，Liang 等 (2019) 将现有电子商务模型中影响购买意愿的因素作为影响众筹网站投资意向的因素，包括信任、信任前因以及影响投资意图的能力，结论指出项目信息质量和筹资人的能力是信任的重要决定因素，信任是投资意愿的决定因素。Teo 等 (2007) 的研究表明，互联网供应商的声誉和系统保证以及消费者的信任倾向与消费者信任呈正相关。

3.2.1.3　平台的用户信任

随着众筹网站的出现，网上公益捐赠逐渐可视化，其过程与网上购物日益趋同。网上购物时，买家通常搜索并浏览产品，根据页面上的信息评估产品、卖家和购物平台，进而做出购买决策，并在线支付，信任是维持这种交易最基本的因素。同样，在公益捐赠时，捐赠方搜索并浏览慈善项目，根据网站页面信息评估项目本身，筹款组织及众筹网站，进而做出捐赠决策，并在线捐赠和支付，信任的作用也是至关重要的。因此，现有的网上购物或电子商务中与客户信任相关的研究将为本节提供一定的理论基础。例如，Gefen(2000) 提出的有关消费者信任和网站熟悉度的概念就适用于在线捐赠的研究背景，可以作为使用众筹网站进行捐赠的意愿的预测因素。

由于缺乏与卖方实际面对面的互动，当代电子商务所需的信任在很大程度上依赖于可靠的交易过程 (Grabosky, 2001)。Gefen(2000) 提出的模型就包含了对互联网供应商的熟悉程度以及买方对信任的态度如何影响个体对互联网供应商的信任。结果表明，熟悉度和信任倾向都会对个体对互联网供应商的信任产生积极影响，同时，熟悉度比信任对购买意愿有更强的直接影响。

在以上研究的基础上，Teo 等 (2007) 在电子商务中不同背景下对信任进行了进一步研究。结果表明，系统保证是消费者信任的最强预测指标，即网络安全是消费者在电子商务中最关心的问题之一。Kim 等 (2008) 通过增加感知隐私性、感知安全性、信息质量、熟悉度、声誉和其他消费者信任的预测因素，扩展了 Gefen 的信任模型。结果表明，在意向的三个主要决定因素中，消费者信任最为重要，且网站熟悉度对参与意愿的影响比对消费者信任的影响更强。

3.2.2 研究模型及假设

大多数研究使用参与意愿作为实际参与行为的直接前因。例如，Smith 等 (2007) 用它来判断捐赠者进行金钱捐赠的可能性。然而，意愿是基于行为的，因为它源于理性行为理论 (theory of reasoned action，TRA)，后来被用于计划行为理论和许多心理学框架 (Ajzen, 1991)。研究以众筹活动为分析单元，将众筹意愿概念化为一个人参与众筹活动的心理倾向，包括网站行为、互动行为和与捐款相关的行为，这就引出了第一个研究假设。

H1：网上捐赠意愿正向影响捐赠行为。

由于捐赠行为的研究主要属于社会心理学范畴，因此将互惠、感恩等社会行为作为捐赠意愿或捐赠决定的预测因素是合理的。在经济学的背景下，互惠被认为是个体之间协作的一种重要行为，因此社会合作可以通过互惠来实现。互惠信念是指一个人认为从第三方那里获得的与其付出的相对等。互惠行为与慈善也有关，被认为是慈善捐款 (Khadjavi, 2016) 的主要组成部分。更具体地说，在经济学领域中，有两种与慈善捐赠高度相关的互惠行为，即下游互惠和上游互惠 (Nowak et al., 2005)。Liu 等 (2017) 通过研究促进下游互惠和上游互惠的两种不同的心理机制，对互惠进行进一步的研究表明，对回报的预期会促进下游互惠的慈善行为，而来自社会善意的感激会促进上游互惠的慈善行为。虽然上述研究关注的是提供善意和有益行为的互惠，但早期的研究同时探索了正互惠和负互惠。例如，有接受和传递给他人善意时的互惠，也有接受和传递给他人恶意的互惠。因此，提出以下假设。

H2：互惠信念正向影响捐赠意愿。

研究认为激励驱动因素的另一种社会心理特质是自我价值感。一个人当别人对他的行为做出的回应正如他所料时才会认为该行为是正确的 (Kinch, 1973)。当员工了解他们通过工作为公司带来的价值时，会有一种自我价值感，并激励其在未来再次采取这样的行动 (Bock et al., 2005)。自我价值的概念适用于慈善行为，一个成功的筹资项目将使捐助者感到其捐款有助于该项目的成功。本节试图分析自我价值感对网上捐赠意愿的直接影响，并定义自我价值感是指捐赠者对通过网络捐赠的积极认知。因此，提出以下假设。

H3：自我价值感正向影响捐赠意愿。

捐赠者信任是指捐赠人主观认为众筹网站将按照捐赠人的理解履行其交易义务。由于人类的行为不能完全被预测，因此一个人会试图通过假设并相信另一个人会以某种预期的方式行为来减少决策的复杂性。信任的传统概念依赖于双方之间的长期双向的信任建设，然而，电子商务由于没有与卖方进行实际性的面对面交流，其需要的现代信任很大程度上依赖于可靠的交易流程。由于众筹网站包含数百个来自不同地点不同组织者的筹款项目，无法立即获得项目真实性和可信性的有形证明，取而代之的是难以验证的图片、视频和文本形式的数字内容。因此，大量关于意向行为的研究，尤其是针对网络购物的研究，都表明了消费者信任对购买意向具有直接影响。同样，本节认为，捐赠者信任会影响网上捐赠的意向。因此，提出以下假设。

H4：捐赠者信任正向影响捐赠意愿。

网站熟悉度指的是捐赠者对众筹网站的目的、如何运作以及如何使用的知识水平和理解程度 (Kim et al., 2008)。鉴于人类行为和环境的不确定性，熟悉度是人们降低决策复杂性的另一种方式。熟悉众筹网站意味着了解该网站的目标以及完成捐赠所需的步骤；对众筹网站的信任意味着，如果有人愿意捐款，则该网站将履行其为筹款人和捐款人进行调解的假定责任。基于此，本节认为熟悉度和信任在建立一个人对他人的看法或态度时是相辅相成的。如果没有先前的经验或知识，很难对一个捐赠网站建立信任或不信任，因此，熟悉捐赠网站提供了对于网站运行足够的信息和了解，继而捐赠者可以信任捐赠网站。熟悉度被认为是信任的前提 (Gefen, 2000)。因此，提出以下假设。

H5：网站熟悉度正向影响捐赠者信任。

随着各种交易和流程的数字化，尤其是在电子商务中，公司和网站留下了大量的客户数据。为了使网站能够以最大的完整性和效率处理数据，必须利用和实现新的数据挖掘技术。客户在线输入个人信息后，数据存储在数据库中，并且可以通过不同的渠道以不同的方式被访问。这种可访问性使数据库容易被盗窃和滥用，从而威胁到客户信息的安全，进而导致对客户隐私的侵犯。捐赠者在众筹网站上输入个人和财务信息，以完成捐赠交易。利用众筹网站数据库中的捐赠人信息，可能会导致个人资料的非法共享、身份盗用和诈骗，这会直接危害捐赠人的隐私和安全。因此，当众筹网站表示会保护捐款人不受信息安全威胁和隐私侵犯并做出相关努力时，会增加捐款者对众筹网站的信任。众筹网站的安全措施的实施可以在登录或支付期间启用加密或身份验证。感知隐私被定义为捐赠者对众筹网站防止任何收集到的个人信息被非法披露的看法。感知安全被定义为捐赠者在进行捐赠交易时对众筹网站维护捐赠者安全行为的看法。因此，提出以下假设。

H6：感知隐私正向影响捐赠者信任。

H7：感知安全正向影响捐赠者信任。

信息质量是指捐赠者对众筹网站提供的关于筹款项目和捐赠过程信息可靠性和充足性的感知。由于众筹网站都是在线的，明确的说明及动态信息可以帮助捐赠者在做出捐赠决定时有充足的信息和准备。在互联网环境下建立信任没有面对面的交流，因此，网站上的信息弥补了人际交流的缺失。在众筹网站上发布的信息，会通过众筹项目合法化并提供社会证明来支持众筹活动 (Gerber et al., 2012)。当捐赠者看到众筹网站为确保信息的定期更新和完整性所做的努力时，会认为众筹网站有决心履行自己的责任，从而增加了捐赠者对于众筹网站的信任 (Kim et al., 2008)。因此，提出以下假设。

H8：信息质量正向影响捐赠者信任。

电子商务的早期研究已经将感知声誉作为信任的前提。Jarvenpaa 等 (2000) 的研究结果表明，网店的感知声誉显著影响信任。Teo 等 (2007) 以及 Kim 等 (2008) 都将感知声誉应用到消费者信任的研究中，并得到了相似的结果。根据上述研究，声誉被认为是消费者对一个网站的善意和诚实程度的印象，声誉是一种资产，是建立在网站树立积极的形象以及维持良好客户关系的努力之上的 (Teo et al., 2007)。一个网站对于其过去客户的成功或失败的证据构建了新客户对该网站声誉的看法和判断 (Kim et al., 2008)，很少有关于捐赠行为的研究也用声誉来预测捐赠意愿。本节试图通过预测感知隐私、感知安全和信息质量来检验声誉对捐赠者信任的间接预测能力。由于网站声誉是对网站整体的感知，会影响捐赠者对众筹网站是否注重保护捐赠者隐私和安全、提供信息质量的感知。因此，提出以下假设。

H9：网站声誉正向影响感知隐私。

H10：网站声誉正向影响感知安全。

H11：网站声誉正向影响信息质量。

根据以上假设，构建模型如图 3-3 所示。

3.2.3 量表设计

为了验证所提出的模型，本节对菲律宾和中国网民进行了问卷调查以收集数据。由于问卷在两个国家分发，研究制作了两个版本的问卷：英文版和中文版。考虑到所有的测量题项都是从英语改编而来，问卷首先由英语设计而成，再由母语

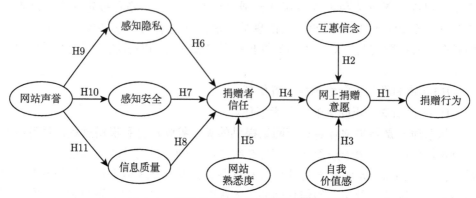

图 3-3　网站声誉对个体捐赠影响研究模型

为英语的双语者翻译成中文。然后由两位母语为中文的双语者对问卷的中文版本进行检查来确认翻译的准确性。所有题项均采用七点 Likert 量表评分，范围为 1(完全不同意) 到 7(完全同意)。选择七点 Likert 量表是考虑到其中一些题项来源于以前研究中的七点 Likert 量表，且七点 Likert 量表能够优化信度，更适合发放电子问卷。另外，测量题项的措辞也进行了修改，以适应本节通过众筹网站进行捐款的背景。

　　问卷分为三个部分。第一部分是关于人口统计学信息的问题，这些信息将作为控制变量进行研究，其中包括性别、年龄、受教育程度、月收入、上网经历、宗教信仰和宗教的重要性。第二部分是本节的主要部分，包括本节所提出的变量的测量题项。

　　本节用于检验网站声誉的测量题项改编自 Kim 等 (2008) 的电子商务研究，而 Kim 等的研究也基于已有的经典研究，如 Gefen(2000) 和 Jarvenpaa 等 (2000) 的研究。感知隐私、感知安全和信息质量都是与众筹网站和众筹项目相关的变量，其测量题项取自 Kim 等 (2008) 的研究。Kim 等借鉴了 Ming-Syan 等 (1996) 在数据挖掘和维护数据库的相关研究中提出的关于感知隐私和感知安全的题项。同样，网站熟悉度的测量题项也取自 Kim 等基于 Gefen 的研究。捐赠者信任的测量题项取自 Kim 等 (2008) 和 Rouibah 等 (2016) 基于 Gefen 等在电子商务的背景下购买意愿的研究所提出的题项。自我价值感和互惠信念是从个人角度来评估个人意愿，而上述变量的目的则是评估对众筹网站的看法。自我价值感的测量项目来自 Bock 等知识共享背景下的参与意愿的研究 (Bock et al., 2005)，而互惠信念的测量项目基于 Mclure 等 (2005) 关于通过在线平台的知识共享等研究。在线捐赠意愿的测量题项分别取自 Kim 等 (2008) 和 Sura 等 (2017) 对电子商务和在线捐赠行为的研究。最后，实际捐赠行为的测量题项和其他变量不同，受访者不需要用 Likert 量表回答，而是回答具体的数值。

为了更好地收集数据,并将调查对象限制在线上的范围内,调查问卷设计为可以通过移动设备和个人电脑发放的在线表格形式。在问卷大规模发放前,对 10 名被调查者进行了问卷前测。他们被要求回答问卷,记录完成问卷所需的时间,并对问卷的可读性发表评论。之后,对问卷格式进行了小范围的修改,以确保其有效性。同时,通过使用各种社交媒体平台发送并共享可访问的在线表格的链接,来检验在线表格的可访问性。

为了联系菲律宾和中国的受访者,研究时在 Facebook 和微信等社交媒体平台上发布和分发问卷的链接。为了吸引更多的人参与调查,调查中还包括了奖励红包和向慈善机构捐款的承诺,并请求受访者将调查链接分享给他们的亲朋好友。本节共收集了 341 份问卷,之后根据回答前后矛盾及作答时间过短等标准删除了其中的无效问卷。

3.2.4 数据分析及结论

3.2.4.1 样本描述性统计

最终收回 311 份有效问卷,182 份来自菲律宾 (58.5%),129 份来自中国 (41.5%),其中,男性占 69.5%,女性占 30.5%。大约一半的受访者年龄在 21~30 岁 (47.2%),大多数人拥有学士学位 (67.2%)。月收入在各个层面上的分布较为均匀,其中中低水平占 20.2%、中等水平占 26.6%。几乎所有人有四年以上的互联网经验 (92.9%),宗教信仰分布也较为均匀,44.1% 的受访者回答 "是",55.9% 的受访者回答 "否"。可以从受访者所处的两个国家的角度进一步分析数据。表 3-10 为中国与菲律宾 2022 年的统计信息概况。与菲律宾相比,中国在网民规模、人口和国内生产总值方面都是比较高的。

表 3-10　中国与菲律宾 2022 年统计信息概况

统计项目	中国	菲律宾
人口	14.1 亿	1.1 亿
当年 GDP(美元)	17.96 万亿	4.043 千亿
当年 GDP 增长率	2.99%	7.57%
网民占总人口比例	74.4%	68%

从调查所得的信息可知,两国大多数受访者的人口特征相似。这两个国家的受访者主要是男性,年龄在 40 岁以下,拥有学士学位,有四年以上的互联网经验。然而,两国受访者的月收入情况存在差异。

被调查者概况表明,除了宗教和宗教信仰外,菲律宾和中国的受访者具有相似的特征。64% 的菲律宾受访者表示自己有宗教信仰,84% 的中国受访者表示自己没有宗教信仰。对于"宗教在你的日常生活中有多重要？"的问题，图 3-4 显示了回答"1 = 非常不重要，2 = 不重要，3 = 中等重要，4 = 相当重要，5 = 非常重要"的受访者数量。条形图显示了菲律宾和中国受访者对宗教重视程度的差异，该结果可能与菲律宾是一个宗教国家有关。尽管宗教观存在巨大差异，但所提出的在线捐赠意愿模型在不同国家的结果是相似的，这表明宗教或宗教虔诚程度并没有对捐赠者的信任和网上捐赠意愿产生影响。

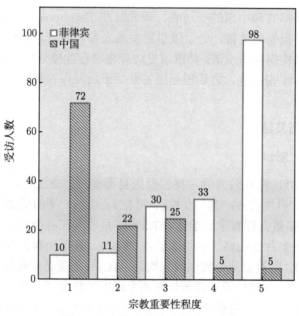

图 3-4　宗教重要性受访统计结果

3.2.4.2　信度和效度分析

为了检验模型中测量题项的可靠性，本节通过计算 Cronbach's α 值和组合信度 (CR) 来检验每个变量的内部一致性 (Fornell et al., 1981)。本节所有变量的因子载荷、Cronbach's α 值和组合信度详见表 3-11～表 3-14。结果表明，除了捐赠行为 (Cronbach's α 值为 0.684) 外，每个变量的 Cronbach's α 值都高于 0.70。根据 Lee 等 (1999) 的研究，Cronbach's α 的最小值可以扩展到 0.65，这表明捐赠行为的内在一致性是可以接受的。在十个变量中，网上捐赠意愿的 Cronbach's α 值最高，为 0.946，其次是网站熟悉度，Cronbach's α 值为 0.939，信息质量和自我价值感的 Cronbach's α 值均为 0.933。另外，捐赠行为的 Cronbach's α 值最低，为 0.684。同时，通过分析组合信度来评价变量的内部一致性是一种更全面和准确的方法，它可以通过利用每个变量中每个题项的因子载荷来更好地评估结构的内部一致性 (Fornell et al., 1981)。各变量的组合信度均高于 0.70 的标准值 (Lee et al., 1999; Fornell et al., 1981)。其中互惠信念的 CR 较低，为 0.831，而网上捐赠意愿的 CR 最高，为 0.959，表明测量题项具有足够的内部一致性。

表 3-11 网站声誉信度检验结果

变量	题项编号	题项	因子载荷	Cronbach's α	CR
网站声誉 (WR)	WR1	公益众筹平台众所周知	0.665		
	WR2	公益众筹平台享有良好声誉	0.882	0.824	0.893
	WR3	公益众筹平台以诚信著名	0.864		
	WR4	公益众筹平台得到公众的认可	0.863		

表 3-12 感知隐私、感知安全、信息质量及网站熟悉度信度检验结果

变量	题项编号	题项	因子载荷	Cronbach's α	CR
感知隐私 (PP)	PP1	我担心公益众筹平台会在未经我授权的情况下将我的个人信息用于其他目的	0.918		
	PP2	我担心公益众筹平台会在未经我授权的情况下向其他第三方泄露我的个人信息	0.936	0.930	0.951
	PP3	在捐赠期间，我会比较担心我个人信息的隐私性	0.893		
	PP4	我担心公益众筹平台会在未经我许可的情况下将我的个人信息出售给他人	0.894		
感知安全 (PS)	PS1	公益众筹平台有安全措施以保护捐助者	0.789		
	PS2	公益众筹平台通常会确保交易信息在网上捐赠期间不会被意外更改或销毁	0.823	0.751	0.858
	PS3	我对公益众筹平台的电子支付系统感到放心	0.805		
	PS4	我愿意在公益众筹平台上使用银行卡进行捐款	0.682		
信息质量 (IQ)	IQ1	公益众筹平台所提供的公益项目信息是正确的	0.838		
	IQ2	总的来说，我认为公益众筹平台提供了有用的公益信息	0.895		
	IQ3	公益众筹平台提供了可靠的公益信息	0.917	0.933	0.949
	IQ4	当我尝试捐款时，公益众筹平台提供了足够的公益信息	0.882		
	IQ5	我对公益众筹平台提供的公益信息感到很满意	0.908		
网站熟悉度 (WF)	WF1	总的来说，我对公益众筹平台很熟悉	0.910		
	WF2	我对在公益众筹平台上搜索公益项目很熟悉	0.911	0.939	0.956
	WF3	我对在公益众筹平台上捐款的过程很熟悉	0.933		
	WF4	我对在公益众筹平台上捐款很熟悉	0.925		

表 3-13　捐赠者信任、自我价值感和互惠信念信度检验结果

变量	题项编号	题项	因子载荷	Cronbach's α	CR
捐赠者信任 (DT)	DT1	公益众筹平台值得信赖	0.857	0.884	0.920
	DT2	公益众筹平台给人的印象是他们信守承诺	0.861		
	DT3	我相信公益众筹平台符合我的利益	0.849		
	DT4	公益众筹平台提供了可靠的信息	0.879		
自我价值感 (SSW)	SSW1	我的捐款将为公益项目受助人提供新机会	0.836	0.933	0.953
	SSW2	我的捐款将改善公益项目中的任务执行方式	0.946		
	SSW3	我的捐款将提高公益项目的执行效率	0.938		
	SSW4	我的捐款将有助于公益项目实现其绩效目标	0.930		
互惠信念 (RB)	RB1	我知道其他人会帮助我，所以帮助别人是公平的	0.800	0.716	0.831
	RB2	我相信如果我处于类似情况，也会有人帮助我	0.727		
	RB3	帮助他人是为了将来他人也帮助我的最好策略	0.790		
	RB4	当我帮助他人时，我也希望其他人在我需要帮助帮助我	0.649		

表 3-14　网上捐赠意愿和捐赠行为信度检验结果

变量	题项编号	题项	因子载荷	Cronbach's α	CR
网上捐赠意愿 (IDO)	IDO1	我很有可能在公益众筹平台上捐款	0.897	0.946	0.959
	IDO2	我很有可能会向我的朋友推荐公益众筹平台	0.886		
	IDO3	我打算在不久的将来通过公益众筹平台捐款	0.923		
	IDO4	我计划在不久的将来通过公益众筹平台参加捐赠项目	0.924		
	IDO5	我打算通过公益众筹平台捐赠更多	0.906		
捐赠行为 (ADB)	ADB1	你在公益众筹平台捐赠了多少个项目？	0.872	0.684	0.855
	ADB2	你多久会在公益众筹平台捐款一次？	0.837		
	ADB3	你在公益众筹平台上捐了多少钱？	0.728		

　　测量每个变量的所有题项都保持了良好的内部一致性。通过检验收敛效度和判别效度，分析变量及其题项的结构效度。首先，通过计算各变量中各题项因子负荷的平均方差来分析收敛效度，所提取值的平均方差大于一个可接受的方差量 0.5，表明这些变量解释了题项方差的 50% 以上。模型中所有变量的平均值见表 3-15，可以看出，所有结构的 AVE 均大于 0.5。因此，该量表具有较高的收敛效度。变量中平均值最低的是互惠信念，为 0.553，最大的是网站熟悉度，为 0.846。除互惠信念外，其他变量的平均值都在 0.6 以上。同时，每个构念解释的累积方差百分比为 55.3%~84.5%。

　　Fornell 等 (1981) 基于每个变量的 AVE 平方根，将其与每个变量的相关系数联系起来以确定判别效度。通过这种方法，如果每个潜在变量比其他变量能更好地解释其方差，就可以确定变量的判别效度。因此，一个潜在变量的 AVE 平方

表 3-15　描述性分析和相关性矩阵

变量	AVE	均值	SD	WR	PP	PS	IQ	WF	DT	SSW	RB	IDO	ADB
WR	0.678	4.24	0.97	**0.823**									
PP	0.829	2.90	1.19	0.023	**0.910**								
PS	0.603	4.32	0.85	0.421**	0.141*	**0.777**							
IQ	0.790	4.56	0.90	0.655**	0.028	0.500**	**0.889**						
WF	0.846	3.91	1.46	0.606**	0.083	0.381**	0.465**	**0.920**					
DT	0.743	4.40	0.83	0.534**	0.097	0.535**	0.725**	0.444**	**0.862**				
SSW	0.835	4.72	0.98	0.374**	-0.077	0.368**	0.501**	0.349**	0.479**	**0.914**			
RB	0.553	4.68	1.09	0.273**	-0.044	0.295**	0.306**	0.224**	0.270**	0.279**	**0.744**		
IDO	0.823	4.29	1.19	0.401**	-0.019	0.510**	0.505**	0.389**	0.561**	0.694**	0.382**	**0.907**	
ADB	0.664	1.97	1.01	0.277**	-0.090	0.294**	0.315**	0.357**	0.303**	0.309**	0.287**	0.463**	**0.815**

注: 对角线加粗数值为 AVE 的平方根, ** 代表在 0.01 的水平上显著, * 代表在 0.05 的水平上显著。

根应该高于它和其他潜在变量的相关系数。表 3-15 显示了相关矩阵以及变量的 AVE、均值和标准差 (SD), 可以看出, 所有构念的 AVE 平方根都高于每个构念相对于其他构念对应的相关系数, 这证实了这些构念具有很好的判别效度, 并且每个构念都与其他构念不同。

采用 SPSS 24.0 软件对 10 个变量进行相关性分析, 检验在线捐赠行为模型的 10 个变量之间的相关性, 结果如表 3-15 所示, 可知它们在 0.01 水平上多存在显著的相关关系。然而, 除了感知隐私与感知安全之间的相关性在 0.05 水平上是显著的, 其他因素与感知隐私之间的相关性均不显著。信息质量与捐赠者信任呈显著正相关, 相关系数为 0.725($p < 0.01$)。这一结果表明, 在提出的四个捐赠者信任前因中, 信息质量对捐赠者信任的预测能力最为显著。另外, 值得注意的是, 在相关系数中, 自我价值感和捐赠者信任与网上捐赠意愿的相关系数分别为 0.694 和 0.561。研究结果表明, 自我价值感与网上捐赠意愿的相关性强于捐赠者信任和互惠信念的相关性。最后, 网站声誉与信息质量的相关系数也高达 0.655, 说明网站声誉对信息质量的影响较为显著。

3.2.4.3　假设检验

在对模型的信度和效度进行评估后, 通过检验拟合优度指标对结构模型进行评估, 如表 3-16 所示。结果表明模型拟合指数都是良好的, 特别是增值拟合指数 IFI(0.925)、非规范拟合指数 TLI(0.918) 和比较拟合指数 CFI(0.925) 都大于最小建议值 0.9。尽管规范拟合指数 NFI(0.863) 和拟合度指数 GFI (0.814) 的值低于 0.9, 但它们都在可接受的范围内。此外, 近似误差均方根 RMSEA 表明, 该模型与收集到的数据非常吻合, 指数为 0.058, 远远低于最大值 0.08。

表 3-16　结构方程模型的拟合优度指标值

拟合指标	χ^2	χ^2/df	NFI	IFI	GFI	TLI	CFI	RMSEA
结果	1528.249	2.032	0.863	0.925	0.814	0.918	0.925	0.058
标准值	\	<5	>0.90	>0.90	>0.90	>0.90	>0.90	<0.08

　　本节评估了所提出结构模型的拟合优度指标后，提出了如图 3-5 所示的模型，并评估各假设的回归系数和 R^2 值。鉴于 χ^2/df、IFI、TLI、CFI 及 RMSEA 指数高于标准值，NFI 和 GFI 指数都在可接受的范围内，数据分析证实，提出的在线捐赠意愿模型能够较好地反映假设中的捐赠关系以及收集到的实证数据。

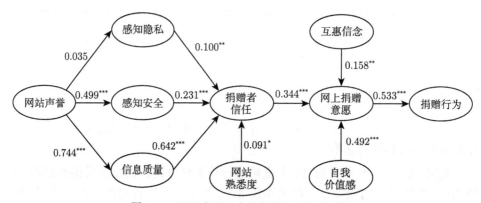

图 3-5　网站声誉对个体捐赠影响路径系数

*** 代表 $p<0.001$，** 代表 $p<0.01$，* 代表 $p<0.05$

　　根据表 3-17，感知隐私和网站声誉的路径不显著。同时，其余路径在 0.05、0.01 和 0.001 水平上显著，模型的结构如图 3-5 所示。

表 3-17　标准化回归系数和结构方程模型的显著性

路径	路径系数	标准误	CR	p
PP←WR	0.035	0.083	0.574	0.566
PS←WR	0.499	0.062	6.620	***
IQ←WR	0.744	0.079	9.203	***
DT←PP	0.100	0.025	2.616	0.009
DT←PS	0.231	0.051	4.924	***
DT←IQ	0.642	0.054	10.920	***
DT←WF	0.091	0.027	2.028	0.043
IDO←DT	0.344	0.071	7.060	***
IDO←SSW	0.492	0.082	8.788	***
IDO←RB	0.158	0.063	3.213	0.001
ADB←IDO	0.533	0.039	8.195	***

注：*** 代表在 0.001 水平 (双侧) 显著。

在本节提出的 11 个假设中，有 10 个假设得到了支持。特别地，网站声誉对感知安全（$\beta = 0.499$，$p < 0.001$）和信息质量（$\beta = 0.744$，$p < 0.001$）都有正向的影响，假设 H10 和 H11 得到支持。然而，网站声誉和感知隐私（$\beta = 0.035$，$p > 0.05$）之间的关系不显著，假设 H9 未得到支持。在捐助者信任的前因变量方面，感知隐私（$\beta = 0.100$，$p < 0.01$）、感知安全（$\beta = 0.231$，$p < 0.001$）、信息质量（$\beta = 0.642$，$p < 0.001$）和网站熟悉度（$\beta = 0.091$，$p < 0.05$）四个变量对捐助者信任均有正向影响，即假设 H5、H6、H7 和 H8 均得到支持。验证了捐赠者信任的预测因子后，分析了捐赠者信任和网上捐赠意愿的影响以及其他预测因子。路径系数表明，自我价值感（$\beta = 0.492$，$p < 0.001$）是在线捐赠意愿的最强预测因子，其次为捐赠者信任（$\beta = 0.344$，$p < 0.001$）和互惠信念（$\beta = 0.158$，$p < 0.01$），假设 H2、H3 和 H4 得到支持。最后，网上捐赠意愿（$\beta = 0.533$，$p < 0.001$）对实际捐赠行为有显著的正向影响，因此，假设 H1 得到支持。具体见表 3-18。

表 3-18 网上捐赠意愿模型的假设结果

假设序号	假设内容	结果
H1	网上捐赠意愿正向影响捐赠行为	成立
H2	互惠信念正向影响捐赠意愿	成立
H3	自我价值感正向影响捐赠意愿	成立
H4	捐赠者信任正向影响捐赠意愿	成立
H5	网站熟悉度正向影响捐赠者信任	成立
H6	感知隐私正向影响捐赠者信任	成立
H7	感知安全正向影响捐赠者信任	成立
H8	信息质量正向影响捐赠者信任	成立
H9	网站声誉正向影响感知隐私	不成立
H10	网站声誉正向影响感知安全	成立
H11	网站声誉正向影响信息质量	成立

3.2.4.4 结果讨论

研究证实了在众筹网站中，捐赠者信任会极大地影响捐赠者对该网站的捐赠意愿，这意味着捐赠者对一个众筹网站的信任度降低，可能会导致捐赠者寻求其他捐赠方式或不捐赠。研究也发现自我价值感对网上捐赠意愿有非常重要的影响，重要程度甚至超过了捐赠者信任，这表明个体之所以参与捐赠，是因为他们知道自己的行为能够帮助一部分社会成员，即使捐赠者从中没有获得任何物质利益，他们仍然认为这是一种有价值的行为。网上捐赠意愿的另一个预测因子是互惠信念，这可能是因为在众筹网站上捐款是一种线上活动。在线下活动时，人们为了实现互惠信念，做善事的人和接受或见证善事的人必须在同一社会区域，以便他们再次进行交流。然而，在诸如众筹网站这样的在线社区中，有大量的用户具有不同的用户行为和动态的筹资项目列表，这些项目的开始时间和结束时间都是不同的。因此，一个捐赠者想仅凭一次捐赠就获得认可，并因此而得到同样的帮助是不容易的。

对于捐赠者信任的预测因子，本节提出四个直接预测因子和一个间接预测因子。在四个直接预测因子中，信息质量具有最强的预测能力。网站通常分为技术和非技术两个方面，技术是网站功能的可用性，非技术是网站上呈现的内容。在非技术层面，信息质量是影响捐赠者信任的关键因素。这是考虑到捐赠者在捐赠时要经历一个具体的决策过程，准确和相关的信息可以帮助捐赠者做出决策。信任的另一个较强的预测因子是感知安全。众筹网站类似在线零售网站，在进行支付交易时要求捐赠者输入个人信息和信用卡详细信息，具有信息泄露的风险。因此，除非该网站有证据证明自身正在采取验证级别等安全措施，否则人们仍然对向任何组织或网站提供信用卡信息保持警惕。网站熟悉度和感知隐私对捐赠者信任也有显著影响，但与前两个预测因子相比影响较小。对于网站熟悉度，几乎所有受访者都有四年以上的互联网经验，这说明他们已经习惯了不同网站的一般功能和流程，因此，即使对众筹网站的了解有限，捐赠者同样可以轻松浏览众筹网站，了解更多相关信息。至于感知隐私，众筹网站通常需要填写基本信息才能注册和捐款，因此，捐赠者并未觉得自己的隐私受到很大的威胁。

网站声誉显著影响感知安全和信息质量，但不影响感知隐私。从之前的捐赠者或受捐者了解到的众筹网站的表现会影响捐赠者对网站整体的看法，也会影响捐赠者对安全措施和信息质量的看法。一个有良好声誉的众筹网站很可能会采取额外的措施来保证捐赠者的信息安全，并确保有关募捐项目信息的完整。

3.2.4.5 研究贡献

本节扩展了网上捐赠的研究，结果有助于现有文献中关于捐赠行为在电子商务模型背景下的应用。此外，大多数关于众筹行为的研究是在基于股权或报酬的众筹网站的背景下进行的，而本节构建了一个众筹网站捐赠意愿的模型，为捐赠行为的研究做出了贡献。

在电子商务环境下，许多研究使用信任结构来预测购买意愿。结论证明，这一概念也适用于在线慈善行为，其中捐赠者信任显著影响捐赠者的在线捐赠意愿，特别是对基于捐赠的众筹网站。自我价值感通常出现在心理学和社会心理学研究中，自我价值感研究为众筹网站捐赠行为的研究带来了新的维度。在互惠信念方面，本节进一步探讨互惠信念对网络捐款意愿的预测作用。以往有研究将声誉作为消费者信任的前因，本节试图研究声誉对信任的间接影响，通过感知隐私、感知安全和信息质量，扩展了声誉影响信任的概念。

研究结果还验证了网站声誉对感知安全和信息质量的预测能力，并发现网站声誉可以间接影响捐赠者的信任。研究讨论了在众筹网站捐赠的背景下熟悉度和信任的关系，其结果有助于理论研究。另外，对众筹网站捐赠行为的理论研究做出了贡献，从更系统的角度探讨了众筹网站的捐赠意愿，并从捐赠人特征 (自我价值感和互惠信念) 和捐赠人视角下的众筹特征 (感知隐私、感知安全、信息质量) 的角度研究其对捐赠人信任的影响。

研究发现具有一定的实践意义。首先，平台信任最重要的预测指标是信息质量，协调筹款项目的个人或组织必须密切注意网站上发布的内容。需要确保捐助者关心的项目详细信息在说明中突出显示，并且所提供的信息是准确和完整的。筹款者需要更加努力地展示项目，包括图片和视频以及可信个人或组织的承诺。此外，募捐人必须确保定期、及时地更新信息。

为了建立成功的众筹平台，捐赠者和受赠人必须密切合作以培养"家庭"意识。这将提高网站熟悉度和互惠信念，从而进一步增强平台信任和众筹意愿。特别是，发现上游互惠对众筹意愿有很大影响，众筹募款方需要以清晰主动的方式交流筹款进度。如果潜在捐赠者看到个人捐赠 (无论多少) 对整个项目至关重要，就会受到鼓舞。在筹款期结束后，受赠人应就资助项目的中期和最终结果向捐助者提供足够的反馈。

众筹网站的职责是及时促进受赠人和捐赠人之间的信息交换。例如，一个网站可以提供一个支持系统，该系统提醒受赠人向捐助者介绍项目进度。许多个体受赠者没有太多经验，众筹网站在指导他们完成筹资过程中发挥着重要作用。对于众筹平台用户而言，可能是由于其社交信息系统的本质，比起隐私，安全更令人担忧。但是，他们希望个人信息得到保护。网站信誉与感知安全、信息质量密切相关，这意味着网站开发人员和管理人员应该聚焦这两个方面的提升。

3.3　公益平台的用户黏性

互联网+环保公益平台通过在参与公益的用户与企业之间建立桥梁，呈现出良好的发展趋势。对于平台来说，与吸引新用户相比，维持现有用户持续参与项目更不能忽视，因为保持现有用户的成本可能比吸引新用户的成本更低。此外，老用户的数量会产生外部效应，有助于吸引更多新的用户加入平台的环保公益活动中来。本节旨在从用户视角考察影响环保公益平台用户黏性的因素，包括信任、整体满意、心流体验和主观规范。利用 252 份问卷调查的数据，采用结构方程模型对假设进行检验。研究结果表明，这些因素通过使用意愿的中介作用正向影响用户黏性。而且，整体满意正向影响信任，心流体验正向影响整体满意。在上

述研究结果的基础上，对互联网+环保公益平台及其运营者提出了针对性的发展
建议。

3.3.1　用户黏性的相关研究

1) 用户黏性

对于网络黏性的研究主要从两个视角进行：一个是网站 (平台) 视角，另一个
是用户 (顾客) 视角。Li 等 (2006) 和 Lin(2007b) 从用户的视角出发将黏性定义为
深度保持对持续使用网站的承诺，不管是否存在其他可能导致其转换的情况，用
户都会坚持在未来重复访问和使用该网站的偏好。互联网+环保公益平台也类似
于网站，或者说信息系统，故而本节采用此定义。

2) 心流体验

心流体验 (flow experience) 的概念由心理学家 Csíkszentmihályi 等 (1989) 提
出，专指当人们全身心投入某一活动时获得的整体感觉，即当人们全神贯注投入
某项活动时经常会忘记时间的流逝和对身边事物的感知，甚至失去自我感知意识，
并感到一种持续的愉悦感。心流体验不仅是一种积极的精神状态、一种功能，也
被视作是一个动态过程。它需要触发的条件，会持续一段时间，也会产生一系列
的结果。这一理论最初应用于心理学领域，现被引入互联网等多个领域。

3) 信息系统持续使用模型

Bhattacherjee 基于期望确认理论 (expectation confirmation theory)，结合
技术接受模型将感知有用性变量引入，构建了信息系统用户持续使用模型 (Bha-
ttacherjee, 2001)。此模型用于研究信息系统的持续使用行为，结合技术接受模型
引入了感知有用性，自提出后便被广泛地应用于信息系统的各项研究之中。本节
的模型将在信息系统持续使用模型 (图 3-6) 的基础上进行构建。

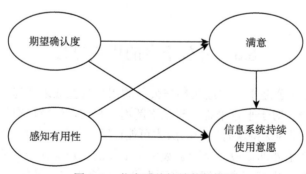

图 3-6　信息系统持续使用模型

3.3.2 研究模型及假设

Zeithaml(1988) 运用实证研究得出了消费者感知价值水平越高则其消费意愿越强烈的结论。Gao 等 (2017) 在研究虚拟旅游社区持续参与时证实了用户对信息质量等因素的感知对整体满意会有正向影响，而感知信息质量无疑也属于感知价值所包含的因素之一。国内学者研究得出顾客感知价值是决定顾客满意的重要前提 (白长虹等，2001)。因此，提出假设 H1。

H1：感知价值正向影响整体满意。

处于心流状态下的用户会集中精神，内心产生愉悦感并觉得时间过得飞快，此时用户的参与度最高，获得乐趣后则会对该过程产生满意的评价。Gao 等 (2015) 证实了心流体验对于顾客满意有显著的正向影响。当成员在活动体验良好时，他们会做出较高的满意度评价 (Gao et al., 2017)。如果在线体验的感觉让人愉悦，会使用户产生内在的娱乐感，用户会长时间地沉浸在其中。用户一旦产生愉悦的感觉就会对其产生喜欢和偏好，越容易黏附该网站 (Hoffman et al., 1996)。用户的心流体验越强，对其网站和平台的参与度就越高，越容易感受到更多的乐趣，进而促进消费者购买意愿一定程度的提升。Zhou(2013) 在对移动支付持续使用意愿的研究过程中也证实了心流体验是影响用户持续使用意愿的决定性因素之一。因此，提出假设 H2a 与 H2b。

H2a：心流体验正向影响整体满意。

H2b：心流体验正向影响使用意愿。

主观规范指的是个人对于是否采取某项特定行为所感受到的社会压力。主观规范这一因素会显著影响用户的持续使用意愿 (刘人境等，2013)。另外，Hansen 等 (2004) 对计划行为理论和理性行为理论进行对比研究时证实了主观规范会对用户的意向产生正向影响。可见，主观规范对于用户的行为有显著的正向影响。人是社会性的，那么毫无疑问地，每个人在做出一项决策时或多或少会受到他人的影响。基于此，认为在影响互联网+环保公益平台用户黏性的因素中，主观规范通过影响使用意愿进而影响用户黏性。因此，提出假设 H3。

H3：主观规范正向影响使用意愿。

整体满意是个体在过去一段时间，对所有产品或服务的购买和消费经验的整体评估，也就是个体在互联网+环保公益平台上参与环保公益后得出的整体评价，这种评价对于用户的后续使用意愿有着非常明显的影响。Gong 等 (2018) 对微信用户持续使用的研究中证实了整体满意会对信任这一因素有着显著影响；Van Tonder 等 (2018) 证实了顾客满意会正向影响信任。

Gong 等 (2018) 对微信用户持续使用的研究中证实了整体满意这一因素对于信任有着显著的影响，并且它会通过影响信任进而影响用户的使用意愿。Bhattacherjee 等 (2008) 在其关于电子商务的研究中证实了整体满意对于持续使用意愿有着显著的正向影响。Mouakke(2015) 以 Facebook 为例研究影响用户对于社交网站持续使用意愿的因素，证实了整体满意对于用户的持续使用意愿有着显著的正向影响。因此，提出假设 H4a 和 H4b。

H4a：整体满意正向影响信任。

H4b：整体满意正向影响使用意愿。

信任是指 "对对方的积极态度，相信其能有诚意和善意"。众多的研究结果表明，信任感会让对方产生满意度，同时也对相应对象产生黏性，其使用意愿相应的非常强烈。例如，Lin(2007a) 证实了信任对于用户的持续使用意愿有着显著的正向影响。Zhou(2013) 在对移动支付持续使用意愿的研究过程中也证实了信任对于用户持续使用意愿具有决定性作用。Gong 等 (2018) 在对微信用户持续使用的研究中证实了信任这一因素对于用户的使用意愿有着显著影响。综合上述研究结果，结合互联网+的特性和网络产生的多种风险，研究认为在个体参与互联网+环保公益平台上的环保公益项目时，对于平台的信任是影响其持续使用意愿的重要因素。因此，提出假设 H5。

H5：信任正向影响使用意愿。

理性行为理论 (TRA) 和计划行为理论的模型都证实了意图与行为之间的关系，即一个人的某些行为会受到他的行为意图的直接影响。信息系统持续使用模型及其拓展模型的提出者多次验证了这一观点，孟猛等 (2018) 在研究社交媒体时也发现用户持续使用的意愿会直接影响其持续使用行为，即用户黏性。因此，提出假设 H6。

H6：使用意愿正向影响用户黏性。

基于上述分析，建立的研究模型如图 3-7 所示。

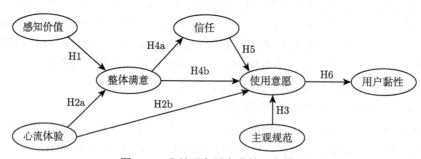

图 3-7　公益平台用户黏性研究模型

3.3.3　量表设计

本节主要借鉴已有经典的研究文献，并结合本节具体的研究情境，即互联网+环保公益平台，对研究中使用到的核心变量的测量量表进行了详细设计。具体来说，感知价值借鉴了 Sweeney 等 (2001) 和 Shapiro 等 (2019) 的研究，并结合互联网+环保公益平台的相关概念和特性修改完善得到。心流体验的测量主要参考 Gao 等 (2017) 及 Novak 等 (2000) 对客户体验和持续使用意愿的研究中关于心流体验的测量量表。信任主要采用 Lin(2007b) 在其关于在线黏性研究的论文中关于信任的测量量表，结合互联网+环保公益平台的相关特性设计形成。整体满意的测量主要借鉴了 Gao 等 (2017) 在虚拟旅游社区用户持续参与的研究中关于整体满意的测量量表。主观规范的测量基于 Venkatesh 等 (2003) 和 Fang 等 (2016) 等的研究。对于影响互联网+环保公益平台用户黏性的因素中使用意愿的测量，本节主要依据的是 Bhattacherjee 等 (2008) 在其关于信息系统持续使用模型中对使用意愿进行测量的量表。用户黏性的测量则是参考引用量多、较为经典的 Gao 等 (2017)、Lin(2007a)、Li 等 (2006) 的相关研究。

3.3.4 数据分析及结论

问卷通过微信、QQ、在线链接等方式发放，调查对象为中国的互联网+环保公益平台的个体使用者。发放 2 周后共收回 410 份，其中有效问卷 252 份。

1) 样本描述性统计

样本的描述性统计分析见表 3-19。

表 3-19 样本的描述性统计 ($N = 252$)

特征		占比/%	特征		占比/%
性别	男	40.5	受教育程度	大专及以下	3.6
				本科	81.3
	女	59.5		硕士	13.9
				博士及以上	1.2
年龄	18 岁以下	3.2	月收入		
	18~25 岁	85.3		2000 元及以下	77.0
	26~30 岁	4.4		2001~4000 元	7.9
	31~40 岁	2.8		4001~6000 元	5.2
	41~50 岁	3.2		6001~8000 元	3.6
	51~60 岁	1.2		8001 元及以上	6.3
	60 岁以上	0			
职业	学生	84.1			
	企业职员	7.5			
	公务员或事业单位职员	5.6			
	无业或待业	2.8			

2) 信度和效度分析

由表 3-20 可知，Cronbach's α 值均大于 0.7，CR 均大于 0.8，说明量表具有

较好的信度。最小的 AVE 平方根为 0.84，大于最大的相关系数 0.77。因此，量表具有良好的收敛效度和区别效度。

表 3-20　信度和相关性分析

构念	平均值 (标准差)	Cronbach's α	CR	感知价值	信任	整体满意	心流体验	主观规范	使用意愿	用户黏性
感知价值	3.79(0.77)	0.869	0.91	**0.85**						
信任	3.21(0.88)	0.840	0.91	0.45**	**0.88**					
整体满意	3.57(0.78)	0.857	0.91	0.68**	0.64**	**0.88**				
心流体验	3.59(0.81)	0.787	0.88	0.74**	0.41**	0.63**	**0.84**			
主观规范	3.27(0.90)	0.885	0.93	0.48**	0.47**	0.55**	0.55**	**0.90**		
使用意愿	3.84(0.92)	0.938	0.96	0.63**	0.49**	0.77**	0.59**	0.62**	**0.94**	
用户黏性	3.34(0.83)	0.875	0.92	0.61**	0.43**	0.61**	0.63**	0.72**	0.69**	**0.85**

注：对角线上加粗数值为 AVE 平方根，** 代表在 0.01 水平 (双侧) 上显著。

3) 假设检验

为了检验理论模型和实际数据拟合的情况，本节利用软件进行了模型拟合分析。根据表 3-21 的模型拟合结果数据和适配标准对比的结果来看，模型的拟合度良好。

表 3-21　模型拟合结果

指标	可接受适配标准	高度适配标准	指标值
χ^2/df	<5	<3	2.326
RMSEA	<0.08	<0.08	0.073
NFI	[0.7,0.9]	>0.9	0.891
GFI	[0.7,0.9]	>0.9	0.846
IFI	[0.7,0.9]	>0.9	0.935
TLI	[0.7,0.9]	>0.9	0.924
CFI	[0.7,0.9]	>0.9	0.934

除 H1 感知价值对整体满意以及 H2b 心流体验对使用意愿不显著，其余均通过了显著性检验和假设检验，见表 3-22。

4) 结果讨论与研究贡献

"感知价值会正向影响整体满意" 这一假设不成立。可能是因为用户在互联网+环保公益平台参与环保公益的过程中，对于 "价值" 的感知相对较弱，因为其 "付出" 仅是绿色出行行为产生能量或者捐赠步数，而这样的 "付出" 对于用户来说感知不是很强烈。并且大多数用户不会关注个人参与公益对整个平台的影响，所以对自己使用平台后的获得感也并不明显，感知价值对于用户的整体满意度的影响也就不够显著。

表 3-22   假设检验结果

假设序号	假设内容	结果
H1	感知价值正向影响整体满意	不成立
H2a	心流体验正向影响整体满意	成立
H2b	心流体验正向影响使用意愿	不成立
H3	主观规范正向影响使用意愿	成立
H4a	整体满意正向影响信任	成立
H4b	整体满意正向影响使用意愿	成立
H5	信任正向影响使用意愿	成立
H6	使用意愿正向影响用户黏性	成立

互联网+环保公益平台用户的行为会受到自身人际关系以及社会主流观念的影响。信任是用户产生行动意愿并采取行动的前提条件之一，提高整体满意度会使用户产生信任。另外，用户对互联网+环保公益平台整体越满意，越容易产生对平台的使用意愿。用户的心流体验正向影响整体满意，但对使用意愿的影响并不显著。用户在平台上参与环保公益项目的过程中，会产生相应的专注感和愉悦感，而这种心流体验会给用户带来满意的心理感觉。用户的心流体验越好，其整体满意度也会越加强烈。在驱使用户使用互联网+环保公益平台的因素中，心流体验这一因素不是那么重要，可能是因为用户使用互联网+环保公益平台更加关注的是带来的环保效益，而不是自己的使用体验。也就是说，用户是相对理性的，在其进行环保行为时，更多的是关注自己的目的能否实现，自己的期望能否被满足，如果可以则会有很强的使用意愿，而相应的心流体验就不是那么重要了。用户的使用意愿通过影响其行为，进而影响到平台的用户黏性。

实际中，平台应该重视自身造成的社会影响，这会影响用户是否继续使用平台。用户对这些平台的持续使用不仅可以降低平台的运营成本，还可以吸引更多的企业参与。此外，公众是否打算使用平台受到其亲友的意见和行为的影响。平台还应该认真对待每一个公益项目，以获得公众对平台的信任和满意，提高公众的持续使用意愿，从而推动互联网+环保公益事业的发展。

3.4   本章小结

本章聚焦参加互联网+环保公益项目的个体，通过调查个体参与因素、影响捐赠的因素以及平台用户黏性分析，系统性研究个体参与互联网+环保公益项目的意愿和行为。研究结果主要包括：一、基于感知价值理论，发现个人参与互联网+环保公益项目的意愿受到个体的感知价值、感知风险和社会影响的作用，而参与行为则受到参与意愿的显著影响；二、个体通过众筹网站参与公益项目时，其参与意愿是由捐赠者对网站的信任、互惠信念和自我价值观决定的，而个体对网站的信任是由网站声誉通过影响个体的感知隐私、感知安全和信息质量而间接影响的；三、分析了平台个体用户黏性的影响因素，结果表明用户的感知价值、心流体验、对平台的信任影响用户对平台的整体满意度，进而影响用户的持续使用意愿，最终影响到平台的用户黏性。

第 4 章　互联网＋环保公益项目的组织参与

互联网公益作为数字化时代新兴的公益模式，为公益事业的发展开辟了新的道路，也为企业参与公益事业提供了捷径。越来越多的行业基于互联网进行资源整合从而实现价值共创，企业作为社会价值的创造者，参与互联网公益项目是践行企业社会责任以及实现可持续发展的重要渠道。本章基于技术–组织–环境 (technology-organization-environment，TOE) 模型，探究企业参与互联网公益项目的影响因素，构建了基于互联网公益项目的企业参与行为的理论模型。同时，数字经济背景下国内环保公益组织正在试图突破传统公益方式的禁锢，以更具创新意义和更具专业性的环保公益项目运作模式不断改善环境。本章关注公益组织发起的互联网＋环保公益项目价值共创的参与机制，通过探索影响因素的作用效果，试图回答公益组织为何参与互联网＋环保公益项目价值共创，以及共创意愿如何转化为行为的问题。

4.1　企业的参与意愿与行为

互联网技术和公益平台的涌现，促使企业的社会责任活动寻求大众化、开放化和高效化。本节从企业的视角出发，以 TOE 模型为理论框架，从技术、组织、环境三方面分析影响企业参与互联网公益项目的因素，为提高企业的参与度、推进互联网公益持续高效发展提供理论参考和实践指导。

4.1.1　技术组织环境框架

本节关注企业互联网＋公益项目的参与行为，将其视为企业对公益事业的信息技术 (information technology, IT) 创新的采纳行为。目前关于采纳 IT 创新的研究理论有：技术接受模型 (TAM)、计划行为理论 (TPB)、整合型科技接受模式 (UTAUT)、创新扩散 (diffusion of innovation, DOI) 理论、技术组织环境模型。其中，TAM、TPB、UTAUT 聚焦于个体层面，而 DOI 理论和 TOE 模型则为组织层面的技术创新采纳研究理论 (Seethamraju, 2015)。

创新扩散理论是由 Rogers 等 (2003) 提出，用于研究 IT 创新的传播及应用，该理论认为 IT 创新成功的主要决定因素包括沟通渠道、创新属性、采用者特征和社会制度。TOE 模型是由 Tornatzky 等 (1990) 提出，用于研究技术创新的采纳使用。该模型表明，在组织级别采用技术创新基于三个不同元素的特点：技术因素、组织因素和环境因素。TOE 模型只确定了由三个维度构成的研究框架，并没有指出主要概念和具体变量 (Wang et al., 2010)，因此针对不同的研究对象，技术、组织、环境因素的决定性变量是有所不同的。

　　企业通过互联网公益平台参与项目捐赠属于企业的创新行为。TOE 模型作为组织采纳创新的研究模型，得到了以往研究的支持。本节以 TOE 为框架，从技术、组织和环境三方面探索影响企业参与互联网公益项目的影响因素。

4.1.1.1　技术因素

　　企业通过互联网公益平台参与公益项目捐赠，平台特质直接影响企业创新行为的决策。DeLone 等 (1992) 于 1992 年提出了信息系统成功模型 (information system success model，ISSM)，认为信息质量及系统质量是信息系统成功的重要维度，经过多次修改更新，DeLone 等 (2003) 再次提出新的模型，确定将 "信息质量""系统质量" 及 "服务质量" 作为信息系统的度量因子，并提出可将 "参与意愿" 作为 "使用" 的替代性变量。由于系统质量是指信息系统的系统方面的特征，包含系统对用户的响应及时性，服务用户并满足其需求，所以 Nelson 等 (2005) 认为服务质量是系统质量的一部分。本节使用信息质量和系统质量指标评估参与互联网公益项目的技术方面的特征。

　　互联网公益平台的信息质量和系统质量是包含多维度的复杂变量。用户通过互联网公益平台接触到公益项目信息，平台呈现的项目信息质量对于用户至关重要。Wang 等 (1996) 提出将信息质量概括为以下四个维度：准确性、完整性、通用性和格式化。本节使用信息质量代表互联网公益平台展示的公益项目信息的质量。

　　系统质量是指产生信息的系统的基本特征 (Chen et al., 2019)，本书指的是互联网公益平台的系统基本特征。Nelson 等 (2005) 根据研究多项系统质量定义的维度，最终确定为可访问性、可靠性、响应时间、灵活性及集成性五个关键维度。本节将系统质量定义为互联网公益平台的系统质量，作为企业参与互联网公益项目技术方面的系统性操作特征。

　　企业基于互联网公益平台参与互联网公益项目的过程中，对在线参与项目的感知体验会直接影响其之后的实际参与行为。易用性 (ease of use) 源于技术接受模型，意为使用者感知到使用互联网公益平台的难易程度 (Venkatesh et al., 2003)，用户通过互联网公益平台接触公益项目，因此用户感知到的平台易用性体现了平台的便捷性。此外，企业通过互联网参与公益项目属于新决策、新行为，这种不确定的情形下，参与者对平台的信任很重要，信任 (trust) 是采用平台技术的一个潜在的重要前提，决定了企业和平台之间的互动以及企业对平台的期望程度 (Hosmer, 1995)。另外，创新的优越性是企业的行为动机，当企业意识到可以利用创新改善绩效并获得新的机遇时，企业愿意承担风险尝试新技术新领域。本节将相对优势作为企业选择使用互联网公益项目的影响因素，并将其定义为通过新兴互联网公益平台参与公益被认为比参与传统公益更好的程度 (Venkatesh et al., 2003)。企业在面对互联网公益这种新的参与方式时，发现其具有一定优势，这种感知会促进企业的参与。

因此，本节在衡量互联网公益项目技术方面的有效性时，整合平台特征及用户感知的构念，将信息质量、系统质量、相对优势、信任、易用性作为影响企业参与互联网公益项目的技术因素。

4.1.1.2 组织因素

互联网+公益是企业参与公益项目的一种创新行为，企业内部特征直接影响企业参与行为的决策。现有关于组织采纳 IT 创新的研究发现，影响组织层级行为的组织因素包括最高管理者的支持、规模、组织的历史、管理结构以及资源 (时间、资金、技术技能) 等 (Low et al., 2011; Premkumar et al., 1999)。企业通过互联网平台参与公益项目捐赠，需要企业内部管理者的决策支持，以及权衡内部可利用的资源，推动企业对互联网公益项目的实施参与。

Jeyaraj 等 (2006) 发现高层管理者能有效预测组织是否采用 IT 技术，高层管理者为组织提供支持和承诺，并做出决策。Low 等 (2011) 在研究企业对云计算的使用情况时发现，组织内最高管理者的支持直接影响企业采纳云计算。Lin 等 (2005) 也提出高层管理者的支持对于企业采纳新技术并推进实施至关重要。本节将 "高层管理者的支持" 变量作为影响企业参与互联网公益项目的组织因素。企业为了增强竞争优势，改善社会形象，高层管理者做出相关决策，选择通过互联网平台参加公益项目捐赠。

除此之外，企业发展互联网公益事业时，企业内部还需要满足一定的资源基础。组织拥有的资源与组织内部维持运营所需最低限度的资源之间的差异被定义为冗余资源 (Damanpour, 1991)。Rosner(1968) 认为企业在面对新决策时，冗余资源能使组织承担采纳创新、吸收失败的风险，是组织创新行为的成本。企业内部存在较多的冗余资源，可供企业把握新机遇，做出创新，开拓新市场，为企业的发展前景提供更多的选择。具体而言，冗余资源的财务指标可用于研究人员预测组织预算、财务来源的变化 (Aiken et al., 1971) 以及企业活动支出的变化 (Daft et al., 1978)，企业面对互联网公益项目，必然需要权衡企业内部资源并对项目捐赠做出财务方面预测。因此，企业参与互联网公益项目的行为研究需要将冗余资源纳入组织因素进行研究。

4.1.1.3 环境因素

企业参与互联网公益项目的行为具有长远价值，其营造的企业形象在社会大环境中发挥着至关重要的作用。企业生存发展处于国家和产业的具体复杂的情境之中，因此会受到制度化过程的影响，并最终对制度压力做出相应的反应。Scott(2001) 整合相关理论概念并提出制度理论，认为制度压力 (institutional pressures) 是由强制型压力 (coercive pressures)、模仿型压力 (mimetic pressures) 及规范型压力 (normative pressures) 组成。强制型压力是指组织所依赖的环境给予的压力，如政府、行业 (Liang et al., 2007)；模仿型压力是指企业的行为方式受同行其他企业影响，以求与同行其他企业的行为方式相似 (Liang et al., 2007)；规范型压力源于法规、标准的行为准则。Liang 等 (2007) 的研究显示，制度理论为外部环境影响组织决策的制定提供强有力的解释，因此本节将其作为环境背景的主要影响因素。由于目前互联网公益的发展处于初步阶段，企业之间暂时没有建立规范的合作关系，因此本节不考虑规范型压力，只将强制型压力和模仿型压力作为影响企业参与互联网公益项目的环境因素。

Liang 等 (2007) 在研究企业外部环境对组织行为的影响程度时，发现制度压力在企业采纳及实施过程中产生了巨大影响。政府监管机构、行业或者其他企业强制要求组织内采用某些新的技术和模式，产生了强制型压力。企业参与互联网公益项目会考虑政府部门以及行业协会对企业社会责任的重视。外部环境会要求企业通过互联网完成公益事业，而模仿型压力的出现一般与技术产生的流行效应有关，当目标不明确，创新采纳不确定时，组织往往会模仿其他已成功组织的行为以实现成功 (DiMaggio et al., 1983)。目前已有部分企业通过互联网完成公益项目捐赠并取得了相应名誉成就，引起其他企业的争相模仿。企业参与互联网公益项目捐赠属于企业公益事业新的互联网技术决策，因此，这些外部压力对于企业采用新技术实施新决策具有一定的影响作用。

企业参与互联网公益项目的影响因素如表 4-1 所示。

表 4-1 企业参与互联网公益项目的影响因素

影响因素	提取出的变量
技术因素	信息质量、系统质量、相对优势、信任及易用性
组织因素	高层管理者的支持、冗余资源
环境因素	强制型压力、模仿型压力

4.1.2 研究模型及假设

社会公众对企业的期望不再只限定为推动经济的发展，而更看重企业的社会价值。信息化网络的快速发展，公众感知度得到提升，使得企业的社会责任行为直接影响企业的社会形象。现如今，更多企业通过参与互联网公益项目的方式履行社会责任。相对于传统公益模式，互联网公益能够促进企业更方便快捷地参与公益项目，具有一定的竞争优势。但考虑到互联网公益作为新兴产业，关于企业的参与阶段的研究较少，因此，本节在文献基础上整合相关理论模型，建立新模型，用于研究影响企业参与互联网公益项目的情况。

TOE 模型的技术因素一般是指与组织相关的内外部技术因素 (Low et al., 2011)。Cruz-Jesus 等 (2019) 也将该模型应用于创新技术的采纳研究中，并认为技术因素强调的是特定技术属性如何影响采纳行为。在技术层面，利用 ISSM 模型的信息质量和系统质量，评估互联网公益项目的平台系统运行特征。除互联网技术的客观因素外，使用者的主观体验也作为技术方面的特征影响其使用参与。"相对优势" 是指相对于旧技术，新技术带来的优势及利益，从企业自身的角度出发，由决策者对比传统的线下公益模式，评估参与互联网公益项目的优势。关于信息系统的研究发现，对信息技术的易用性感知会影响对其使用的意愿，企业参与者通过互联网公益的平台特征，感知到参与互联网公益项目的难易会直接影响参与行为。除此之外，有关电子系统使用的相关研究中，"信任" 也是很重要的因素，企业通过互联网方式参与公益项目，会考虑其中的潜在风险，通过平台展示的信息质量以及使用时的系统质量进一步了解互联网公益项目的参与方式，从而建立对其的信任度，因此互联网公益获得企业的信任更有利于企业的参与。

从组织方面，Wang 等 (2010) 及 Low 等 (2011) 在各自研究中将 "高层管理者的支持" 作为组织因素中的变量，企业高层管理者的态度直接影响企业决策，企业高层管理者对企业创新举措的支持更有利于企业创新的落实，而企业自身的资源为企业决策的实施提供相应物质基础。冗余资源是指企业维持正常运营以外剩余多余的资源 (Damanpour, 1991)。企业参与互联网公益项目需要内部管理者的支持，同时也需要更多的冗余资源推进参与进度以及捐赠送达。因此组织内部高层管理者的支持以及组织内的冗余资源影响企业的创新采纳，会直接影响企业参与互联网公益项目的意图和行为。

对于环境因素，本节引入制度理论 (institutional theory，INT)，考虑模仿型压力和强制型压力对企业参与互联网公益项目的影响。企业受到模仿型压力追求模仿其他企业，当企业发现周围大多数组织已经通过互联网平台参与公益项目并取得一定的成就，并提高了社会知名度，就有动力效仿其发展模式，也通过这种新的公益行为提高自身的企业形象。同时，企业的部分决策会响应国家的政策，政府或行业的强制型压力会引导企业履行社会责任，为其发展营造一定的有利环境，为企业参与互联网公益项目提供支持。因此，环境中的模仿型压力和强制型压力促进企业参与互联网公益项目，影响企业参与的意愿和行为。

对于采纳行为的研究，现有很多理论从行为角度建模，认为特定的行为是由于存在一定的参与意愿，态度意愿决定了最终的行为。UTAUT 模型主要为个体层面的技术采纳提供了理论基础 (Venkatesh et al., 2003)，本节将 TOE 模型与 UTAUT 结合，重新定义 UTAUT 模型的外部变量，补充了个体层面无法全面解释组织采纳行为的相关概念。结合 ISSM、INT、DOI 理论，从组织内外部以及技术特征三方面探究影响企业互联网公益项目参与的前因。互联网公益的技术因素 (信息质量、系统质量、相对优势、信任、易用性)，参与企业的组织内部因素 (高层管理者的支持、冗余资源) 以及企业外部的环境因素 (模仿型压力、强制型压力) 通过影响企业对互联网公益项目的参与意愿直至影响参与行为，以此来建立本节的研究模型，如图 4-1 所示。

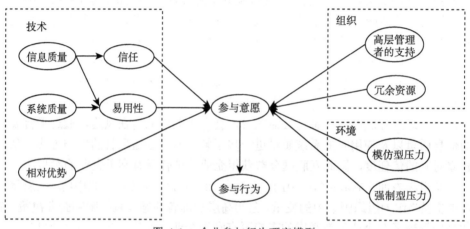

图 4-1　企业参与行为研究模型

企业采用 IT 创新会进行技术评估，在参与互联网+公益项目时也是如此。互联网平台为企业提供信息渠道，其平台特征在一定程度上会影响企业参与行为的效率和进度。信息质量体现了平台上所提供的公益项目信息的准确性、完整性，更新是否及时以及布局呈现方式是否良好的特质，描述了互联网公益平台系统的信息的可获取性、技术的可靠性、响应速度、灵活适应性以及整合集成度。Ahn 等 (2007) 及 Chen 等 (2012) 认为系统质量和信息质量与易用性紧密相关，易用性是对平台质量的直接感知，对于陌生的电子平台系统，平台清晰全面的信息质量以及稳定可靠的系统质量能够帮助用户理解互联网公益平台，并帮助用户快速学会使用平台并捐赠公益项目。Ahn 等 (2007) 及 Chen 等 (2012) 在各自研究中均提出信息质量和系统质量对易用性存在积极的影响，而易用性直接影响参与意愿。因此，互联网平台系统的操作的便捷性将增强用户的使用意愿，高水平的信息质量和系统质量能够为用户提供便利，从而增强使用意愿，故提出以下假设。

H1：信息质量正向影响易用性。

H2：系统质量正向影响易用性。

H3：易用性正向影响企业的参与意愿。

互联网+公益项目利用互联网平台为用户提供公益信息和进展情况，而用户直接通过平台信息接触、了解公益项目。因此平台所呈现的信息直接影响用户对平台的信任程度，进而影响用户参与。本节认为信任是指平台方为企业参与者考虑，以最真实的项目信息为企业提供最优的项目计划，确保企业能够顺利参与，参与企业也相信平台能够及时满足他们的需求，保证自身的利益。若互联网平台能够提供高质量的信息，满足企业的信息需求，将会提高企业对平台的信任度。用户对网站的信任度会影响其对网站的态度，而网站的信任前因是用户感知到的受信任方的功能和特征，如网站或平台的信息质量，最终，信任会导致购买意愿。对于互联网公益平台，高质量的信息质量有助于建立使用者的信任，增强用户对平台的使用意愿，即产生对互联网公益项目的参与意愿，因此提出以下假设。

H4：信息质量正向影响使用者的信任。

H5：信任正向影响企业的参与意愿。

企业通过互联网参与公益项目可以视为其对社会责任实践的创新。采用该行为的优势是重要的参与意愿预测因素。企业创新技术的采纳决策是对各方面分析的结果 (朱丽献等，2008)，创新性技术的相对优势能够吸引行为决策者的关注，推动创新行为的落实。相对于参与传统线下公益项目，采用互联网公益项目的方式更容易完成捐赠，其捐赠效率及项目质量较高，有利于企业品牌的传播。研究发现，相对优势对于创新技术的采用呈正相关 (Premkumar et al., 1994; Kwon et al., 1987)。已有学者借鉴了创新理论及信息系统特征，在对组织中电子数据交换技术的创新扩散研究中发现，技术创新带来的相对优势是组织技术采用的重要影响因素 (Premkumar et al., 1994; Kwon et al., 1987)。因此，互联网+公益取代传统公益，成为更方便有优势的公益参与模式，其相对优势积极促进了企业对互联网公益项目的参与意愿，所以提出以下假设。

H6：相对优势正向影响企业的参与意愿。

企业参与互联网公益项目决策的制定需要由高层管理者考虑多方因素，并对未知环境以及组织条件综合把控，因此企业管理者的价值判断在一定程度上会对企业的创新行为产生重要的影响。Premkumar 等 (1999) 发现，高层管理者的支持对于企业创造一个新的企业氛围和采纳新技术至关重要，有利于促进企业内部创新决策的落实。对于企业的新技术、新行为，其实施会涉及内部资源的重整以及流程的更替，所以需要企业管理者的协调领导作用。DeLone(1988) 在研究企业对计算机信息系统使用情况时发现，高层管理者对计算机的了解程度越高，越可能积极参与计算机化的工作，最终使得企业的计算机使用更加成功。当互联网公益平台与企业内高层管理者的价值观一致时，企业管理者就会认为通过参与互联网公益项目有利于企业的发展，因此产生参与意愿，在此过程中会支持企业的互联网公益事业的发展并制定相关发展战略，促使企业顺利完成互联网公益项目的参与。

除了高层管理者的支持,企业内部的资源为企业生产经营活动提供了基础。组织中的冗余资源与技术创新关联密切，能够影响组织中创新的采纳 (Damanpour, 1991),冗余资源是过量的能够随意使用的资源 (方润生等,2005)。Shubik 等 (1963) 表示冗余资源能够支持组织尝试一些新的战略和创新项目，而这些行为在资源约束的环境中是难以实现的。若组织中存在一定的冗余资源，企业往往具有更高的应对环境改变的能力，因而能够更大胆地支持组织尝试创新技术，为企业引进新技术、进入新市场提供机遇。从企业的角度出发，通过互联网公益平台参与公益项目是一种新的行为方式，这种未知领域的行为创新需要企业内部存在充足的冗余资源。Damanpour(1987) 发现冗余资源与创新的采用呈正相关，因此企业充足的冗余资源会使企业对互联网公益项目的参与意愿更加的坚定。综上所述，提出以下假设。

H7：高层管理者的支持正向影响企业的参与意愿。

H8：冗余资源正向影响企业的参与意愿。

企业参与互联网公益项目的决策也会受到外界环境的影响。多项研究发现企业的行为决策受企业环境的影响巨大 (Heikkilä，2013)。企业会为了满足社会期望，适应社会的发展需求而改变自身的发展战略。制度理论 (INT) 为企业发展受到的环境压力提供了具体的理论视角 (Martins et al.，2019)。强制型压力可能源于各类机构，包括资源主导型组织、监管部门，这些强制力会约束企业的行为，影响企业采用 IT 系统。政府部门或者行业组织会对企业参与互联网公益项目做出要求，为互联网公益的发展营造有利环境，引导企业产生参与意愿。除此之外，模仿型压力会使企业潜移默化地向其他企业靠近。DiMaggio 等 (1983) 表示组织在面对创新实践的不确定性时，可以通过模仿其他组织，获得社会适应性的地位。现有研究已发现模仿型压力对于企业采纳信息技术有着积极的作用 (Liang et al.，2007)。因此，提出以下假设。

H9：模仿型压力正向影响企业的参与意愿。

H10：强制型压力正向影响企业的参与意愿。

企业的参与意愿影响企业的行为。徐晨飞等 (2015) 在研究公益性众筹活动的用户参与行为时发现，外部因素对众筹投资者的参与行为的影响不是直接的而是通过投资意愿会影响投资者的行为。在慈善公益性众筹的相关研究中，参与者的捐赠意愿占有重要地位 (Liu et al.，2017)。Ajzen(1991) 曾提出，意愿是影响行为的动机因素，表示参与某种行为的意向强度，参与行为的意愿越强，相应的实际行为越有可能发生。企业对互联网公益项目的参与意愿会影响其行为，企业对互联网公益项目参与的意愿越高，更可能导致其战略的落实，最终实现对互联网公益项目的参与。因此，提出以下假设。

H11：企业对互联网+公益项目的参与意愿正向影响参与行为。

4.1.3 量表设计

本次问卷调查在不同类型的企业中展开，调研对象涉及企业各级员工。为了保证量表的内容效度，所有题项来源于现有文献成熟量表，对于来源于英语文献的量表，采用双向翻译方法保证准确性及表面效度。本节使用五点 Likert 量表，计分方式从 1 表示为"非常不同意"到 5 表示为"非常同意"，对于变量"参与意愿"与"参与行为"需按照其对应的具体题项设计五个选项进行测量。

1) 技术因素的测量

本节对于技术因素的研究主要基于信息系统成功模型 (ISSM)，采用其理论中的信息质量以及系统质量评估互联网公益项目的技术成功程度，并且加入相对优势、易用性、信任共同检验技术方面的使用质量。

本节对信息质量和系统质量降维，根据 Nelson 等 (2005) 的研究，按照各自的关键维度，分别设计出 4 个和 5 个测量题项，每个题项直接反映对应相关关键维度。相对优势和易用性的量表设计最终源于 Venkatesh 等 (2003) 对于技术接受等相关模型的整理总结，根据技术接受模型以及创新扩散理论分别设计易用性和相对优势的测量题项。对于信任，Mayer 等 (1995) 认为被信任方值得信赖的因素具体为三方面：能力、正直和仁慈心。Gefen(2002) 在此基础上设计出电子商务环境中对网站信任的测量量表，结合互联网+公益项目的平台特殊性，适度修改后采用四个问项进行测量。技术因素方面的测量量表具体如表 4-2 所示。

2) 组织因素的测量

对于影响企业参与互联网+公益项目的组织因素确定为高层管理者的支持以及冗余资源两方面。关于高层管理者的支持的量表设计，参照 Chong 等 (2012) 研究医疗行业采纳射频识别技术的相关量表以及 Martins 等 (2019) 对企业采纳新软件的相关量表，设计了 3 个测量项。对于冗余资源的测量，基于 Damanpour(1987, 1991) 以及 Bourgeois(1981) 的研究，结合企业进行互联网+公益项目捐赠的相关资源需求设计测量项，具体见表 4-3。

3) 环境因素的测量

将影响企业参与互联网+公益项目的环境因素与制度理论相结合，将环境中的模仿型压力和强制型压力作为研究变量。基于 Martins 等 (2019) 及 Liang 等 (2007) 的研究，设计测量题项如表 4-4 所示。

表 4-2　技术因素测量

变量	编号	测量项	文献来源
信息质量 (IQ)	IQ1	在我们企业看来，互联网+公益平台提供的项目信息是准确无误的	Nelson et al.， 2005
	IQ2	在我们企业看来，互联网+公益平台发布的项目内容是详尽完整的	
	IQ3	在我们企业看来，互联网+公益平台上的项目信息更新及时	
	IQ4	互联网+公益平台提供的项目信息呈现方式及布局良好	
系统质量 (SQ)	SQ1	互联网+公益平台使我们企业能够随时方便地获取项目信息	Nelson et al.， 2005
	SQ2	互联网+公益平台在技术方面是可靠的	
	SQ3	互联网+公益平台能快速响应我们企业的请求	
	SQ4	互联网+公益平台能够灵活地适应新的公益需求或新的环境	
	SQ5	互联网+公益平台能有效地整合公益项目所涉及的各种数据和信息	
相对优势 (RA)	RA1	使用互联网+公益平台可以提高我们企业项目捐赠的质量	Bailey et al.， 1983
	RA2	使用互联网+公益平台使我们企业更容易地参与公益项目	
	RA3	使用互联网+公益平台提高了我们企业的捐赠效率	
易用性 (EOU)	EOU1	我们企业认为互联网+公益平台页面是清晰易懂的	Bailey et al.， 1983
	EOU2	我们企业认为很容易通过互联网+公益平台选择想参与的公益项目	
	EOU3	我们企业认为该互联网+公益平台很容易使用	
	EOU4	我们企业认为学习并参与使用互联网+公益平台是容易的	
信任 (TR)	TR1	该互联网+公益平台的承诺让我们企业感觉是真实可信的	Mayer et al.， 1995； Gefen，2002
	TR2	该互联网+公益平台发布的公益项目是基于他们最优的评估	
	TR3	该互联网公益 + 平台会把用户的利益放在第一位，会尽力向用户提供支持和帮助	
	TR4	我们企业认为该互联网+公益平台有丰富的公益方面的知识和经验，能满足我们企业的需求	

表 4-3　组织因素测量

变量	编号	测量项	文献来源
高层管理者 的支持 (TMS)	TMS1	我们企业的高层管理者能够承担互联网+公益项目实施中可能出现的风险	Chong et al.，2012； DeLone et al.，1992
	TMS2	我们企业的高层管理人员积极地利用互联网+公益平台开展公益活动，并制定企业战略	
	TMS3	我们企业的高层管理者表示支持参与互联网+公益项目	
冗余资源 (OS)	OS1	企业内部有足够的财务资源可以用于公益事业	Damanpour，1991； Damanpour，1987； Bourgeois，1981
	OS2	企业的留存收益 (如未分配利润) 足以支持企业公益事业	
	OS3	对于互联网公益项目，企业拥有较多潜在关系资源可用	
	OS4	我们企业有相应的产品或服务来支持公益活动	
	OS5	我们企业拥有从事公益活动的人员	

表 4-4 环境因素测量

变量	编号	测量项	文献来源
模仿型压力 (MP)	MP1	我们企业的主要竞争对手已经通过参与互联网+公益项目获得很大的收益	Martins et al.，2019； Liang et al.，2007
	MP2	我们企业的主要竞争对手已经通过参与互联网+公益项目在同行业中受到好评	
	MP3	我们企业的主要竞争对手已经通过参与互联网+公益项目受到客户的好评	
强制型压力 (CP)	CP1	当地政府要求我们企业参与互联网+公益项目	Martins et al.，2019； Liang et al.，2007
	CP2	行业协会要求我们企业参与互联网+公益项目	
	CP3	竞争环境要求我们企业参与互联网+公益项目	

4) 参与意愿与参与行为的测量

本节将参与意愿及参与行为作为研究的结果变量，基于 Venkatesh 等 (2003) 对信息技术接受度的整合研究，关于参与意愿与参与行为的测量项分别见表 4-5 和表 4-6。

表 4-5 参与意愿测量

变量	编号	测量项	文献来源
参与意愿 (BI)	BI1	我们企业准备在不久的将来参加互联网+公益项目	Venkatesh et al.， 2003
	BI2	如果有项目需要，条件达到时，我们企业愿意通过互联网+平台参与公益项目	
	BI3	如果参与后的效果很好，在未来，我们企业将为参与互联网+公益项目付出一定的努力和精力	
	BI4	我们企业打算在未来通过互联网+公益平台参加公益项目的可能性有多大	
	BI5	我们企业承诺在未来通过互联网+公益平台参加公益项目的强度	

表 4-6 参与行为测量

变量	编号	测量项	文献来源
参与行为 (UB)	UB1	我们企业使用互联网+公益平台的时间	Venkatesh et al.，2003
	UB2	我们企业通过互联网+公益平台参与公益项目的频率	
	UB3	我们企业通过互联网+公益平台参与的公益项目的数量	
	UB4	我们企业通过互联网+公益平台的项目成功率	

4.1.4 数据分析及结论

4.1.4.1 样本描述性统计

通过问卷调查收集样本数据，旨在了解受调查者所处企业参与互联网公益项目的企业行为。问卷主要包含三部分：受调查者的个人信息、受调查者所处企业参与互联网公益项目的影响因素以及受调查者所处企业的互联网公益项目参与情况。在正式发放问卷之前，预先发给 10 名企业员工，以检测题项的语句词汇的理解等问题，确定答题时间。预测结果并没有发现内容、结构相关的重大问题，但发现答题时间过长，考虑到调查对象 (企业员工) 的工作性质，为确保数据准确，需要对题项个数进行调整，删除重复意义的题项。

问卷发放一个多月，主要通过微信链接及网页链接的方式。样本数量一般应达到题项数的 5~10 倍，测量条目 51 项，最终共收集问卷 292 份，对已收集的样本进行筛选，剔除无效问卷，最终留下 268 份，问卷有效率为 92.09%，样本量符合要求。调查对象来源于不同行业，对样本进行描述性统计分析，通过观察样本的描述性分析结果可得，企业信息的统计结果比较合理，具体数据如表 4-7 所示。

表 4-7　样本信息

类别	基本信息		频次	占比/%
	名称	选项		
个体信息	性别	男	135	50.37
		女	133	49.63
	年龄	30 岁以下	152	56.72
		30~40 岁	41	15.3
		41~50 岁	49	18.28
		50 岁以上	26	9.70
	职位	一般员工	182	71.64
		基层管理者	38	14.18
		中层管理者	20	7.46
		高层管理者	18	6.72
企业信息	企业性质	国有 (营) 企业	170	63.43
		非国有 (营) 企业	98	36.57
	企业年龄	3 年以下	43	16.04
		3~5 年	33	12.31
		6~10 年	31	11.57
		10 年以上	161	60.07
	企业规模	100 人及以下	63	23.51
		101~500 人以下	73	27.24
		501~1000 人	27	10.07
		1001~1500 人	18	6.72
		1501 人及以上	87	32.46
	行业属性	高污染行业	120	44.78
		低污染行业	148	55.22
	行业领先程度	落后	3	1.12
		比较落后	11	4.10
		一般	109	40.67
		比较领先	96	35.82
		领先位置	49	18.28

前文已经对相关理论及实际资料进行整合归纳，之后将使用软件 SPSS 24.0、AMOS24.0，对有效的样本数据进行数据分析，评估测量模型的信度和效度，并进行相关性分析，最终建立结构方程模型。

4.1.4.2 信度和效度分析

采用目前最常用的信度检验方法，通过指标 Cronbach's α、组合信度 (CR) 以及因子载荷值检验信度。

技术因素的信度分析结果如表 4-8 所示，所有题项因子载荷大于 0.7，且 CR 均大于 0.9，满足信度检验标准。

表 4-8 技术因素的信度分析结果

变量	题项编号	因子载荷	Cronbach's α	CR
信息质量 (IQ)	IQ1	0.869	0.881	0.919
	IQ2	0.888		
	IQ3	0.853		
	IQ4	0.826		
系统质量 (SQ)	SQ1	0.812	0.892	0.921
	SQ2	0.804		
	SQ3	0.857		
	SQ4	0.856		
	SQ5	0.853		
相对优势 (RA)	RA1	0.874	0.851	0.910
	RA2	0.893		
	RA3	0.867		
易用性 (EOU)	EOU1	0.883	0.904	0.933
	EOU2	0.873		
	EOU3	0.886		
	EOU4	0.884		
信任 (TR)	TR1	0.888	0.921	0.944
	TR2	0.922		
	TR3	0.883		
	TR4	0.903		

组织因素的信度分析结果如表 4-9 所示，变量满足信度检验标准。

表 4-9 组织因素的信度分析结果

变量	题项编号	因子载荷	Cronbach's α	CR
高层管理者的支持 (TMS)	TMS1	0.840	0.849	0.909
	TMS2	0.891		
	TMS3	0.900		

续表

变量	题项编号	因子载荷	Cronbach's α	CR
	OS1	0.875		
	OS2	0.861		
冗余资源 (OS)	OS3	0.858	0.896	0.924
	OS4	0.816		
	OS5	0.800		

环境因素的信度分析结果如表 4-10 所示，变量满足信度检验标准。

表 4-10　环境因素的信度分析结果

变量	题项编号	因子载荷	Cronbach's α	CR
	MP1	0.915		
模仿型压力 (MP)	MP2	0.913	0.894	0.934
	MP3	0.897		
	CP1	0.917		
强制型压力 (CP)	CP2	0.905	0.886	0.929
	CP3	0.884		

参与意愿的测量题项中 BI4 的因子载荷小于标准值 0.7，故考虑删除题项 BI4，且删除该题项后的变量具有更优的系数条件，相应结果如表 4-11 所示。Cronbach's α 值为 0.897，CR 为 0.929，均大于 0.7，量表具有较好的可靠性。

表 4-11　参与意愿的信度分析结果

变量	题项编号	因子载荷	Cronbach's α	CR
	BI1	0.917		
参与意愿 (BI)	BI2	0.897	0.897	0.929
	BI3	0.888		
	BI5	0.797		

参与行为的信度分析结果如表 4-12 所示，变量满足信度检验标准。

表 4-12　参与行为的信度分析结果

变量	题项编号	因子载荷	Cronbach's α	CR
	UB1	0.853		
参与行为 (UB)	UB2	0.833	0.835	0.895
	UB3	0.796		
	UB4	0.819		

各变量相关性及效度分析结果如表 4-13 所示。各变量之间的相关系数 r 均大于 0，p 均小于 0.01，说明它们之间在 0.01 水平上均具有高度的相关性。该量表具有较高的收敛效度和很好的区别效度。

表 4-13　各变量相关性及效度分析结果

变量	AVE	均值	SD	影响变量									结果变量	
				技术因素					组织因素		环境因素			
				IQ	SQ	RA	EOU	TR	TMS	OS	MP	CP	BI	UB
IQ	0.738	3.383	0.804	**0.859**										
SQ	0.701	3.574	0.730	0.793**	**0.837**									
RA	0.771	3.628	0.777	0.648**	0.740**	**0.878**								
EOU	0.776	3.625	0.771	0.683**	0.764**	0.794***	**0.881**							
TR	0.808	3.527	0.783	0.719**	0.707**	0.694**	0.722**	**0.899**						
TMS	0.769	3.510	0.832	0.655**	0.685**	0.724**	0.773**	0.725**	**0.877**					
OS	0.711	3.526	0.772	0.578**	0.624**	0.648**	0.715**	0.708**	0.724**	**0.843**				
MP	0.824	3.435	0.818	0.664**	0.645**	0.667**	0.695**	0.828**	0.735**	0.740**	**0.908**			
CP	0.814	3.519	0.824	0.662**	0.637**	0.683**	0.695**	0.822**	0.731**	0.762**	0.831**	**0.902**		
BI	0.767	3.626	0.756	0.561**	0.622**	0.647**	0.725**	0.726**	0.708**	0.775**	0.677**	0.759**	**0.876**	
UB	0.682	2.730	1.071	0.337**	0.301**	0.346**	0.380**	0.404**	0.382**	0.447**	0.424**	0.442**	0.458**	**0.826**

注：** 表示 $p < 0.01$，*** 表示 $p < 0.001$（双侧检验），对角线上加粗的数值是 AVE 的平方根。

4.1.4.3　假设检验

对于企业参与互联网公益项目的行为研究，构建相应的结构方程模型，并对模型的拟合效果进行审核，根据表 4-14 的模型拟合结果数据和适配标准对比的结果来看，模型的拟合度良好。

表 4-14　研究模型的拟合指数计算结果

拟合指数	χ^2	χ^2/df	NFI	IFI	TLI	CFI	RMSEA
结果	1666.257	2.125	0.842	0.910	0.900	0.909	0.065
高度适配标准	\	<3	>0.90	>0.90	>0.90	>0.90	<0.08

得出的最终路径系数如图 4-2 所示。模型中除了高层管理者的支持、相对优势与参与意愿之间的路径外，路径载荷均通过了 0.05 水平的显著性检验。对于自变量技术因素，信息质量与信任的路径载荷在 0.001 水平上显著；系统质量与易用性的路径系数均在 0.05 水平上显著，信息质量与易用性的路径系数在 0.001 水平上显著；信任影响参与意愿的路径系数在 0.05 水平上显著，与易用性的路径系数在 0.01 水平上显著。对于自变量组织因素，中介变量参与意愿与冗余资源的路径系数在 0.001 水平上显著。对于自变量环境因素，中介变量参与意愿与模仿型压力、强制型压力的路径系数均在 0.01 水平上显著。参与意愿与参与行为的路径

系数处于 0.001 水平上的显著。因此，各变量之间是存在一定的相互作用的关系，接下来将对其进行具体分析讨论。

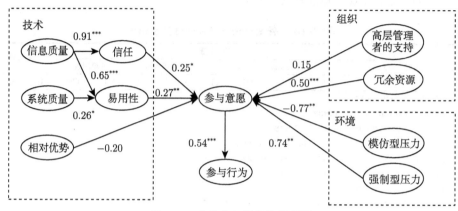

图 4-2　企业参与行为路径系数

* 表示 $p < 0.05$, ** 表示 $p < 0.01$, *** 表示 $p < 0.001$(双侧检验)

通过结构方程模型验证假设，8 个假设得到支持，3 个假设不成立，具体验证结果见表 4-15。

表 4-15　假设验证结果

假设编号	假设内容	结果
H1	信息质量正向影响易用性	成立
H2	系统质量正向影响易用性	成立
H3	易用性正向影响企业的参与意愿	成立
H4	信息质量正向影响使用者的信任	成立
H5	信任正向影响企业的参与意愿	成立
H6	相对优势正向影响企业的参与意愿	不成立
H7	高层管理者的支持正向影响企业的参与意愿	不成立
H8	冗余资源正向影响企业的参与意愿	成立
H9	模仿型压力正向影响企业的参与意愿	不成立
H10	强制型压力正向影响企业的参与意愿	成立
H11	企业对互联网+公益项目的参与意愿正向影响参与行为	成立

研究发现，信息质量正向影响易用性，同时，信息质量也正向影响信任，易用性和信任均正向影响企业的参与意愿，系统质量通过正向影响易用性从而影响企业参与意愿，企业内部的冗余资源以及外部的强制型压力也是企业关于互联网公益项目参与意愿的决定性因素，均正向影响企业的参与意愿，最终，企业对互联网公益项目的参与意愿直接导致参与行为，验证了假设 H1、H2、H3、H4、H5、

H8、H10、H11。

4.1.4.4 结果讨论

大部分假设得到了验证，只有假设 H6、H7、H9 不成立，解释如下。

对于假设 H6，相对优势并不是显著性影响因素。Tornatzky 等 (1990) 认为在很多研究中相对优势是重要的预测因素，但事实上，一些创新采纳的研究中所得结论并不具有显著性。尽管如此，这也不意味着互联网＋公益相对于传统线下公益不具有一定的优势。相对优势的数据平均值是 3.63，超过 3.0，因此，互联网公益项目对于企业的参与具有一定的竞争优势。然而，互联网公益作为新兴产业，其发展正处于起步阶段，各个环节不够成熟，普及率不高，参与互联网＋公益项目对于企业来说是一种新的决策。因此企业会更关注其中的潜在风险，以及是否具有应对新模式的能力和资源，这些顾虑会减弱"相对优势"的作用。

假设 H7 不成立，组织环境中"高层管理者的支持"对企业参与意愿并没有显著影响。现有一些研究也得出相似结论，Wang 等 (2010) 的研究发现高层管理者的支持对制造业采用射频识别新技术不具显著影响，Premkumar 等 (1999) 也在其研究中得出类似结论，农村小企业高层管理者的支持对于采纳新信息技术不具显著影响。目前，互联网＋公益刚刚兴起，企业可能更愿意先关注互联网公益的发展情况，对于互联网＋公益项目的运行以及捐赠流程不够了解。同时，企业高层管理者会更注重企业的市场份额，将盈利收益视为第一发展要素，对互联网＋公益的观念转变需要一定的时间。而且企业外部的压力也削弱了"高层管理者的支持"的影响。

假设 H9 有关环境因素中的变量"模仿型压力"，结果发现"模仿型压力"显著负向影响企业参与意愿，究其原因，目前企业想要持续性发展，追求核心竞争力是最为关键的决定因素。企业往往会投入更多的精力和资源发掘和发展其自身的核心技术。除此之外，企业置身于互联网公益发展的大环境，面对其他企业的互联网公益发展势头良好，需权衡自己是否具有相应的设施和能力，以及企业内部是否存在充足的发展资源。因此，模仿其他企业参与互联网公益项目对企业决策具有一定的压力。

研究发现，互联网公益的平台信息质量高，会提高信任度，同时也会提高易用性，信任度及易用性的感知均正向显著影响企业对互联网＋公益项目的参与意愿。平台的系统质量将通过正向显著影响易用性从而正向显著影响企业的参与意愿。除此之外，冗余资源和强制型压力也是企业参与互联网公益项目的决定性因素，企业内部充足的冗余资源以及环境中的强制型压力均正向显著影响企业对互联网公益项目的参与意愿。最终，企业对互联网公益项目的参与意愿直接产生参与行为。企业作为社会价值的创造者，有更大责任和义务支持社会公益事业。社会公众更青睐于那些具有良好社会形象的企业，因此企业参与互联网公益项目是企业发展的大势所趋，通过互联网平台开展公益事业，积极参与公益项目，履行社会责任，从而提高企业声誉。

4.2　环保公益组织的参与意愿与行为

数字经济背景下，国内环保公益组织以更具创新意义和更具专业性的环保公益项目运作模式不断改善着环境。然而，环保公益组织在公益项目的运作过程中依然存在着诸如缺乏专业化、数字化战略欠缺等问题，导致难以基于现实社会问题实现高效精准的供需匹配。通过互联网公益平台实现价值共创是推动环保公益项目高效发展的一个有效途径。本节通过厘清环保公益组织参与价值共创时遇到的障碍，探究组织内部因素和外部因素如何影响环保公益组织对互联网+环保公益项目的价值共创意愿，进而影响其价值共创行为。

4.2.1　动态能力与价值共创理论

4.2.1.1　动态能力

20 世纪 90 年代市场环境的不断变化刺激了动态能力理论 (dynamic capability theory，DCT) 的产生。当今社会，组织所处的环境和可获得的资源都面临着巨大的不确定性和动态性，其竞争将会发生重大的变化。因此，组织必须密切关注外界环境的变化，基于自身的能力和资源，不断调整竞争战略，才能维持长期的竞争优势。在动态复杂的环境中，组织必须拥有快速塑造动态适应环境的能力，并在竞争优势衰退前调整新的竞争战略 (张璐等，2019)。Teece 等 (1994) 提出了动态能力，从一个新的角度帮助现代企业获得长期竞争优势。随后，Teece 等 (1997) 对动态能力进行了重新定义，它是企业通过构建、整合和重构企业内外部资源和能力以应对快速变化的环境的能力。Zahra 等 (2002) 指出动态能力是企业为应对不断变化的竞争对手战略和顾客需求而重新配置内外部资源的能力。Wang 等 (2004) 认为动态能力是企业重构、再配置以及更新企业资源的能力。动态能力是环保公益组织依赖学习吸收、变革重构、协调整合内外部资源与能力，来应对快速变化的环境的高阶能力。环保公益组织在社会环境飞速变化的今天，会面临非常多的不确定因素，此时动态能力对其生存和发展就有着极其重要的作用。

虽然学者们对动态能力的界定和维度划分尚未统一，但一些关键的基本维度，如感知响应能力、整合利用能力和重构转变能力已经获得国内外学者广泛认同，并在实证研究上通过了检验。其中，感知响应主要指组织对环境变化的感知及其响应能力，整合利用主要表征组织整合和利用内外资源适应变化、抓住机会的柔性能力，而重构转变则表示组织为适应变化而对内部资源的重置和能力的重构，集中体现在对内部运营能力的改变和提升。这三个维度完整地涵盖了动态能力的概念与特征，同时也是对国内外学者观点的归纳与总结，因此本节将这三个能力作为动态能力的维度划分。

相较于传统的工业经济环境，数字化环境具有开放性、无边界性、不确定性等典型特征 (赵振，2015)，环保公益组织通过与外部环境互动并创造价值的方式也在发生变化。动态能力嵌入在环保公益组织的内部组织过程中，强调通过新的知识或服务来创造价值。而且，动态能力发挥的作用与环保公益组织所处的环境特点高度相关，它强调环保公益组织应时刻保持与外部环境的互动，尤其在快速变革的环境中会发挥更大的价值 (Teece, 2007; Eisenhardt et al., 2000)。

4.2.1.2 价值共创

价值共创 (value co-creation) 思想起源于 19 世纪的服务经济学研究学者对价值创造过程的关注。价值创造是一个机构或企业在制定战略时关注的核心问题之一，通过对价值创造理论的演变史梳理发现，对于价值创造主体的不同认识导致了学者对价值创造方式认识的差异。

根据价值创造主体在价值创造过程中所做的不同贡献，可以将价值创造分为以下三种不同的方式。第一种是生产者单独创造价值，这是工业社会产品主导生产逻辑下的产物 (Vargo et al., 2004)。在这种逻辑下，生产者是创造价值的唯一者，而消费者代表市场需求，被动地接受生产者创造的价值，不参与价值创造过程。第二种是生产者与消费者共同创造价值。在这种模式下，消费者作为生产过程中重要的操作性资源，与生产者共同参与到价值创造中，生产者通过提出价值主张来促进价值共创 (Stauss, 2010)。第三种是消费者单独创造价值。这意味着消费者在生产者提供的产品基础上，结合自己的价值主张，在消费过程中对产品进行再创造 (Vargo et al., 2004)。消费者单独创造价值与前两种价值创造方式最大的不同是，其本质上是消费者在消费产品的过程中进行价值再创造，是基于使用价值的衍生价值创造，并不涉及企业生产和价值创造的问题 (武文珍等，2012)。

从共创价值到价值共创的提出经历了长期的发展。Storch 于 1823 年分析了服务业对经济的贡献，认为生产者在服务过程中需要与顾客合作，共同决定服务结果和服务价值的创造 (左文明等，2020)。Becker 在 1965 年基于消费者生产理论提出生产者的竞争优势和利润直接取决于生产者在消费者生产过程中所起作用的大小和独特性。Fuchs 指出，消费者是一种生产要素，消费者作为生产过程的合作因素，会对服务行业的生产效率产生重要的影响。不难发现，这个阶段学者普遍认为在价值创造过程中，消费者通过自己特定的方式与生产者进行合作。从这个角度来看，消费者具有一定的生产性，且对服务效率和价值创造产生影响。1993年，Normann 和 Ramirez 共同提出了价值共创的思想，认为生产者和消费者之间的互动组成了价值创造的基本部分。Ramirez(1999) 提出生产者与消费者共同决定服务结果和服务价值创造。价值共创理论由 Prahalad 等 (2000) 提出，他认为企业未来的竞争将依赖于一种新的价值创造方式——以个体为中心，由消费者与企业共同创造，打破了价值由企业创造的传统价值创造论。

现阶段学术界关于价值共创主要有两种观点，一种是由 Prahalad 等 (2000) 提出的基于消费者体验的价值共创理论，另一种观点是由 Vargo 等 (2004) 提出的基于服务主导逻辑的价值共创理论。

Prahalad 等 (2000) 提出了基于消费者体验的价值共创理论。Prahalad 等有关该理论的基本观点可概括为以下两点：一是消费者与生产者共同创造价值的核心是共同创造消费体验；二是价值网络成员间的互动是实现价值共创的基本方式，包括生产者与消费者之间、消费者与消费者之间、生产者与其他生产者之间。此外，该理论还强调消费体验是一个连续的过程，而整个消费体验过程贯穿着价值共创思想。从实践角度来看，该理论促使企业把生产核心从产品的生产流程设计和质量管理，向提升与消费者互动的质量和营造提供个性化体验的互动环境这两大方向转变。

Vargo 等提出了基于服务主导逻辑的价值共创理论。Vargo 等 (2004) 从经济发展演化视角提出了基于服务主导逻辑的价值共创理论，认为服务是交换的普遍形式，而不是特定形式，服务是一切经济交换的根本基础。消费者 (终端用户) 将操纵性资源投向价值创造的过程，从而成为价值的共同创造者。在服务主导逻辑下，价值共创伴随在消费者消费产品之时，价值共创是生产者通过提供产品与消费者通过消费产品两者共同创造的价值总和 (Payne et al., 2008)。

如今，价值共创已经发展成为越来越复杂的研究领域，涉及战略、营销、组织行为等众多领域，为理解价值创造过程和组织与消费者之间的互动关系提供了重要的框架和观点 (Galvagno et al., 2014)。在服务主导逻辑下，共同创造价值的内涵不断扩展，不仅涵盖了生产领域中生产者和消费者之间的共同生产，还包括了消费领域中消费者对产品进行的共创使用价值的创造 (Grönroos et al., 2008)。这种广义的价值共创理论突破了传统的以生产者为中心的观念，强调了消费者在价值创造过程中的积极作用和参与。价值共创描述了价值创造主体通过服务交换和资源整合而共同创造价值的动态过程 (简兆权等，2018)。在这个过程中，生产者和消费者之间的互动至关重要。他们通过共同合作、共同创新和共同决策，共同塑造产品或服务的价值，并为最终用户提供更优质的体验和满足其需求。在价值共创理论中，共创价值的主体之间是平等的。无论是生产者还是消费者，在价值创造过程中都需要做出贡献，并从中获得相应的价值回报。这种平等的关系鼓励了合作和互动，促进了价值共创的实现。

4.2.2　研究模型与假设

根据 Heidenreich 等 (2015) 的研究，价值共创意愿是指公益组织有可能通过积极参与互联网环保公益与其他组织共同创造价值的一种条件或状态。互联网公益领域的研究发现，多种外在动机可以影响公益组织的价值共创意愿，社会公信度是主要外部参与动机之一。Imlawi 等 (2015) 认为公信度是人们认为信息源可信的程度，研究中社会公信度指公众对环保公益组织信任的程度。无论是对公益组织还是公益行业而言，公信度都是持续发展的基石。Singh 等 (2020) 的研究表明，有多个方面会影响公益组织整体的可持续性，组织的社会公信度是其中的重要因素之一。这就表明公益组织的社会公信度越高，公益组织的可持续性也就越高，因此环保公益组织很可能为了提升可持续性和公信力而参与互联网环保公益项目的价值共创。即社会公信度的增强，让环保公益组织有更高的价值共创意愿。由此，提出假设 H1。

H1：社会公信度正向影响价值共创意愿。

竞争压力是一个组织所感受到的来自竞争对手的压力程度 (Cruz-Jesus et al., 2019)。资源依赖理论认为组织最重要的是生存，组织需要资源以维持生存，尤其是在组织无法独立生产所需物品时，必须与其他组织互动来获取 (Kellner et al., 2017)。环保公益组织要想生存，也要获得一定的资源，而在公益行业所拥有的资源总量是一定的，因此公益组织之间也存在一定的竞争。然而竞争压力越大，公益组织获得资源的难度就越大，公益组织越愿意参与价值共创，与其他的组织互动，以获得更多的资源。由此，提出假设 H2。

H2：竞争压力正向影响价值共创意愿。

政府支持是指如政府部门为了减少由于制度不完善对组织产生的不利影响而提供的支持 (Li et al., 2001)。公益行业中，环保公益组织如果有更多的自由和资源来参与互联网环保公益项目，较少受到政策的限制，将产生更高的外在动机。此前的研究也发现，公益组织将政府机构与公众联系起来的能力十分关键，因为政府在资金或设施方面对非营利组织的支持很重要 (Ma et al., 2021)。在政府主管部门的支持下，环保公益组织可以与平台型组织等公益相关方一同探索数据标准的统一、数据共享的机制等议题，推动更多公益组织进一步实现数字化转型。对于互联网公益而言，如果政府给予的支持较高时，其自主性更强、选择面更广，那么参与价值共创意愿也就更强烈。由此，提出假设 H3。

H3：政府支持正向影响价值共创意愿。

Zhe 等 (2017) 认为媒体关注指媒体对某一个对象的媒体意识。公益组织很关注媒体对相关问题的报道，因为这往往是其工作的一个重要内容，从核心任务到长期发展或短期应对不等。研究表明，媒体报道对公益组织组织的发展很重要 (Kothari, 2018)。在公益行业中，如果一个环保公益组织参与到互联网环保公益项目中，可能会受到一些媒体的关注，进而会促进环保公益组织更加积极地参与价值共创，以提升声誉和社会公信度。由此，提出假设 H4。

H4：媒体关注正向影响价值共创意愿。

目前，将动态能力引入互联网环保公益这种由异质类主体构成的组织间的研究较少。研究借鉴 Teece(2007) 的理论框架，将动态能力定义为在数字化转型时期，环保公益组织为了在复杂动态的环境下抓住机会窗口，实现技术应用而需具备的感知响应能力、整合利用能力和重构转变能力。其中，感知响应能力指环保公益组织对数字化转型产生的机会窗口的快速识别、理解和反馈能力；整合利用能力指环保公益组织根据所识别的机会窗口，有目的地进行组织学习等活动，以获取组织把握该机会窗口实现数字化转型所需的相关资源的能力；重构转变能力指环保公益组织通过重构组织制度、优化资源配置来应对数字化转型过程出现的阻碍因素的能力。虽然关于动态能力的研究呈现了不同的观点，但是学者都认可动态能力系统地利用现有资源，并同时产生新的资源和能力 (戴亦兰等，2018)。

数字化能够帮助公益组织与人建立更加有归属感的信任关系，提升人、资金、项目的运营效能，并通过重塑整个公益协作网络的效率，促进公益理念和文化在数字社会传播。从过程视角来看，互联网环保公益是一个涉及公益平台、企业等相互依赖的利益相关主体共同参与的价值共创的动态过程。环保公益组织参与互联网公益价值共创，能够帮助其完成数字化转型，借助数字红利实现高质量持续发展。在数字化经济的动态环境中，环保公益组织的动态能力有助于其适应多变的环境，共同创造环保公益的社会价值。例如，武柏宇等 (2018) 等通过实证研究证实了组织动态能力对价值共创的积极影响。可见，环保公益组织在这样充满快速变化的环境中，动态能力和价值共创意愿相关。由此，提出如下假设。

H5：感知响应正向影响价值共创意愿。

H6：整合利用正向影响价值共创意愿。

H7：重构转变正向影响价值共创意愿。

价值共创行为是指由参与直接互动的各方共同协作的活动，旨在为一方或双方产生的价值做出贡献 (Chuang, 2018)。意愿是影响行为最直接的因素，最初是基于个体态度与行为关系研究而提出的。环保公益组织作为行为主体，其行为的内在逻辑与个体具有相似性。因此，计划行为理论不仅在个人意愿与行为的预测中有较好效果，对组织行为的解释也具有适用性 (张月义等，2020)。在互联网环保公益项目开展中，公益组织价值共创意愿对其行为具有导向性作用，公益组织共创价值的动机越强，其越有可能表现出价值共创行为。由此，提出假设 H8。

H8：价值共创意愿正向影响价值共创行为。

基于以上假设，本节建立研究模型如图 4-3 所示。

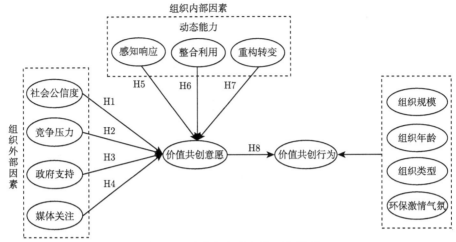

图 4-3 公益组织参与的研究模型

4.2.3 量表设计

通过问卷调查对中国各地环保公益组织展开调研，调研对象主要是组织中的各级管理者和各项目负责人，目的是探究各组织参与互联网环保公益项目价值共创的影响因素。研究采用已有的成熟量表，在此基础上进行适当修改，并结合环保公益项目特征进行调整。在正式发放问卷前，先向四家环保公益组织发放并回收了问卷，参考他们的建议对问卷进行了修改。整个问卷共 34 个测量项，采用五点 Likert 量表。量表设计如表 4-16 所示。

表 4-16　组织外部因素测量

变量	编号	测量项	文献来源
社会公信度 （SC）	SC1	公众相信我们组织的主张是真诚的	Sparkman et al.， 2020
	SC2	公众相信我们组织的行为是合理的	
	SC3	公众相信我们组织告诉他们的信息是真实的	
竞争压力 （CP）	CP1	我们组织认为参与互联网环保公益项目对我们所在行业的竞争有影响	Cruz-Jesus et al.，2019； Shim et al.，2018
	CP2	我们的一些竞争对手已经参与了互联网环保公益项目	
	CP3	除非参与互联网环保公益项目，否则我们将在竞争中处于劣势	
	CP4	除非参与互联网环保公益项目，否则我们的资源就会被竞争对手抢走	
政府支持 （GS）	GS1	政府提供互联网环保公益事业所需的技术信息和其他技术支持	Li et al.，2001； Trang et al.，2016
	GS2	政府提供激励以促进公益组织参与互联网环保公益项目	
	GS3	政府发布了一系列政策文件鼓励公益组织参与互联网环保公益项目	
媒体关注 （MA）	MA1	媒体对互联网环保公益相关的报道真实、准确	张蓓等，2014； Seo et al.，2009
	MA2	媒体对互联网环保公益相关的报道迅速、及时	
	MA3	媒体对互联网环保公益密切关注	
	MA4	媒体对互联网环保公益具有警示作用	

组织内部因素方面的测量量表如表 4-17 所示。

表 4-17　组织内部因素测量

变量	编号	测量项	文献来源
感知响应 (SEC)	SEC1	我们组织系统地搜索当前环保公益领域发展的信息	Kump et al.，2018； Jantunen et al.，2018
	SEC2	我们组织知道如何获取新信息	
	SEC3	我们组织关注人们价值观和生活方式的变化	
整合利用 (SZC)	SZC1	我们组织能很快地吸收来自外部的新知识	Kump et al.，2018； Wilden et al.，2019
	SZC2	我们组织具备将新技术知识转化为环保公益服务创新能力	
	SZC3	我们可以依靠现有的知识/经验获得新的公益项目机会	
重构转变 (REC)	REC1	现有资源被用于新的领域和新的目的	Jantunen et al.，2018； Wilden et al.，2019
	REC2	我们组织积极实施新型管理方法	
	REC3	我们组织积极实行新的业务流程和系统	

价值共创意愿与价值共创行为测量量表如表 4-18 所示。

表 4-18　价值共创意愿与价值共创行为测量

变量	编号	测量项	文献来源
价值共创意愿 (VCI)	VCI1	我们组织打算在未来参与互联网+环保公益项目，以实现多方价值共创	Lin et al.，2020； Sinhaa et al.， 2020
	VCI2	我们组织决定在未来参与互联网+环保公益项目，并兼顾多方参与者的利益诉求	
	VCI3	我们组织乐意参与互联网+环保公益项目的价值共创	
价值共创行为 (VCB)	VCB1	我们组织参与了互联网+环保公益项目，与其他参与者实现了积极互动，能更好地参与公益事业	Chuang et al.， 2018
	VCB2	我们组织参与了互联网+环保公益项目，与其他参与者一起合作，能更好地参与公益事业	
	VCB3	我们组织参与了互联网+环保公益项目，为其他参与者提供帮助，并与他们合作	
	VCB4	我们组织参与了互联网+环保公益项目，帮助其他参与者获得更多价值	

4.2.4　数据分析及结论

4.2.4.1　样本描述性统计

采用问卷调查进行数据的收集。问卷包含受调查者所处环保公益组织的信息、组织参与互联网+环保公益项目价值共创的影响因素以及参与意愿和行为。问卷制作完成之后，首先将问卷发给四个环保公益组织从业人员，检查问卷中题项的设计是否具有问题，并预估填写所需的时间。通过预发放，发现了问卷中的问题，并根据反馈对问卷进行了适当的修改。

之后开始正式发放问卷。收集问卷的方式主要有：通过互联网公益平台联系环保公益组织进行发放；通过环保公益组织 QQ 群和微信群进行发放等，由环保公益组织从业人员或项目负责人回答。问卷发放一个多月，共回收问卷 277 份，其中有效问卷共 231 份，有效率 83.4%。样本描述性统计结果如表 4-19 所示。

表 4-19 样本描述性统计

特征	特征属性	频次	占比/%
组织类型	社会团体	70	30.3
	民办非企业单位	57	24.7
	公募基金会	59	25.5
	非公募基金会	38	16.5
	其他	7	3.0
所属区域	华东地区	48	20.8
	华中地区	22	9.5
	华南地区	35	15.1
	华北地区	65	28.1
	东北地区	20	8.7
	西南地区	21	9.1
	西北地区	20	8.7
组织年龄	1 年以下	19	8.2
	1~3 年	63	27.3
	3~5 年	65	28.1
	5~10 年	50	21.7
	10 年以上	34	14.7
组织规模	5 人及以下	10	4.3
	6~10 人	25	10.8
	11~20 人	53	23.0
	21~30 人	56	24.2
	30 人以上	87	37.7

结果表明，对于调查对象的组织类型，社会团体的比例为 30.3%，其次是公募基金会的比例为 25.5%，这与目前我国环保公益组织的组织类型相吻合，社会团体在社会中的占比较多。从调查对象的所属区域来看，华北地区所占的比例为 28.1%，其次是华东地区为 20.8%，其余区域比例大致相同，区域分布合理。样本中的环保公益组织成立时间大多为 3~5 年；组织规模大

多在 30 人以上。通过描述性统计可以看出，公益组织的信息具有一定的代表性。

采用 Harman 单因素方法实现共同方法偏差的检验。从表 4-20 中可以观察出，第 1 个成分仅占总变异的 40.413%，低于 50%，共同方法偏差不明显。

表 4-20　总方差解释

成分	初始特征值			提取载荷平方和		
	总计	方差百分比/%	累积 /%	总计	方差百分比/%	累积 /%
1	13.740	40.413	40.413	13.740	40.413	40.413
2	5.200	15.295	55.708	5.200	15.295	55.708

4.2.4.2　信度和效度分析

运用 SmartPLS 3.0 的 PLS 算法中的 Algorithm 来运行数据，进而检验数据的信度和效度。运行得到的 Cronbach's α 值、因子载荷和组合信度 CR 如表 4-21 所示，各个变量的数据均符合要求，所有变量的 Cronbach's α 值和 CR 均大于 0.7。

表 4-21　信度分析结果

变量	编号	因子载荷	Cronbach's α	CR
社会公信度 (SC)	SC1	0.800		
	SC2	0.860	0.765	0.864
	SC3	0.813		
竞争压力 (CP)	CP1	0.797		
	CP2	0.868	0.855	0.898
	CP3	0.796		
	CP4	0.856		
政府支持 (GS)	GS1	0.838		
	GS2	0.829	0.776	0.870
	GS3	0.826		
媒体关注 (MA)	MA1	0.863		
	MA2	0.850	0.895	0.926
	MA3	0.892		
	MA4	0.877		
感知响应 (SEC)	SEC1	0.811		
	SEC2	0.822	0.756	0.860
	SEC3	0.826		
整合利用 (SZC)	SZC1	0.828		
	SZC2	0.838	0.782	0.873
	SZC3	0.838		

续表

变量	编号	因子载荷	Cronbach's α	CR
重构转变 (REC)	REC1	0.848		
	REC2	0.814	0.798	0.881
	REC3	0.869		
环保激情气氛 (PEPC)	PEPC1	0.839		
	PEPC1	0.839	0.856	0.902
	PEPC1	0.839		
	PEPC1	0.839		
价值共创意愿 (VCI)	VCI1	0.844		
	VCI1	0.844	0.783	0.874
	VCI1	0.844		
价值共创行为 (VCB)	VCB1	0.839		
	VCB1	0.839	0.843	0.895
	VCB1	0.839		
	VCB1	0.839		

使用 AVE 检验效度，具体分析结果如表 4-22 所示。各变量的 AVE 均大于 0.5，说明该量表具有较高的收敛效度。AVE 的平方根都大于其与其他构念的相关系数，因此，该量表具有很好的区别效度。

表 4-22　各变量相关分析及效度分析

变量	AVE	平均值	SD	控制变量			影响变量							结果变量	
							组织外部因素				组织内部因素				
				OS	OT	PEPC	SC	CP	GS	MA	SEC	SZC	REC	VCI	VCB
OS	NA	3.801	1.181	NA											
OT	NA	3.074	1.186	0.144	NA										
PEPC	NA	3.960	0.906	−0.082	0.043	NA									
SC	0.680	3.835	0.887	−0.051	0.038	0.756	**0.825**								
CP	0.688	3.286	1.070	−0.013	−0.047	0.052	−0.031	**0.830**							
GS	0.690	3.833	0.887	0.020	−0.078	0.724	0.682**	0.111	**0.831**						
MA	0.758	3.494	1.090	−0.003	−0.001	0.158	0.061	0.803**	0.208**	**0.871**					
SEC	0.672	3.760	0.907	0.010	−0.032	0.701	0.646**	0.138*	0.694**	0.243**	**0.820**				
SZC	0.696	3.841	0.901	0.045	−0.013	0.726	0.686**	0.024	0.705**	0.129	0.711**	**0.834**			
REC	0.712	3.828	0.921	0.059	−0.035	0.734	0.714**	0.016	0.754**	0.133	0.742**	0.737**	**0.844**		
VCI	0.698	3.814	0.907	−0.035	−0.026	0.719	0.690**	0.104	0.712**	0.171*	0.708**	0.664**	0.730**	**0.835**	
VCB	0.680	3.820	0.899	−0.037	−0.032	0.717	0.703**	0.097	0.719**	0.209**	0.757**	0.742**	0.744**	0.766**	**0.824**

注：**表示 $p < 0.01$，*表示 $p < 0.05$(双侧检验)，对角线加粗数值是 AVE 的平方根，NA 表示不适用。

4.2.4.3　假设检验

使用 SmartPLS 3.0 构建了模型路径图，并检验了社会公信度、竞争压力、政府支持、媒体关注、感知响应、整合利用、重构转变、环保激情气氛对价值共创意愿的影响，进而对价值共创行为的影响，结果见表 4-23。

表 4-23　结构模型路径系数显著性检验结果

路径	初始样本	样本均值	标准误	T 值	显著性水平	p 值
组织规模 → 价值共创行为	−0.005	−0.006	0.044	0.109	NS	0.914
组织年龄 → 价值共创行为	−0.019	−0.018	0.042	0.451	NS	0.652
社会团体 → 价值共创行为	−0.170	−0.168	0.121	1.408	NS	0.159
民办非企业单位 → 价值共创行为	−0.021	−0.019	0.112	0.192	NS	0.848
公募基金会 → 价值共创行为	−0.076	−0.073	0.113	0.668	NS	0.504
非公募基金会 → 价值共创行为	−0.075	−0.073	0.099	0.758	NS	0.448
环保激情氛围 → 价值共创行为	0.364	0.365	0.070	5.191	***	0.000
社会公信度 → 价值共创意愿	0.218	0.223	0.066	3.290	***	0.001
竞争压力 → 价值共创意愿	0.090	0.085	0.074	1.213	NS	0.225
政府支持 → 价值共创意愿	0.205	0.202	0.081	2.526	*	0.012
媒体关注 → 价值共创意愿	−0.047	−0.038	0.069	0.684	NS	0.494
感知响应 → 价值共创意愿	0.222	0.217	0.074	2.990	**	0.003
整合利用 → 价值共创意愿	0.053	0.054	0.073	0.716	NS	0.474
重构转变 → 价值共创意愿	0.222	0.221	0.074	3.002	**	0.003
价值共创意愿 → 价值共创行为	0.508	0.505	0.069	7.322	***	0.000

注：*** 代表在 0.001 水平上显著相关，** 代表在 0.01 水平上显著相关，* 代表在 0.05 水平上显著相关，NS 代表不显著。

基于上述结果，得到公益组织参与的路径系数，如图 4-4 所示。模型中除了竞争压力、媒体关注、整合利用与价值共创意愿之间的路径外，其余路径都通过了检验。社会公信度与价值共创意愿在 0.001 水平上显著；政府支持与价值共创意愿在 0.05 水平上显著；感知响应、重构转变与价值共创意愿在 0.01 水平上显著；价值共创意愿与价值共创行为在 0.001 水平上显著；对于控制变量，除了环保激情气氛与价值共创意愿在 0.001 水平上显著，其余皆不显著。

相关研究假设的检验结果如表 4-24 所示。社会公信度、政府支持、感知响应、重构转变均正向影响环保公益组织的价值共创意愿，环保公益组织对互联网环保公益项目的价值共创意愿直接导致价值共创行为。假设 H1、H3、H5、H7、H8 得到验证，而假设 H2、H4、H6 不成立。

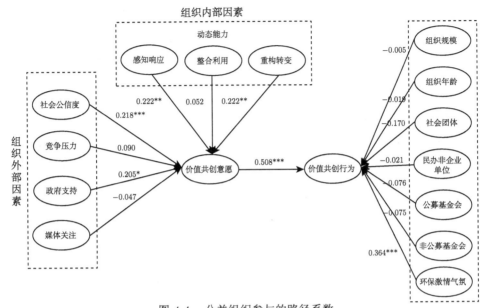

图 4-4 公益组织参与的路径系数

$***$ 表示 $p < 0.001$, $**$ 表示 $p < 0.01$, $*$ 表示 $p < 0.05$(双侧检验)

表 4-24 研究假设验证结果

假设编号	假设	结果
H1	社会公信度正向影响价值共创意愿	成立
H2	竞争压力正向影响价值共创意愿	不成立
H3	政府支持正向影响价值共创意愿	成立
H4	媒体关注正向影响价值共创意愿	不成立
H5	感知响应正向影响价值共创意愿	成立
H6	整合利用正向影响价值共创意愿	不成立
H7	重构转变正向影响价值共创意愿	成立
H8	价值共创意愿正向影响价值共创行为	成立

4.2.4.4 结果讨论

研究结果表明，组织外部因素中的社会公信度和政府支持与环保公益组织的价值共创存在正相关关系，并具有显著的影响，且社会公信度的影响更大。近些年公益行业出现的一些负面事件，严重影响了公益组织的社会公信度，阻碍了环保等公益事业的发展，表明社会公信度对环保公益组织价值共创实现及长期发展存在重要作用。组织内部因素中的感知响应、重构转变也会显著影响环保公益组织的价值共创，而且它们对价值共创意愿的影响明显较强。进一步表明在研究情景下，需要探索动态能力的重要作用。在如今动态多变的互联网公益的大环境里，环保公益组织只有增强动态能力才能应对复杂多变的环境。

此外，与研究假设不一致的是，竞争压力没有显著影响价值共创意愿。行业竞争压力一般而言会影响组织之间的活动关系，环保公益组织间也存在一定程度的竞争关系。但是环保公益组织的非营利目的和组织之间广泛存在的跨界合作，影响了其对竞争关系的态度，访谈过程中有负责人表示欢迎竞争以进一步发展环保公益市场，因此竞争压力未对价值共创意愿产生显著的负面影响。另外，媒体关注没有显著影响价值共创意愿。如果环保公益组织在线上平台发起项目，其展示在平台上的信息较为透明，媒体的关注可能无法进一步影响价值共创意愿及行为。此外，整合利用没有显著影响价值共创意愿。数字化公益平台对公益组织有一定的要求，参与平台公益的组织本身具有一定的能力和资源，参与价值共创虽然有利于公益组织获得资源，但这一影响可能是有限的，整合利用资源的过程无法对价值共创参与意愿产生影响。

为了进一步验证实证分析的结果，作者在公益平台上联系了一些环保公益组织进行访谈。总计 10 个受访对象，其年龄为 20~50 岁。访谈涉及的环保公益组织从业人员信息如表 4-25 所示。访谈开始前，预访谈了 4 位具有环保公益项目经验的环保公益项目从业人员，根据预访谈结果，完善了访谈提纲。主要的访谈问题如下：① 使用互联网公益平台参与价值共创，贵组织面临的内部压力有哪些？② 项目本身属性如何影响贵组织参与互联网环保公益？③ 媒体的关注对贵组织的影响有哪些？④ 公众的信任和认可如何影响参与公益的动力？⑤ 贵组织是否需要和同行竞争更多的资源？⑥ 政府的支持有哪些？⑦ 相对于其他的公益事业，贵组织还有哪些动力参与价值共创？

表 4-25　环保公益组织从业人员信息

所在的环保公益组织	职位	访谈方式	受访者年龄/岁	访谈时间	规模/人
深圳市崇上慈善基金会	项目专员	电话	21~30	2021.2.4	12
四川省索玛慈善基金会	宣传部负责人	文档	31~40	2021.2.4	16
贵阳市众益志愿者服务发展中心	法定代表人	电话	41~50	2021.2.7	11~30
青岛市市北区同明书坊社会服务中心	法定代表人	电话	31~40	2021.2.7	9
益友互助公益	负责人	电话	31~40	2021.2.7	13
四川龙桥黑熊救护中心	协调专员	电话	31~40	2021.2.8	130
深圳市红树林湿地保护基金会	合作发展部总监	邮件	31~40	2021.2.18	31~70
云南省绿色环境发展基金会	秘书长助理	文档	41~50	2021.2.19	8
上海老港镇贝蓝环保服务中心	执行主任	文档	31~40	2021.2.20	8
中国生物多样性保护与绿色发展基金会	副秘书长	文档	41~50	2021.2.21	27

通过分析访谈资料，对研究模型中不成立的假设，做出如下可能的解释。

假设 H2 不成立，即竞争压力对价值共创意愿的影响不显著。通过访谈发现，各行各业都存在竞争，环保公益行业也不例外，因为互联网公益项目有限，所以需要环保公益组织去争取。但是公益的竞争不同于商业的竞争，商业竞争更多地关注获取资源，获得更大的利益，而公益的竞争则利大于弊。竞争表明参与公益的人在增加，环保公益的议题得到了越来越多的关注。这样的竞争能够促进人们关注某个领域，可能会促进该领域得到很大的改善和改观。所以，环保公益领域的竞争是为了更好地解决难题，是为了共同推动公众对于公益的认知，推动不同的公众支持不同领域的项目，而非为了环保公益组织自身的利益。因此，竞争压力并不会影响价值共创意愿。

假设 H4 不成立，即媒体关注对价值共创意愿的影响不显著。大部分访谈者认为不会为了获取媒体的关注而促使其所在的组织参与环保公益项目。因为通过参与互联网环保公益项目的价值共创，既可能产生正面报道，也可能存在负面报道。媒体的正面报道能够提高环保公益组织的社会公信度，提高环保公益组织的品牌，让环保公益组织的公益形象变得更好。但如果是负面报道的话，会对环保公益组织的公益形象造成一定的不良影响。因此，公益组织并不会为了博取媒体的关注，提升影响力而参与环保公益项目。

假设 H6 不成立，整合与利用资源对价值共创意愿影响不显著。这可能是因为资源的整合利用能力难以转化为最终实际产出，一方面受访者提到虽然环保公益组织使用互联网公益项目进行筹款等活动，但他们并没有抓住机会进行有组织学习，以实现数字化转型。另一方面，互联网公益平台对参与组织有一定的要求，一些组织可能缺乏必要的能力和资源，使得整合利用资源的过程对价值共创的影响变得有限。并且，在复杂多变的数字化环境中，整合利用资源的过程会变得复杂，且不一定能产生预期的正向效应。尽管理论上整合利用能力可促进价值共创意愿，但实际操作中的复杂因素可能削弱了这种影响。

4.2.4.5　研究贡献与管理启示

将动态能力理论与价值共创结合，探究动态能力形成对环保公益组织价值共创的影响。以往价值共创相关的研究主要关注参与主体的互动关系 (钟琦等，2021)，缺乏组织价值共创参与的内部驱动力研究，本节将动态能力的感知响应、整合利用、重构转变三个维度作为环保公益组织价值共创的内部影响因素，从外部资源获取及能力整合的角度开展了公益组织的研究，一方面验证了价值共创参与意愿及行为产生过程中，动态能力的重要作用，另一方面扩展了动态能力理论的研究应用对象。

有关互联网公益的研究逐渐增多，但鲜有文章聚焦环保公益组织的价值共创这一重要现象进行讨论。本节研究构建并验证了组织内外部因素对价值共创意愿及行为的影响模型，结果证实了社会公信度、政府支持、感知响应、重构转变、环保激情气氛对环保公益组织价值共创意愿的积极作用，并且发现并非组织间的竞争压力越大，媒体关注度越高，整合利用的能力越强，对价值共创意愿促进效果越明显。研究得到的管理启示如下。

首先，环保公益组织应聚焦价值实现，减少对外部竞争、媒体舆论的关注，保持资源整合能力。环保公益行业虽然也存在竞争，但是由于行业的特殊性，竞争的目的还是为了更好地改善环境，适当的竞争有利于促进环保公益事业的发展。媒体虽然能够起到社会治理的作用，也能够通过向社会传播新闻而促使政府实施相应的政策，但是环保公益组织不应该太在意媒体对互联网环保公益项目方面的报道，只需要聚焦环保以创造更大的社会价值。另外，环保公益组织需要具有一定的整合组织内外部资源的能力，但是也不必为此花费太多的时间，对组织的结构进行相应的调整，更有助于价值共创的实现。

其次，随着公益行业的发展与进步，公众不再仅仅依赖直觉、感性进行捐助，而是对公益进行更多的理性审视。公益平台提供给环保公益组织更多的机会去服务环保公益事业，同时也将公益组织及项目的信息展现在平台之上，缩小了公众与公益组织的信息差。另外，政府的政策及资源方面的支持，有助于环保公益组织积极参与互联网环保公益项目的价值共创。政府部门方面应该给予环保公益组织更多的支持，同时公益组织应努力加强自身的建设，认真对待每一个环保项目，提高社会公信度，也能够从政府那里获得更多的支持。

再次，环保公益组织应积极参与互联网环保公益项目价值共创，促进其实现数字化转型。公益组织一方面要积极拥抱公益数字化，以开放的心态和生态寻求各方合作；另一方面要保持理性，以解决社会问题和提升社会价值为出发点。环保公益组织不仅要对环境变化有一定的感知及响应能力，而且能够为适应变化进行内部资源的重置和能力的重构，主要是对内部运营能力的改变和提升。

最后，环保公益组织应该多举办一些环保教育活动，培养并提升组织整体的环保气氛。对于环保公益组织来说，环保气氛就是组织的润滑剂。缺少这样的气氛，组织愿意进行环保活动的动机就会变小，而进行互联网环保公益的意愿更是微弱。所以，负责人应该努力提升成员环保的积极性，也有助于其完成数字化转型，更快更好地发展公益事业。

4.3 本章小结

本章探讨组织参与互联网+环保公益项目的意愿和行为。首先，通过技术、组织、环境框架，分析了企业参与互联网+环保公益项目的驱动因素。技术方面，信息质量、系统质量和相对优势对参与意愿起到核心作用；组织方面，高层管理者支持和冗余资源是促进参与的关键因子；环境方面，模仿型压力和强制型压力均对企业产生影响，推动企业参与公益项目。环保公益组织的参与意愿和行为研究中，价值共创中的驱动因素被细分为内部和外部两个类别。在组织内部，感知响应、整合利用以及重构转变是主导组织行为的关键元素。组织外部的社会公信度、竞争压力、政府支持和媒体关注等因素影响了公益组织的参与决策。通过对这些因素的综合分析，能更深入地了解各类组织在互联网+环保公益项目中的参与意愿和行为，为后续研究和实践提供有价值的参考。

第 5 章　互联网＋环保公益项目
成功评价及影响因素

互联网＋环保公益项目的成败与参与各方的利益息息相关，不成功的项目不仅会对利益相关者造成损失，还会影响参与环保公益项目各方的公众形象，降低公众信任。虽然已有理论研究中涉及了项目成功的研究，但相关领域的研究需要进一步深入。互联网＋环保公益项目如何取得项目成功？哪些理论可以指导项目发起方的行为以获得更好的筹款效果？这些问题目前还没有统一的答案。基于这些问题，本章从互联网＋环保公益项目成功因素视角出发，结合项目利益相关者与项目生命周期等理论构建了项目评价指标体系；探究了平台项目信息展示对项目成功的影响；从信号理论和文本倾向角度出发分析了互联网＋环保公益项目的成功因素，为互联网＋环保公益项目的成功实施及管理控制提供理论指导及实践参考。

5.1　互联网＋环保公益项目成功的评价指标体系

从价值共创视角分析互联网＋环保公益项目利益相关者在项目全生命周期中创造的价值，以此为依据提取评价项目成功的因素，进而以"时间–质量–成本"为基础划分影响因素，设计了包含 39 个测量题项的调查问卷。调查问卷主要针对参加过互联网＋环保公益项目的群体进行网络发放，共回收有效问卷 219 份。应用 SPSS 23.0 软件进行了探索性因子分析，降维得到 3 个主成分，构建了包含前期准备、实施过程和后续影响的互联网＋环保公益项目评价指标体系。这套指标将传统的三重约束、项目利益相关者与项目生命周期有机结合，为数字化时代全民参与互联网＋公益的项目评价提供了新的视角。

项目利益相关者 (stakeholder) 指能够影响项目或者受到项目影响的组织或个人 (Lu, 2020; Elwakeel, 2019)。公益项目的利益相关者主要包括公益组织、企业、媒体、政府和公众 (Ida, 2017)。公益组织申请、发起并执行公益项目，成功的项目可扩大其知名度，传递其公益理念。企业为项目提供支持并协助执行，提升其正面形象。媒体宣传和政府监管同样保证了项目的顺利执行，可获得形象、口碑提升。公众是筹款和志愿活动参与的关键主体，其通过参与项目获得自我认同，提升自我价值。例如，"蚂蚁森林"项目秉承"公益的心态，商业的手法"(黄春燕等，2020)，由平台企业和公益机构合作发起、执行，在与"蚂蚁森林"合作场景中推出，基于网络传播和企业的用户优势，利用媒体和平台自身进行宣传，吸引公众参与。

5.1.1 量表开发与数据收集

5.1.1.1 量表开发

通过对互联网+环保公益项目的分析，确定了申请方、受助方、公益组织、赞助方、捐赠方 (公众)、志愿者、政府和媒体等八方项目利益相关者，涉及申请、发起、赞助、执行、宣传、政策支持、捐赠、参与等活动，见图 5-1。

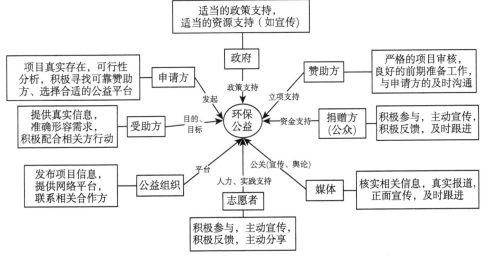

图 5-1 项目利益相关者分析

根据价值共创理论进行筛选、概括，得到公益组织、企业、媒体、政府和公众 5 个重要主体，对应项目发起方、执行方、传播方、监管方和参与方 5 个角色定位。根据项目利益相关者与角色之间的关系，基于各自的资源优势分析其能创造的价值诉求。最后根据分析结果从文献中提取影响因素，以"时间–质量–成本"为基础对含义相近的影响因素进行筛选、整合，构建量表。量表的整体设计思路见图 5-2。

思路图中涉及的各主体说明如下：

(1) 发起方和执行方主要包括公益组织和企业，公益组织关注于发起和合作执行公益项目，企业则更加侧重于赞助、执行项目。

(2) 传播方主要指媒体，包括项目执行方的合作媒体及主动宣传的其他媒体。合作媒体的角色定位侧重于执行方主动联系，媒体配合项目执行方为公益项目打

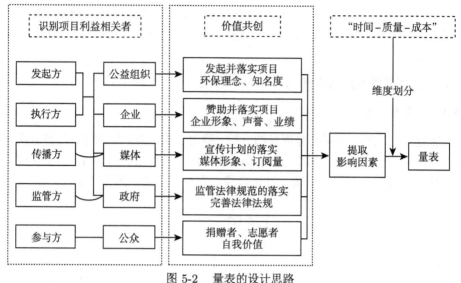

图 5-2　量表的设计思路

开知名度，引起公众注意；其他媒体则侧重于在发现并分析该项目后，主动选择正面宣传、持续跟进，为公益项目扩大舆论。

(3) 监管方主要指政府相关部门。政府依法监管项目执行过程，规范各项目利益相关者的行为，根据互联网＋环保公益项目的落实建立健全相关法律法规。

(4) 参与方在本节特指参与公益的公众，包括捐赠者和志愿者。捐赠者通过捐赠金钱、物资或者虚拟资源参与公益；志愿者主要通过实践参加公益活动，做出贡献。

在维度划分过程中，将风险与效果影响方面的影响因素单独列为两个维度。最终，设计了包含 38 个影响因素，分为时间、成本、质量、风险和影响五个维度的量表 (表 5-1)。

5.1.1.2　调查问卷设计

根据量表设计调查问卷，设计过程主要包括两个阶段：内部测试及外部发放。

内部测试是将设计好的问卷初稿发放给小部分参与者，请他们进行填写并反馈发现的所有问题，后针对问题进行修改并重新发放给他们。重复操作直至调查问卷通过内部测试。

调查问卷初稿主要包括基本信息和测量题项，以及一道开放题项。基本信息部分主要用于了解答卷者的基本信息。该部分以选择题的方式进行，包括答卷者的性别、年龄区间、职业、月收入、受教育水平、最近一年参与公益次数以及对各环保类公益平台的熟悉程度七个问题。该部分数据主要用于分析问卷数据来源

表 5-1 初步的量表

影响因素	维度	参考文献
信息核实所需时间：实际/计划 前期准备所需时间：实际/计划 筹资所需时间：实际/计划 环境改善所需时间：实际/计划	时间	Kelleher et al., 2019
信息核实阶段：实际成本/目标成本 前期准备阶段：实际成本/目标成本 宣传：实际成本/目标成本 筹资阶段：实际成本/目标成本 环境改善计划落实阶段：实际成本/目标成本	成本	Kelleher et al., 2019
信息核实准确度 项目各阶段所需的各种文件 遵纪守法，依法执行 宣传效果（范围） 宣传内容评价 筹款目标达成度（%） 筹款目标设置合理性 项目资金具体用途公布情况 项目信息即时更新程度 环境满意度	质量	翁智雄等，2015 卢广婧璇，2016 Kelleher et al., 2019
进度安排计划 资金、人员、物资调配备选方案 宣传备选方案 紧急公关应对方案 备选环保方案、应对措施 第三方支付平台安全性 找到原因 紧急应对能力评价 应对方案效果评价 应对方案改进情况	风险	樊帅等，2017
是否自觉约束自我行为，选择低碳环保生活方式 是否积极主动影响周边人选择健康绿色生活方式 是否主动参与公益活动 企业在受助方本地的口碑 企业的网络公众口碑 赞助方经济效益提升情况 公益平台知名度提升情况 媒体、媒介知名度提升情况 是否为受助方带来经济效益	影响	岳佳仪，2018 Seo et al., 2009 郭志达，2017

是否合理，并通过设置有效问题来筛选出有效问卷。筛选标准为"最近一年参与公益次数"，通过该问题保证筛选出的问卷是来自参加过公益的人群。

　　测量题项部分是对影响互联网＋环保公益项目实施效果的因素进行调查。该部分根据量表进行设计，主要采用五点 Likert 量表，共有 39 个测量题项，1 分代表非常不重要 (非常不同意)，5 分代表非常重要 (非常同意)。最后设有一个开放题项，用于收集答卷者的建议，主要目的是希望能够发现调查问卷的局限、疏漏之处。经内部测试后得到的测量题项如表 5-2 所示。

表 5-2　测量题项

维度	题项序号	题项
时间 (T)	T1	项目发起方，需要提前完成相关信息的收集
	T2	项目执行方，需要提前完成项目的准备工作
	T3	项目执行方，需要按时开展筹款活动
	T4	项目执行方，需要按时完成公益项目的最终目标 (最终目标 & 筹款目标)
成本 (C)	C1	项目执行方，需要在预算内完成信息审核工作
	C2	项目执行方，需要在预算内完成项目准备工作
	C3	项目执行方，需要在预算内达到预期宣传效果
	C4	项目执行方，需要在预算内开展筹款活动
	C5	项目执行方，需要在预算内达成公益项目的最终目标
质量 (Q)	Q1	项目发起方，需要提供真实、准确的项目信息
	Q2	项目执行方，需要将每个阶段的数据、表格、文件进行整理归档
	Q3	项目执行方，需要遵守相关法律规定、规范条例
	Q4	项目执行方，需要从多种渠道进行活动宣传
	Q5	项目执行方，需要在媒体上对活动进行正面宣传
	Q6	项目执行方，需要在活动截止前完成筹款目标
	Q7	项目执行方，需要根据真实情况合理设置筹款目标
	Q8	项目执行方，需要对筹集资金的去向给予说明
	Q9	项目执行方，需要对公益活动的消息进行及时更新
	Q10	项目执行方，需要按照活动要求实现公益项目的最终目标
风险 (R)	R1	项目执行方，需要提前制定可调整的时间安排计划
	R2	项目执行方，需要有资金、人员、物资调配备选方案
	R3	项目执行方、媒体，需要有宣传备选方案
	R4	项目执行方，需要提前做好危机公关的准备
	R5	项目执行方，需要提前准备实现公益最终目标的备选方案
	R6	项目执行方，需要选择安全可靠的第三方支付平台
	R7	项目执行方，能够及时找到/公布问题出现的原因
	R8	项目执行方，能够及时给出应对方案
	R9	项目执行方，其给出的应对方案能够成功地解决问题
	R10	项目执行方，能够将该风险进行分析、总结，归纳整理
影响 (E)	E1	作为项目参与者，我愿意尝试低碳环保生活方式
	E2	作为项目参与者，我愿意尝试向周边人推荐低碳环保生活方式
	E3	作为项目参与者，我愿意尝试参加其他公益活动

续表

维度	题项序号	题项
	E4	作为项目参与者，我愿意在日常生活中正面提及该项目执行方
	E5	作为项目参与者，我愿意在网络上正面提及该项目执行方
	E6	作为项目参与者，在相同消费情境下我更愿意选择该公益项目的赞助企业
影响 (E)	E7	作为项目参与者，我愿意成为该公益平台的注册用户
	E8	作为项目参与者，我愿意关注该公益项目的宣传媒体
	E9	作为项目参与者，我愿意尝试去结识其他参与者
	E10	作为项目参与者，如果是改善环境类项目，我愿意尝试向大家推荐该地区

5.1.1.3 样本描述性统计

调查对象为参加过互联网+环保公益项目的人群。以答题时间和公益项目的参与次数筛选问卷，得到有效问卷 219 份。样本基本信息如表 5-3 所示。

表 5-3 样本基本信息统计

类别	类别信息	频次	占比/%
性别	男	95	43.38
	女	124	56.62
	18 岁以下	6	2.74
	18～25 岁	87	39.73
年龄	26～30 岁	51	23.29
	31～40 岁	49	22.37
	41～50 岁	16	7.31
	50 岁以上	10	4.57
	学生	66	30.14
	教育工作者	14	6.39
	企业/公司管理者	34	15.53
	企业/公司职员	51	23.29
职业	政府机构/党群组织	7	3.20
	非营利组织成员	4	1.83
	个体/自由职业者	28	12.79
	退休/下岗/失业人员	8	3.65
	其他	7	3.20
	大专及以下	61	27.85
受教育水平	本科	133	60.73
	研究生及以上	25	11.42
	1500 元及以下	45	20.55
月收入	1501～3500 元	50	22.83
	3501～6000 元	74	33.79
	6001 元及以上	50	22.83

续表

类别	类别信息	频次	占比/%
最近一年参与公益次数	1~5 次	164	74.89
	6~10 次	44	20.09
	10 次以上	11	5.02
公益平台	蚂蚁森林	171	78.08
	腾讯公益	128	58.45
	新浪微博微公益	106	48.40
	公益宝	38	17.35
	米公益	18	8.22
	轻松筹	102	46.58
	百度慈善捐助平台	48	21.92
	苏宁公益	15	6.85
	美团公益	33	15.07
	新华公益服务平台	15	6.85

答卷者受过高等教育的占比 72.15%，答卷者的互联网＋环保公益项目参与次数集中在 1~10 次，且大部分参与者更为熟悉蚂蚁森林、新浪微博微公益和轻松筹，这可能与互联网＋环保公益的发展时间及平台企业的用户基础及发展现状有关。

5.1.1.4　开放题项分析

66 份问卷对"您觉得还有哪些因素会影响您评价一个互联网＋环保公益项目的成功"做出了有效回答。按照回答所涉及的内容进行归类，部分统计结果见表 5-4。提及最多的是"支付安全、资金明细、信息真实性"，体现了公众对于互联网＋环保公益项目安全、资金和信息方面的重视。也有人提及"诚信"和"初心"。

表 5-4　开放题项部分统计结果

涉及内容	频次
支付安全、资金明细、信息真实性	31
宣传、舆论、口碑、风评	11
信任、诚信、信誉 (项目、公益组织)	9
落实效果、帮助人数	9
公益初心	6

5.1.2　探索性因素分析

数据分析部分包括基本信息分析和因子分析，基本信息分析用于分析问卷数据是否可靠、有效、合理，因子分析部分则针对有效问卷的数据进行探索性因子分析，得到最终的评价指标体系。利用 KMO(Kaiser-Meyer-Olkin) 值的大小来判别量表效度，将 219 份有效问卷的数据导入 SPSS 23.0 软件，问卷的 KMO 值和 Bartlett 球度检验结果见表 5-5。

表 5-5　KMO 值和 Bartlett 球度检验

KMO 值		0.929
Bartlett 球度检验	近似卡方	4873.985
	自由度	741
	显著性	0.000

KMO 值为 0.929，大于 0.9，Bartlett 球度检验结果显示，近似卡方值为 4873.985，显著性概率为 $0.000(p < 0.05)$，量表的效度结构好，适合做因子分析。对问卷数据进行因子分析，以特征值大于 1 提取主成分，并用碎石图 (图 5-3) 辅助观察。初测发现特征值大于 1 的因子共有 7 个，同时 7 个因子的总方差解释率为 62.494%，大于 60%，因此整个量表的解释度较好。

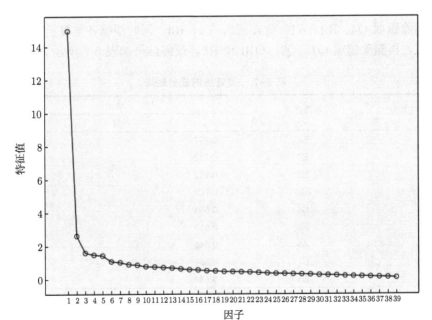

图 5-3　碎石图

由图 5-3 可知，从第 3 个因子以后，坡度线较为平坦，因而可以保留两个或者三个因子。之后，综合分析总方差解释表 (表 5-6) 和碎石图，选择保留 3 个主成分。

表 5-6　总方差解释

成分	初始特征值			提取载荷平方和			旋转载荷平方和		
	总计	方差/%	累积/%	总计	方差/%	累积/%	总计	方差/%	累积/%
1	14.954	38.344	38.344	14.954	38.344	38.344	5.424	13.909	13.909
2	2.647	6.788	45.132	2.647	6.788	45.132	4.313	11.059	24.968
3	1.631	4.182	49.314	1.631	4.182	49.314	3.512	9.006	33.974
4	1.511	3.875	53.189	1.511	3.875	53.189	3.385	8.681	42.654
5	1.465	3.757	56.947	1.465	3.757	56.947	3.282	8.415	51.069
6	1.110	2.847	59.794	1.110	2.847	59.794	2.955	7.578	58.647
7	1.053	2.700	62.494	1.053	2.700	62.494	1.500	3.847	62.494
8	0.933	2.393	64.888						

　　提取 3 个主成分后的总方差解释率为 49.314%，接近 50%，因此整个量表的解释度可以接受。为了使各主成分能够有效概括各影响因素，对数据进行 Kaiser 正态化最大方差法旋转，输出结果从大到小依次排列，并隐藏小于 0.45 的数值，根据旋转成分矩阵，删除因子载荷在所有公因子上小于 0.45 的题项，以及在两个及以上公因子上大于 0.45 的题项。删除题项后重新进行因子分析，之后重复操作，依次删除题项 Q4、R2、R1、Q2、E2、T1、R3。同时根据各维度所包含题项的侧重点，再删除题项 Q1、Q7、Q10 和 R5。最终结果如表 5-7 所示。

表 5-7　旋转后的成分矩阵

主成分	题项序号	成分		
		1	2	3
1	E8	0.797		
	E7	0.752		
	E6	0.712		
	E10	0.702		
	E4	0.695		
	E9	0.679		
	E5	0.646		
	E1	0.587		
	E3	0.539		
2	C3		0.679	
	C2		0.671	
	C5		0.638	
	C1		0.608	
	T4		0.608	
	Q5		0.587	
	T2		0.586	
	Q6		0.581	

续表

主成分	题项序号	成分		
		1	2	3
2	C4		0.554	
	R4		0.516	
	T3		0.515	
3	R7			0.714
	Q8			0.685
	Q3			0.683
	R6			0.665
	R8			0.634
	Q9			0.597
	R10			0.589
	R9			0.581

使用 Cronbach' α 对表 5-7 的各主成分及整个分析结果进行信度检验，结果如表 5-8 所示。整体信度和各主成分的信度较好，数值均大于 0.80，因此因子分析的结果可以接受。

表 5-8　信度分析

主成分	Cronbach' α	项目个数
1	0.902	9
2	0.889	11
3	0.863	8

根据表 5-7，主成分 1 主要解释了 E1、E3、E4、E5、E6、E7、E8、E9、E10 共 9 个测量题项。根据其解释的测量题项的特性可知，该主成分主要反映了项目结束后各主体对公众所产生的影响。因此将主成分 1 命名为 "后续影响"，该主成分对方差总体贡献率为 18.502%，在 3 个主成分中贡献最大，是第一主成分。

项目利益相关者对公众的影响实质上体现了各主体在互联网+环保公益项目中所创造的价值大小，以及整个项目的成功情况。各利益相关者所创造的价值对应其对公众产生的正面影响，影响越大意味着创造的价值越大，获得的收益也越大。例如，媒体通过成功的公益宣传提高了公益项目的知名度，吸引了大量公众参与项目，为筹集资金和实施环保措施提供了保障。与此同时，媒体也提升了自身的正面形象和公众口碑，吸引了新的订阅用户甚至合作伙伴，扩展了媒体的关系网络，有助于进一步发展媒体业务。互联网+环保公益项目的目标受到其公益性质的限制，但共同点是传播 "环保" 公益理念。这一理念主要体现在参与个体在项目前后的个人变化上。一方面，这关乎个体自身选择的改变，如采取低碳环保的生活方式；另一方面，个体主动影响他人，如向周围人推荐低碳环保的生活方式。因此，项目成功评价指标可以用来评价一个项目是否优秀，以及项目中的各主体的表现是否出色，而不仅仅关注是否完成工作。

主成分 2 主要解释了 T2、T3、T4、C1、C2、C3、C4、C5、Q5、Q6、R4 共 11 个测量题项。根据其解释的题项特性可知，该主成分主要是通过公益组织和企业的项目计划与执行、媒体宣传来评价项目实施效果，反映了各主体为公益落实所做的准备工作。因此将主成分 2 命名为"前期准备"，该主成分对方差总体贡献率为 17.214%，在三个主成分中贡献次之，是第二主成分。

公益落实主要指公益活动的形式，如植树项目的植树环节、宣讲项目的宣讲环节，不包括为公益落实而进行的筹款环节。项目利益相关者则涉及公益组织、企业、媒体和政府等。公益组织和企业 (联合) 发起项目，为项目的执行准备好各阶段所需的文件，如进度计划表、资金预算表、甘特图、资源分配表、备选方案等，并将部分文件落实，主要涉及资源分配、人事调动等计划的执行，以保证公益项目的成功落实。同时，公益组织和企业还需联系好公益项目的合作媒体，商量好项目的宣传计划和备选方案，为项目做好前期宣传工作和后期宣传准备。此外，部分公益项目需要得到政府的批准，政府部门会在项目执行中进行监管，规范项目的执行以及各主体的行为。评价各方为公益落实所做的准备工作，实质上就是评价上述具体文件的准备情况及部分文件的落实情况，部分文件的落实情况体现出合作利益相关者的准备工作实现情况。因此，这些评价均是可衡量的，是一个项目团队的基础能力，通过各阶段文件的完备程度和质量来评价项目的成功，其中文件质量在于执行效果是否达到文件中的衡量标准。

主成分 3 主要解释了 Q3、Q8、Q9、R6、R7、R8、R9、R10 共 8 个测量题项。根据其解释的题项特性可知，该主成分主要是通过公益组织和企业的项目执行与应变、媒体宣传和政府监管来评价项目的实施效果，反映了其在公益筹款及落实中的表现。因此将主成分 3 命名为"实施过程"，该主成分对方差总体贡献率为 16.963%，是第三主成分。

由于部分公益项目存在同时进行筹款与落实的情况，所以本节研究的实施过程主要包括公益项目的筹款环节和落实环节。项目利益相关者在实施过程中的表现实质上是项目团队及其他参与主体在项目执行过程中，特别是筹款和落实环节的实际执行能力和应变能力。执行能力主要包括安全、信息、资金等方面的具体执行，通过这些执行情况可以反映出项目执行的顺利程度和成功程度，以及项目团队将计划从纸面转到现实的执行能力。应变能力主要是面对风险的应对能力，包括风险应对时间和质量。风险应对时间指能在短时间内快速反应并做出基本的应对，防止风险的进一步扩大；之后能快速制定应对方案解决问题。风险应对质量指能够及时地找到风险的根源，并且制定的应对方案能够成功有效地解决问题，将风险的影响降到最低，甚至扭转局面进一步扩大项目正面影响。该过程中，涉及公益组织和企业项目团队的执行和应对，媒体的合作宣传、舆论引导，政府的监管和引导，以及公众对公益项目的自我判断和支持。通过可衡量的相关指标能够评价项目成功与否，同时也能在一定程度上评价项目利益相关者在实施过程中所创造的价值。

5.1.3 评价指标体系的确定

综上，以项目的生命周期为依据得到了前期准备、实施过程和后续影响 3 个一级指标，28 个二级指标，见图 5-4。其中，前期准备为实施过程提供了公益项目的执行计划、相关标准，并做好了部分前置准备工作；实施过程则通过公益项目的落实来评价计划的执行情况和人的应变能力，侧面检验了前期准备的质量；后续影响体现着项目利益相关者的价值创造，其中前期准备带来的后续影响主要包括公益组织和企业，涉及政府和媒体，实施过程则包括所有的项目利益相关者。

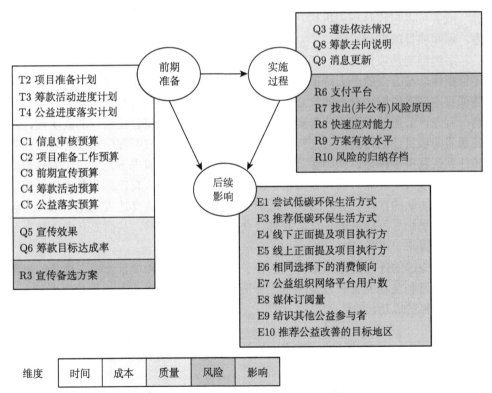

图 5-4 互联网+环保公益项目评价指标

前期准备侧重于编制项目的各种文件、部分文件的落实及筹款目标的实现,主要涉及公益组织、企业、媒体和政府。它保证了项目的顺利执行，并为项目各阶段成果的衡量提供了标准，体现了各主体的配合。首先，为保证公益顺利落实，需要有完备的各阶段计划文件来为项目提供执行与衡量标准，避免无效工作。其次，需要合理分配资源，完成前期宣传。再次，需要筹集充足的资金使项目尽早落实，以便通过信息更新不断吸引公众参与。最后，需要优秀的协调管理能力提高资源利用率，降低公益项目的成本；同时协调管理能力也体现出各主体在项目中的配合程度，所创造的价值是否达到或超过计划文件的标准。

公益目标会受到公益形式的影响，如"蚂蚁森林"的目标植树数量以及"地球一小时"的目标在于接力人数的多少。因此实施过程侧重于筹款环节项目利益相关者的执行与应变，以及公益落实后的公关，涉及全部项目利益相关者。为保证公益项目的顺利实施，首先，需要优秀的项目团队，执行能力体现着项目团队的基本素质，优秀的应变能力则可以高效地解决问题。其次，需要优秀的公关部门降低风险的负面影响，主要包括项目团队的宣传公关部门和其拥有的媒体资源。最后，需要得到政府部门的支持，部分互联网＋环保公益项目需要得到政府的审批，或者可以与政府相关机构、组织进行合作，利用政府规范其他参与主体的行为，保障项目的顺利实施。

后续影响是项目结束后相关利益相关者对公众的影响，这些影响不属于硬性评价指标，与公众的个人意愿有很大关系。同时，这些影响实质上就是各方在公益项目中创造价值所获得的收益体现。为保证项目的成功，对公众产生更大的影响，首先，公益组织和企业需要认真审核项目信息，确保公益项目的真实性，用高质量的项目计划得到政府支持、吸引合作方；其次，政府部门需要对项目信息和计划认真审核评估，在确保公益项目真实性和实施性前提下提供一定的政策支持并监管项目；最后，媒体需要在信息真实的前提下，认真评估公益项目并积极配合项目团队的宣传任务，制定合适的宣传计划。只有认真达成上述要求，才会使项目吸引到尽可能多的公众，并对公众产生更大的影响，从而提升各主体在公众心中的形象、声誉。

本节构建的评价指标体系有机结合了价值共创理论和项目管理中传统的三重约束、项目利益相关者管理与项目生命周期等理论，能更有效地评价互联网＋环保公益项目的成功。

5.2　互联网＋环保公益项目成功的影响因素

随着社会公众对环保事业的重视程度提高，各种环保公益平台蓬勃发展。参与者通过平台信息感知到来自环保公益项目的不同信号，然而哪些信号会影响个体的参与行为，从而提高互联网环保公益项目的成功率尚未得到验证。在 5.1 节明确互联网+环保公益项目成功的定义和评价指标体系的基础上，本节以信号理论为基础，从感知的质量信号、风险信号和体验信号三个维度进行研究，分析这三组信号对互联网+环保公益项目成功的影响机制，并引入发起者身份作为调节变量，目标金额和捐赠时间作为控制变量建立模型并提出相关假设。此次研究用数据采集软件抓取了 389 份在线公益平台中已经完成并生成结项报告的环保公益项目数据，剔除数据存在缺失的项目后对 369 份有效数据进行了分析和假设检验，最后将得出的关键因素作为输入因子构建神经网络预测模型，对互联网+环保公益项目成功进行预测。

5.2.1　信号理论

信号理论 (signal theory) 由诺贝尔经济学奖获得者 Spence 于 1973 年提出。在市场中存在信息不对称的情况下，买方往往难以准确评估产品的质量。卖方可以利用信号来解决这个问题，通过传递特定的信息或信号，来表明其产品的质量水平。这种信号可以是卖方所承担的某种成本或者展示出的某种特征，这些成本或特征与产品质量相关。信号理论最初来源于对逆向选择问题的研究。Akerlof(1970)在对二手车市场的研究中发现，买方和卖方之间的信息是不对等的，卖方掌握着商品的全部信息而买方却无法获取商品的全部有效信息。这种买卖双方之间存在的信息不对称问题，有可能会导致二手车市场中优质品被劣质品驱逐。

在对投资者行为的研究中发现，投资者更倾向于投资公布信息更加详细的企业，因为投资者认为这些企业更值得信任 (卞娜等，2013)。众筹项目中的信号传递尤为重要。由于众筹基于互联网面向社会大众融资，所有的融资和投资行为只能通过线上进行，投资者没有办法了解企业或产品的所有基本信息，项目发起者和投资者之间存在信息不对称的现象。因此，项目发起者为了吸引投资者进行投资，需要向投资者发出与项目质量相关的各种信号，投资者根据信号质量的高低，来决定是否对该企业或产品进行投资 (苏涛永等，2019)。

在互联网+公益平台中，参与者决定是否参与该项目的主要依据就是公益平台中发布的项目信息，项目发起人通过向参与者传递项目信号吸引潜在参与者，潜在参与者通过信号的接收、辨别和筛选决定是否参与。在这种情况下，公益平台发布的信号对参与者的参与行为起着至关重要的作用。

大部分参与者相对缺乏专业的判断能力，因此大多基于界面上呈现的信息来推断项目的质量，即项目的质量信号。此外，参与者在浏览项目信息过程中的感知风险也会影响参与者的参与决策。与传统的投资盈利项目相比，互联网+环保公益项目存在的风险相对简单，参与者更注重感知隐私风险、财务风险和心理风险。由于公益项目特殊的性质，互联网+环保公益项目的参与者并不是以得到物质回报为目的而进行投资，而是无偿地捐赠。如果项目介绍中具有能够满足参与者体验的信号，参与者会有更强烈的参与意愿。因此，参与者感知的风险和体验信号对互联网＋环保公益项目成功有着重要影响。

项目发起者的身份也是影响参与者参与行为的一个重要因素，不同身份的项目发起者会影响参与者对项目的信任感。发起者身份的不同可能会引起参与者感知的风险信号对互联网＋环保公益项目成功的影响程度的差异。因此，研究发起者身份在感知的风险信号和互联网＋环保公益项目成功的直接关系中是否具有调节作用。另外，考虑到项目信息中目标金额和捐赠时间也是影响项目成功的重要因素，将目标金额和捐赠时间作为控制变量。

1) 感知的质量信号

参与者首先要与公益平台建立信任，通过判断平台中项目质量的好坏来决定是否参与。由于大多参与者相对缺乏专业的判断能力，因此更倾向于根据互联网平台发布的信息来判断环保公益项目的质量，即项目的质量信号。项目的数量、项目简介等基础或衍生信息，都被称为质量信号。质量信号是指能够帮助投资者对所投资产品或项目的质量进行初步的判断来降低项目发起者和投资者之间的信息不对称现象的信号 (Rao, 1989)。Lovelock 等 (1996) 认为，投资者感知的质量信息受五方面的影响，第一是可靠性，项目发起者兑现承诺的能力；第二是保证性，项目发起者为产品或服务提供保证的能力；第三是有形性，即项目信息中能够影响人们视觉的某些因素，如图片和视频等；第四是反应性，供产品或服务的反馈速度以及自愿为投资者提供服务的程度；第五是同理心，产品或服务的提供者为投资者考虑的程度。

姚卓等 (2016) 认为传递质量信号的主要载体为众筹平台中的项目信息，主要包含发起者特征信息 (即发起者的教育背景、项目经历和团队规模等信息) 与项目特征信息两方面的质量信号。这些信号是投资者对产品质量的主观感知和认知，是一种感知质量而非众筹项目的客观质量。同样地，在互联网＋环保公益项目中，公益平台公布的项目信息是质量信号传递的主要载体，参与者根据平台展示的信息判断公益项目的质量及可靠性。参与者大多是热爱公益的普通公众，与专业的投资者或投资机构对项目的评判方式不同，他们主要通过公益平台上发布的项目相关介绍信息来感知项目的质量信号。项目发起者为了吸引更多的人参与到项目中，会提供更多能够体现项目高质量的信息。本节将互联网＋环保公益项目发布的不同信息即图片数量、项目名称字数、项目简介字数和项目介绍详尽程度等作为不同维度的质量信号进行研究。

2) 感知的风险信号

研究将互联网＋环保公益项目参与者的感知风险定义为参与者在决定是否参与某个项目时感知到的对该项目可靠与否的不确定性。这种不确定性源于参与者无法准确判断参与后会产生什么结果, 以及参与后是否会给自己带来不良结果。

互联网+环保公益项目参与者感知的风险信号来源于公益平台中传递给参与者的项目信息, 这些信息让参与者能够感知风险的存在。尽管参与者以捐赠的方式参与环保公益项目, 与以盈利为目的的融资项目相比, 互联网+环保公益项目的风险相对较为简单。参与者只需要填写个人信息并进行支付捐赠, 完成捐赠后关注和监督项目的执行情况。他们更注重感知隐私风险、财务风险和心理风险。研究将参与者感知的风险信号定义为平台中能够影响风险感知水平的信号。通常项目显示捐赠的人数越多, 信任该项目的人也越多, 参与者感知的风险也越低。在部分环保公益项目中, 参与者捐赠的善款不会直接给项目发起者, 而是由第三方基金会给予公募支持。拥有公募支持的项目可能降低参与者感知的财务风险。另外, 项目执行方公布固定电话、手机号码、邮箱和地址等详细的联系方式也会降低参与者感知的心理风险。

3) 感知的体验信号

互联网+环保公益项目参与者体验的概念来源于顾客体验。从经济学的角度看, 顾客体验是一种能够给企业带来附加价值的经济物品; 从心理学的角度看, 顾客体验是顾客在购买产品或服务的过程中产生的主观内心感受和内心体验 (王鉴忠等, 2012)。Choi(2013) 认为顾客体验是顾客与产品或服务接触的过程中在物质、情感和精神等方面的融入程度。陈英毅等 (2003) 认为顾客体验主要是个人在情感和精神上到达了某种平衡, 从而内心出现愉快的感受。杜建刚等 (2007) 将顾客体验定义为顾客通过在产生消费经历后对产品或服务进行评价的过程中产生的情感和认知。

研究将顾客体验延伸为互联网+环保公益项目参与者在参与环保公益项目过程中的体验。参与者感知的体验信号来源于公益平台中满足用户体验的项目信息。互联网+环保公益项目的参与者更注重情感上的认同, 希望在参与的过程中获得好的体验。参与者在浏览项目信息时, 会搜寻能够满足自我情感体验如成就感、使命感和愉悦感的信号。在部分互联网+环保公益项目的项目介绍中会说明参与者进行捐赠之后会得到爱心回馈, 使参与者积极参与到项目中, 从而提高互联网+环保公益项目成功率。

5.2.2 研究模型与假设

质量信号是指有助于降低信息不对称, 从而减小风险的信号。已经有研究证明, 项目质量信号与投资意向或融资成功显著相关 (Burtch, 2013)。在对网络购物的研究中, Lewis(2011) 得出产品质量的高低与卖家主动公布的信息有着显著的相关关系, 卖家公布出来的信息越多, 产品的质量越高。在互联网+环保公益项目中, 项目及项目的相关介绍字数越多、越详细, 说明项目发起者更加愿意展示项目的全面信息，项目的质量则越高 (Lewis, 2011)，越能增加参与者的信任，对参与者参与行为产生正向的影响。参与者浏览项目介绍时，视频和图片比单一的文字描述更能直观地展示项目信息，有效减少项目发起人和参与者之间的信息不对称现象。Evers 等 (2012) 通过实证研究发现众筹项目中的视频和图片能够更好地把项目信息展示给投资者。项目发起者使用的视频和图片越多，说明发起者对该项目的准备越充分，也更愿意披露更多的信息，此时参与者感知的项目质量更高，更容易对该项目产生信任，进而提高参与意愿 (黄健青等，2017)。由于我国环保公益平台中视频的使用率较低，研究通过项目名称字数、项目简介字数、项目介绍详尽程度和项目介绍中的图片数量来判断项目信息的质量。基于此，提出以下假设。

H1a：项目图片数量正向影响互联网＋环保公益项目成功。

H1b：项目名称字数正向影响互联网＋环保公益项目成功。

H1c：项目简介字数正向影响互联网＋环保公益项目成功。

H1d：项目介绍详尽程度正向影响互联网＋环保公益项目成功。

已有研究表明感知风险对使用意愿的负向影响显著。Lee (2009) 对网上银行接受行为的研究中得出用户的感知风险显著降低了他们对网上银行的使用意愿。在风险投资中，如果发起人在项目信息中对可能遇到的风险进行过多的描述，会加深投资者的担忧，降低投资者对项目的信任，从而降低投资者的投资意愿，对融资产生负向影响 (Gerrit, 2017)。然而由于公益项目的特殊性，项目信息中并不直接包含有关风险的信息，参与者在浏览项目信息时会搜寻能够降低感知风险的各种信号。当参与者被某项目介绍吸引，但不能确定是否捐赠时，可能会通过观察该项目的捐赠人数做出决策，产生羊群效应或从众效应，即指个体在不能确定做出何种决策时，更倾向于跟随大众所做出的决策。对从众效应的研究起源于互联网金融领域，Zhang(2012) 通过实证研究得出美国 P2P(pear-to-pear) 网络借贷市场中存在着从众效应。后来有学者发现在股权众筹和借贷众筹中也存在着从众效应，投资者更倾向于选择投资者较多的项目，投资人数越多，越容易吸引潜在的投资者 (Kuppuswamy et al., 2018)。对于处于信息劣势的参与者，从众效应是一种能够降低投资者感知风险的行为模式 (黄志刚等，2018)。在参与者参与环保公益项目的过程中，参与者可能会由于担心某些项目涉及非法集资而感知到一定的财务风险，因此拥有公募支持的项目可能会降低参与者感知到的财产损失方面的风险。另外，项目执行方公布诸如固定电话、手机号码、邮箱和地址等信息，能够方便参与者随时跟进项目进展并进行监督和反馈，这些信号可能会降低参与者的感知风险。基于以上论述，提出以下假设。

H2a：捐赠人数正向影响互联网＋环保公益项目成功。

H2b：公募支持正向影响互联网+环保公益项目成功。

H2c：有无执行方联系方式正向影响互联网+环保公益项目成功。

顾客在购买的过程中，不仅注重产品或服务，更希望得到体验上的满足 (范秀成等，2002)。大众参与众筹行为的预期收益中包含成就感、满足感等，且公众的感知愉悦感、获得奖励、参与感等对参与众筹行为具有显著影响 (李万帅等，2015)，回馈性会通过正向影响感知易用性从而提高众筹网站的用户参与度 (徐晨飞等，2015)。在互联网+公益平台中，部分项目在项目介绍中会说明参与者进行捐赠之后会得到爱心回馈，如纪念明信片、纪念版 T 恤或一起参与公益活动等，这些信息在一定程度上能增加参与者感知的体验信号，促进互联网+环保公益项目成功。所以本节研究采用有无爱心回馈衡量感知的体验信号。基于此，提出以下假设。

H3：有无爱心回馈正向影响互联网+环保公益项目成功。

对网络调查参与意愿的研究发现，由学校发起的调查回复率和由政府和商业机构发起的调查回复率存在差异 (Greer, 1994)，被调查者对调查者的认知程度与回复率有着显著的相关关系 (方佳明等，2006)。投资者对众筹项目发起者的信任程度也对投资意愿有着显著影响 (蒋骁，2014)。对于互联网+环保公益项目，项目的发起者通常分为个人和组织两大类。如果参与者觉得发起者越可靠，受到感知的风险信号的影响越小；如果参与者觉得发起者越不可靠，则受到感知的风险信号的影响越大。可见，发起者身份在感知的风险信号影响互联网+环保公益项目成功过程中起到调节作用。基于此，提出以下假设。

H4a：发起者身份对捐赠人数和项目成功的关系具有显著的调节作用。

H4b：发起者身份对公募支持和项目成功的关系具有显著的调节作用。

H4c：发起者身份对有无执行方联系方式和项目成功的关系具有显著的调节作用。

很多众筹项目研究表明目标金额和捐赠时间与融资效率有关。Kuppuswamy 等 (2018) 认为项目融资时长、融资额度显著影响投资者的投资行为。黄玲等 (2015) 在基于期望理论对众筹项目的研究中得出设置的目标金额较低的情况下众筹项目融资成功的可能性更高。Cordova(2015) 发现项目目标额度对项目融资完成率具有负向影响。基于此，提出以下假设。

H5a：目标金额对互联网+环保公益项目成功有显著影响。

H5b：捐赠时间对互联网+环保公益项目成功有显著影响。

基于以上假设，建立研究模型如图 5-5 所示。

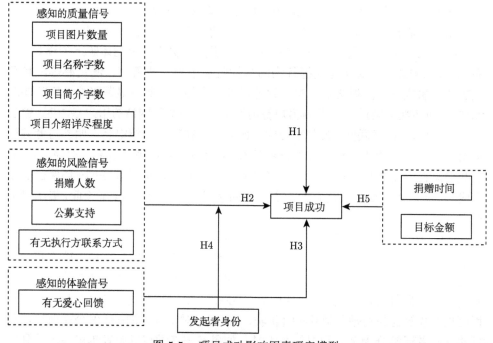

图 5-5　项目成功影响因素研究模型

5.2.3　数据来源与变量测量

选取腾讯公益——乐捐平台中的数据进行实证研究。通过数据采集软件，抓取平台中截至 2021 年 1 月底的全部已完成并生成结项报告的环保公益项目的基本信息，获得其网站页面上所显示的包括项目名称、目标金额、捐赠人数、项目简介等基本信息。选择该平台作为本次实证分析的数据来源，原因在于此平台规模大，具有技术优势，平台数据可靠。随着相关监管政策越完善，项目发起者发起项目的要求也越来越高，发起方发布的信息也越发详细和规范，受到严格的监督和审核。在项目执行过程中，执行方会在项目进度中及时更新项目进展以及资金用途，数据较为可靠。

根据建立的研究模型，将项目图片数量、项目名称字数、项目简介字数、项目介绍详尽程度作为感知的质量信号，将捐赠人数、公募支持和有无执行方联系方式作为感知的风险信号，将有无爱心回馈作为感知的体验信号，将发起者身份作为调节变量，将目标金额和捐赠时间作为控制变量。每个变量根据爬取的数据用不同的方式进行测量，变量测量值如表 5-9 所示。

表 5-9 变量测量值

变量		测量方式
感知的质量信号	项目图片数量	项目简介中图片的数量
	项目名称字数	项目名称包含的字数
	项目简介字数	项目简介包含的字数
	项目介绍详尽程度	项目介绍包含的字数
感知的风险信号	捐赠人数	捐赠项目的人数
	公募支持	"1"表示有公募支持,"0"表示无公募支持
	有无执行方联系方式	"1"表示有项目执行方的联系方式,"0"表示无项目执行方的联系方式
感知的体验信号	有无爱心回馈	"1"表示有爱心回馈 "0"表示无爱心回馈
捐赠时间		项目筹款所持续的天数
目标金额		项目筹款目标金额 (万元)
发起者身份		"1"表示发起者为组织,"0"表示发起者为个人
项目成功		捐赠金额/目标金额

5.2.4 数据分析及结论

5.2.4.1 样本采集与描述性统计

通过专门的数据采集软件,选取了腾讯公益——乐捐平台中执行完成并生成结项报告的 389 个环保公益项目为样本,并初步对样本进行筛选。为了保证数据的可靠性,剔除了 20 个数据存在缺失的项目,剩余的 369 个项目作为样本用于实证分析。将样本项目信息进行处理后录入 SPSS 25.0 软件,进行描述性统计分析,具体分析结果如表 5-10 所示。

表 5-10 样本的描述性统计分析结果

变量	平均值	最大值	最小值	标准差
项目图片数量	8.664	39	0	4.710
公募支持	0.870	1	0	0.337
项目名称字数	8.062	12	3	1.287
项目简介字数	27.829	62	10	9.696
项目介绍详尽程度	1839.325	4678	397	640.099
捐赠时间	85.623	1219	1	91.337
目标金额	18.077	50	0.3	38.490
捐赠人数	2673.940	103429	3	7815.805
有无执行方联系方式	0.425	1	0	0.495
有无爱心回馈	0.390	1	0	0.488
项目成功	0.423	1.07	0	0.366
发起者身份	0.797	1	0	0.403

其中，项目成功的平均值为 0.423，说明该平台中环保公益项目整体的项目成功率不是太高。项目图片数量、项目名称字数、项目简介字数的值分布较为均匀，而项目介绍详尽程度、捐赠时间、目标金额和捐赠人数差异较大，项目介绍详尽程度中字数最多的有 4678 个字，最少的只有 397 个字，但从项目介绍详尽程度的均值来看，大部分的环保公益项目介绍字数在 2000 字左右，较为详细。捐赠时间最长的持续了 1219 天，最短的只有 1 天，但从捐赠时间的均值来看，大部分的公益项目捐赠持续时间为 86 天左右。目标金额最多的是 50 万元，最少的为 0.3 万元，但从目标金额的均值来看，大部分的公益项目的目标金额在 18 万元左右。捐赠人数平均 2674 人，但捐赠人数最多的有 103429 人，最少的仅有 3 人，标准差较大，说明不同环保公益项目受到参与者欢迎的程度相差较大。

利用爬取的样本数据，使用软件 SPSS 25.0 进行变量间的相关性分析、多重共线性分析、层次回归分析以及稳健性检验。

5.2.4.2　相关性及多重共线性分析

利用 Person 相关法分析变量间的相关性，结果见表 5-11。由相关性系数可知，各变量之间不存在相关关系，满足回归分析条件。

表 5-11　相关性分析结果

变量	1	2	3	4	5	6	7	8	9	10	11
项目图片数量	1										
公募支持	0.145**	1									
项目名称字数	−0.004	0.006	1								
项目简介字数	−0.170**	−0.047	−0.005	1							
项目介绍详尽程度	0.306**	0.169**	0.061	−0.101	1						
捐赠时间	0.041	−0.032	−0.036	−0.093	0.066	1					
目标金额	0.061	−0.076	0.086	−0.047	0.068	0.145**	1				
捐赠人数	0.033	0.049	0.074	−0.020	−0.006	0.136**	0.242**	1			
有无执行方联系方式	−0.006	0.121*	−0.008	0.007	−0.058	−0.079	−0.129*	0.054	1		
有无爱心回馈	0.042	0.119*	0.117*	−0.001	0.067	−0.023	−0.029	0.007	0.109	1	
发起者身份	0.076	−0.015	−0.012	−0.099	−0.012	0.050	−0.037	0.029	−0.056	0.031	1

注: ＊＊表示 $p<0.01$，＊表示 $p<0.05$(双侧检验)。

进行回归分析之前，对各研究变量进行了多重共线性分析，结果见表 5-12。

结果显示各研究变量容忍度都大于 0.1，VIF 都在 1～2，因此不存在多重共线性，可以进行回归分析。

表 5-12　多重共线性分析结果

变量	模型 1		模型 2		模型 3	
	容忍度	VIF	容忍度	VIF	容忍度	VIF
捐赠时间	0.979	1.022	0.949	1.054	0.948	1.055
目标金额	0.979	1.022	0.894	1.118	0.890	1.123
项目图片数量			0.875	1.142	0.872	1.147
项目名称字数			0.968	1.033	0.968	1.033
项目简介字数			0.960	1.041	0.953	1.049
项目介绍详尽程度			0.872	1.146	0.872	1.147
捐赠人数			0.913	1.095	0.912	1.097
公募支持			0.927	1.079	0.926	1.079
有无执行方联系方式			0.946	1.057	0.942	1.061
有无爱心回馈			0.960	1.041	0.959	1.043
发起者身份					0.975	1.026

注: VIF 表示方差膨胀因子。

5.2.4.3　假设检验

使用 SPSS 25.0 进行层次回归分析，结果如表 5-13 所示。

表 5-13　层次回归分析结果

变量	模型 1	模型 2	模型 3	模型 4
捐赠时间	-0.264^{***}	-0.264^{***}	-0.243^{***}	-0.265^{***}
目标金额	-0.217^{***}	-0.217^{***}	-0.299^{***}	-0.216^{***}
项目图片数量	0.360	0.040	0.030	0.039
项目名称字数	0.070	0.070	0.066	0.068
项目简介字数	0.177^{***}	0.178^{***}	0.181^{***}	0.177^{***}
项目介绍详尽程度	-0.091	-0.091	-0.092	-0.089
捐赠人数	0.242^{***}	0.241^{***}	0.375^{***}	0.241^{***}
公募支持	0.048	0.048	0.045	0.050
有无执行方联系方式	0.215^{***}	0.215^{***}	0.199^{***}	0.215^{***}
有无爱心回馈	0.151^{**}	0.151^{**}	0.144^{**}	0.151^{**}
发起者身份		0.009	-0.013	0.011
捐赠人数 ∗ 发起者身份			-0.224^{***}	
有无执行方联系方式 ∗ 发起者身份				-0.031
样本量	369	369	369	369
R^2	0.328	0.328	0.358	0.329
R^2 变化量			0.030	0.001
F 变化量			16.819^{***}	0.487

注: 变量之间的 ∗ 表示两个变量的交互项。∗∗∗表示 $p<0.001$，∗∗表示 $p<0.01$(双侧检验)。

　　模型 1 包含控制变量和所有的自变量，R^2 为 0.328，意味着项目图片数量、公募支持、项目名称字数、项目简介字数、项目介绍详尽程度、捐赠持续时间、目标金额、捐赠人数、有无执行方联系方式和有无爱心回馈可以解释互联网＋环保公益项目成功 32.8％的变化。项目简介字数、捐赠人数和有无执行方联系方式对项目成功的影响检验在 0.001 的水平上显著，支持假设 H1c、H2a、H2c；有无爱心回馈对项目成功的影响检验在 0.01 的水平上显著，支持假设 H3；图片数量、项目名称字数、项目介绍详尽程度和公募支持对项目成功没有显著影响，H1a、H1b、H1d 和 H2b 不成立。

　　模型 2 中加入了发起者身份变量。由于在模型 1 中得出 H2b 不成立，所以相应的 H4b 也不成立。为了检验发起者身份的调节效应，模型 3 和模型 4 分别加入了捐赠人数 * 发起者身份和有无执行方联系方式 * 发起者身份的交互项。为了消除共线性，在构造自变量和调节变量的交互项时，将自变量和调节变量分别进行了标准化。模型 3 的结果表明捐赠人数和发起者身份的交互项与项目成功有显著的相关关系 ($p < 0.001$)。模型的 R^2 值也从模型 2 的 0.328 增加到了模型 3 的 0.358，F 检验也显示 R^2 的增加具有显著性 ($p < 0.001$)，假设 H4a 成立。发起者身份在捐赠人数对项目成功的影响中的调节作用如图 5-6 所示，当发起者身份为个人时，捐赠人数对互联网＋环保公益项目成功的斜率较大，表明捐赠人数对互联网＋环保公益项目成功的正向影响较大；当发起者身份为组织时，捐赠人数对互联网＋环保公益项目成功的正向影响较小。

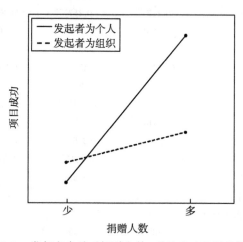

图 5-6　发起者身份对捐赠人数–项目成功的调节作用

　　模型 4 的结果表明有无执行方联系方式和发起者身份的交互项与项目成功没有显著的相关关系。在加入有无执行方联系方式和发起者身份的交互项后，模型 4 的 R^2 值仅增加了 0.001，F 检验也显示 R^2 的增加不具有显著性，所以 H4c 不成立。

另外，表 5-13 的结果也说明对于控制变量，捐赠时间和目标金额对项目成功具有显著影响，捐赠时间长或目标金额大，都会对项目成功产生负向影响。

为进一步检验结论的稳定性，研究继续展开了稳健性检验。由于该平台中的环保公益项目筹资额 1 万 ~100 万元为主，在所获取的 369 个项目样本中，筹资额在 1 万 ~100 万元的项目有 330 个，占总项目数的 89%，所以需验证筹资额在 1 万 ~100 万元的项目实证所得结果是否稳定。为此，将项目目标金额设定在 1 万 ~100 万元，稳健性检验结果如表 5-14 所示。

表 5-14 稳健性检验结果

变量	模型 1	模型 2	模型 3	模型 4
捐赠时间	-0.230^{***}	-0.230^{***}	-0.217^{***}	-0.232^{***}
目标金额	-0.222^{***}	-0.222^{***}	-0.226^{***}	-0.223^{***}
项目图片数量	0.074	0.072	0.063	0.070
项目名称字数	0.076	0.077	0.071	0.073
项目简介字数	0.170^{***}	0.174^{***}	0.182^{***}	0.172^{***}
项目介绍详尽程度	-0.056	-0.055	-0.058	-0.053
捐赠人数	0.273^{***}	0.272^{***}	0.436^{***}	0.272^{***}
公募支持	0.016	0.016	0.022	0.020
有无执行方联系方式	0.228^{***}	0.229^{***}	0.214^{***}	0.30^{***}
有无爱心回馈	0.126^{**}	0.124^{**}	0.114^{**}	0.125^{**}
发起者身份		0.038	0.003	0.038
捐赠人数 * 发起者身份			-0.232^{**}	
有无执行方联系方式 * 发起者身份				-0.045
样本量	330	330	330	330
R^2	0.321	0.323	0.348	0.325
R^2 变化量			0.025	0.002
F 变化量			12.252^{**}	0.943

注: 变量之间的 * 表示两个变量的交互项。*** 表示 $p<0.001$，** 表示 $p<0.01$(双侧检验)。

可以看出，项目目标金额为 1 万 ~100 万元的样本与之前全样本得到的结果相同，变量系数与符号、显著性水平都没有较大的变化，证明实证结果稳健性较好。

最终假设验证结果如表 5-15 所示。

(1) 对于感知的质量信号，假设 H1c 成立，项目简介字数正向影响项目成功。H1a、H1b 和 H1d 不成立，项目图片数量、项目名称字数和项目介绍详尽程度对项目成功没有显著影响。可能的原因是项目名称字数有限，只能展示项目的类型等基本信息，所以参与者在浏览项目信息时并不关注项目名称的长短。在公益平台中，大部分的环保项目简介十分详尽并且包含大量的图片，参与者在浏览项目信息时反而不重视项目介绍的长短以及图片的多少，而重点关注包含关键信息的项目简介，以快速获得项目的关键信息并决定是否参与。

(2) 对于感知的风险信号，假设 H2a 和 H2c 成立，捐赠人数与有无执行方联系方式均正向影响项目成功。捐赠人数越多，参与者感到的风险越低，详细的联系方式会提高参与者的信任度，也便于参与者随时了解项目情况并进行监督。有无公募支持不会对参与者的参与行为产生影响，参与者在捐赠的过程中并不过多关注捐赠的善款由谁接收。

表 5-15　研究假设验证结果

假设序号	假设内容	检验结果
H1a	项目图片数量正向影响互联网＋环保公益项目成功	不成立
H1b	项目名称字数正向影响互联网＋环保公益项目成功	不成立
H1c	项目简介字数正向影响互联网＋环保公益项目成功	成立
H1d	项目介绍详尽程度正向影响互联网＋环保公益项目成功	不成立
H2a	捐赠人数正向影响互联网＋环保公益项目成功	成立
H2b	公募支持正向影响互联网＋环保公益项目成功	不成立
H2c	有无执行方联系方式正向影响互联网＋环保公益项目成功	成立
H3	有无爱心回馈正向影响互联网＋环保公益项目成功	成立
H4a	发起者身份对捐赠人数和互联网＋环保公益项目成功的关系有显著的调节作用	成立
H4b	发起者身份对公募支持和互联网＋环保公益项目成功的关系有显著的调节作用	不成立
H4c	发起者身份对有无执行方联系方式和互联网＋环保公益项目成功的关系有显著的调节作用	不成立
H5a	目标金额对互联网＋环保公益项目成功有显著影响	成立
H5b	捐赠时间对互联网＋环保公益项目成功有显著影响	成立

(3) 在感知的体验信号中，有无爱心回馈正向影响项目成功，说明项目信息中包含参与者能够感知的体验信号，即参与者能够感知到的在捐赠后获得爱心回馈而满足情感体验的信号会促进参与者参与互联网＋环保公益项目，从而促进互联网＋环保公益项目成功。

发起者身份在捐赠人数和项目成功的直接关系中具有显著的调节作用。当发起者身份为个人时，捐赠人数对互联网＋环保公益项目成功的正向影响较大；当发起者身份为组织时，捐赠人数对互联网＋环保公益项目成功的正向影响较小。发起者身份在有无执行方联系方式和项目成功的直接关系中不具有调节作用，说明发起者身份并不会改变参与者对有无联系方式的重视程度。无论发起者身份是什么，参与者都希望能获得执行方详细联系方式，从而获得对执行方及项目的信任，决定是否参与该项目。

5.2.4.4　不同规模下项目成功因素分析

上文研究得出目标金额负向影响项目成功。目标金额越大，通常表示项目规模越大。研究发现，融资规模较小的众筹项目更容易成功 (Mollick, 2014)。为了给公益平台及项目发起者提供更具体的实践指导，本节对上文所提出的变量在不同项目规模下对互联网＋环保公益项目成功的影响进行研究，分析不同规模的互联网＋环保公益项目关键成功因素的差异。回归分析结果如表 5-16 所示。按照筹款金额将项目分为小规模项目 (筹款金额为 5 万元以内)、中规模项目 (筹款金额为 5 万 ～10 万元) 和大规模项目 (筹资金额为 10 万元以上)，分析所提假设在不同规模的项目下成立情况。

表 5-16 不同规模项目回归分析结果

变量	小规模项目 (n=134)			中规模项目 (n=88)				大规模项目 (n=147)			
	模型 1	模型 2	模型 3	模型 1	模型 2	模型 3	模型 4	模型 1	模型 2	模型 3	模型 4
捐赠时间	-0.405***	-0.411***	-0.407***	-0.265**	-0.258**	-0.225**	-0.255**	-0.151*	-0.146	-0.126	-0.146
目标金额	-0.173*	-0.174*	-0.185**	-0.035	-0.043	-0.027	-0.060	-0.221**	-0.236**	-0.355***	-0.232**
项目图片数量	0.057	0.033	0.052	0.068	0.070	0.048	0.072	0.118	0.116	0.121	0.117
项目名称字数	0.187**	0.178**	0.182**	0.052	0.060	0.044	0.054	-0.009	-0.009	-0.005	-0.018
项目简介字数	0.046	0.057	0.071	0.205*	0.208*	0.235**	0.212**	0.143	0.141	0.138	0.139
项目介绍详尽程度	-0.068	-0.067	-0.090	-0.086	-0.078	-0.069	0.077	-0.064	-0.076	-0.084	-0.067
捐赠人数	0.300***	0.301***	0.349***	0.499***	0.501***	0.516***	0.506***	0.319***	0.324***	0.528***	0.327***
公募支持	-0.034	-0.027	-0.004	-0.012	-0.006	0.022	-0.018	0.053	0.057	0.043	0.057
有无执行方联系方式	0.102	0.100	0.098	0.190*	0.200*	0.185*	0.199*	0.188*	0.179*	0.163*	0.186*
有无爱心回馈	0.163*	0.161*	0.149*	0.039	0.037	0.006	0.041	0.055	0.059	0.059	0.058
发起者身份		0.121	0.205*		0.054	0.027	0.040		-0.103*	-0.082	-0.109
捐赠人数 * 发起者身份			0.158			-0.211*				-0.302**	
有无执行方联系方式 * 发起者身份							0.062				-0.091
R^2	0.485	0.499	0.513	0.557	0.559	0.597	0.563	0.203	0.208	0.310	0.210
R^2 变化量		0.014			0.038	0.004			0.043	0.002	
F 变化量		3.528			7.068*	0.558					

注：变量之间的 * 表示两个变量的交互项。*** 表示 $p < 0.001$，** 表示 $p < 0.01$，* 表示 $p < 0.05$(双侧检验)。

不同规模项目假设检验结果如表 5-17 所示。

表 5-17　不同规模项目假设检验结果

假设序号	小规模项目 ($n = 134$)	中规模项目 ($n = 88$)	大规模项目 ($n = 147$)
H1a	不成立	不成立	不成立
H1b	成立	不成立	不成立
H1c	不成立	成立	不成立
H1d	不成立	不成立	不成立
H2a	成立	成立	不成立
H2b	不成立	不成立	成立
H2c	不成立	成立	成立
H3	成立	不成立	不成立
H4a	不成立	成立	成立
H4b	不成立	不成立	不成立
H4c	不成立	不成立	不成立
H5a	成立	不成立	成立
H5b	成立	成立	成立

项目图片数量、项目介绍详尽程度和公募支持在不同规模项目下对项目成功均无显著影响，与全样本回归结果一致。项目名称字数在小规模项目中对项目成功有显著影响，在中规模和大规模的项目中对项目成功无显著影响。表明在小规模项目中，参与者会更关注项目名称对项目内容的表述程度，根据项目名称决定是否参与。项目简介字数在中规模项目下对项目成功有显著影响，在小规模和大规模的项目中对项目成功无显著影响；有无执行方联系方式在中规模和大规模项目中对项目成功有显著影响，在小规模项目中对项目成功无显著影响。说明在中规模项目中，由于融资额的提高，参与者会进一步根据项目简介决定是否参与。在中规模和大规模项目中，参与者比对待小规模项目更加谨慎，更希望对项目及执行方具有信任感，因此对是否有执行方联系方式更为关注。捐赠人数在不同规模项目下对项目成功均有显著影响，与全样本回归结果相一致，说明在不同规模项目下，参与者都会受到从众效应的影响。有无爱心回馈在小规模项目中对项目成功有显著影响，在中规模和大规模的项目中对项目成功无显著影响，说明在小规模项目中参与者更注重体验上的满足，感知的体验信号会促进参与者参与到项目中。

发起者身份在不同规模项目下的有无执行方联系方式与项目成功的直接关系中都没有调节作用，与全样本回归结果一致。发起者身份在小规模项目中的捐赠人数对项目成功的直接关系中不具有调节作用，在中规模和大规模项目中的捐赠人数对项目成功的直接关系中具有显著调节作用，说明项目规模越大，参与者越容易受到发起者身份的影响。

另外，表 5-16 的结果显示捐赠时间对不同规模项目成功都有显著影响，捐赠时间长，会对项目成功产生负向影响。目标金额在小规模和大规模项目中对项目成功有显著影响，在中规模项目下对项目成功无显著影响。可能的原因是中规模的项目样本量较小，且分布较为均匀，所以目标金额对项目成功的影响较小。

5.2.4.5 成功因素预测模型

为了帮助公益平台及项目发起人通过管理线上信息来提高互联网+环保公益项目成功率，研究在上述回归分析的基础上，通过 SPSS 神经网络建立预测模型，对互联网＋环保公益项目成功结果进行预测。

1) 预测模型的建立

采用 SPSS 进行 BP 神经网络预测模型的构建，将上文得到的关键因素作为神经网络的预测指标，如表 5-18 所示。

表 5-18　互联网＋环保公益项目成功预测指标

指标类型	预测指标
控制变量	捐赠时间 目标金额
质量信号	项目简介字数
感知的风险信号	捐赠人数 有无执行方联系方式
感知的体验信号	有无爱心回馈

仅有一个隐含层的神经网络使用较为广泛且效果较好，并且可以拟合任意函数，因此研究选择了只含有一个隐含层的 BP 神经网络。网络中的第一层为输入层，其节点数与输入项的维数相同。基于回归分析结果将捐赠时间、目标金额、项目简介字数、捐赠人数、有无执行方联系方式和有无爱心回馈 6 个指标作为神经网络的因子输入。输出层的节点数与输出的结果维度相同。以互联网+环保公益项目是否成功作为输出结果。考虑到在公益平台中，无论筹集资金是否到达目标金额都可以进行公益活动，即 KIA(keep it all) 的模式，难以设置维度，因此在建立模型的过程中，将结果分为成功和失败两个维度，将筹款率小于 100% 的项目定义为失败，记为 "0"，筹款率大于等于 100% 的项目定义为成功，记为 "1"。

通过 BP 神经网络对数据进行分析，由系统随机分配训练集和测试集，在 369 个项目中，70% 的项目为训练集，共 258 个项目，30% 的项目为测试集，共 111 个项目。神经网络对训练集的样本进行学习，并根据训练集的样本拟合出预测模型，最后利用测试集数据对模型进行检验。建立预测模型如图 5-7 所示。

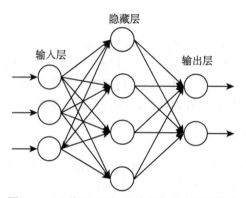

图 5-7　互联网＋环保公益项目成功预测模型

2) 模型结果分析

建立的互联网＋环保公益项目成功预测模型具体分类结果如表 5-19 所示，各变量重要性分析结果如表 5-20 所示。

表 5-19　互联网＋环保公益项目成功预测分类结果

样本已观测	已预测		
	0	1	正确占比
训练 0	208	8	96.3%
训练 1	11	41	78.8%
总计百分比	81.7%	18.3%	92.9%
测试 0	79	2	97.5%
测试 1	2	18	90.0%
总计百分比	80.2%	19.8%	96.0%

表 5-20　各变量重要性分析结果

变量	重要性	标准化重要性/%
目标金额	0.436	100.0
捐赠人数	0.158	36.1
捐赠时间	0.151	34.6
有无执行方联系方式	0.115	26.4
项目简介字数	0.100	23.0
有无爱心回馈	0.039	9.0

由表 5-19 可以看出，训练样本的正确率为 92.9%，测试样本的正确率为 96.0%，训练样本和测试样本的准确率都较高。

由表 5-20 可以看出，对互联网+环保公益项目成功影响程度从大到小的指标依次为目标金额、捐赠人数、捐赠时间、有无执行方联系方式、项目简介字数和有无爱心回馈。其中目标金额、捐赠人数和捐赠时间对互联网+环保公益项目成功影响较大，其余因素影响程度较小。

5.2.4.6 研究结论

研究发现，感知的质量信号中项目简介字数正向影响互联网+环保公益项目成功；感知的风险信号中捐赠人数和有无执行方联系方式正向影响互联网+环保公益项目成功；感知的体验信号中有无爱心回馈正向影响互联网+环保公益项目成功。发起者身份在捐赠人数与互联网+环保公益项目成功的直接关系中有显著调节作用。控制变量捐赠时间和目标金额对互联网+环保公益项目成功有着显著的影响。

5.3 互联网+环保公益项目的文本情感倾向影响

作为项目基本信息载体的项目文本是否会影响项目筹款成功？本节聚焦于互联网+环保公益项目的筹款效果，将环保公益项目与文本倾向性分析技术结合，利用在公益平台爬取到的数据进行文本情感倾向分析，并通过 K 近邻和随机森林算法进行项目筹款效果预测，随后借助广义线性模型，将文本倾向作为自变量，筹款效果作为因变量进行检验，并将项目目标金额和筹款持续时间作为调节变量研究预测模型的边界条件，旨在探究文本情感倾向对筹款效果的影响关系，为环保公益项目的项目发起方提供指导，以期获得更高的项目筹款金额。

5.3.1 确定文本数据的语料库

5.3.1.1 文本倾向性分析与广义线性模型

文本倾向性分析是目前文本挖掘领域的研究热点，涉及信息检索、自然语言处理、数据挖掘等领域 (许鑫等，2011)。

当前网络中的信息数据呈指数级爆炸性增长，广大用户发表在社交媒体上的言论等文本类数据呈几何增长，为了获取这些文本数据中的有价值的信息，如用户对某个社会热点话题所持的态度、对某件商品评价的好坏、对某一新兴现象的看法等，需要对文本的倾向性进行分析处理研究。但是，仅仅依靠人工手段来发掘网络用户观点倾向的方式不仅准确率存疑，而且效率低下，所得出的分析结果也不够科学合理。因此，研究者们尝试用文本倾向性分析技术来挖掘网络用户对某一事物的态度 (刘谦，2019)。

文本倾向可以分为三类，包括积极性：肯定、认可所描述的对象，并具有明显的颂扬、称赞、感激等情感；中性：客观公正地看待所描述的对象，且只有一般性描述，并不夹杂感情色彩，也不包含个人的评价说明；消极性：批判和否定所描述的对象，并且具有明显的批评、不满、诋毁、蔑视、质疑等其他消极情感。

随着互联网＋环保公益众筹模式的兴起，项目发起方通过将众筹项目发布在各大众筹平台来募集资金已成为一种必然发展趋势。众筹项目的介绍文本包含了筹资者的各种情感色彩，这些情感色彩有可能是消极的，也有可能是积极的，又或者是中性的。这可以看作是项目发起方对其自身众筹项目的观点与看法。项目的潜在投资者在投资某个众筹项目时，项目发起方对项目的看法则可以用来提供投资决策参考。同样的，项目发起方了解众筹文本情感倾向如何影响投资者进行决策，就可以做出相应的改变，更好地促进众筹的成功。

广义线性模型 (generalize linear model) 为一般线性模型的扩展，通过连接函数建立响应变量的数学期望值与线性组合的预测变量之间的关系。其特点是该模型并不强行改变数据的自然度量，数据可以是非线性和非恒定方差结构，是线性模型在研究响应值的非正态分布和非线性模型简洁直接的线性转化时的一种发展。

指数分布簇 (exponetial family) 和连接函数是广义线性模型最重要的基础 (张阳春，2020)，指数分布簇表达式为

$$P(y;\zeta) = b(y) \exp(\zeta T(y) - \alpha(\zeta)) \qquad (5-1)$$

其中，ζ 是自然参数；$b(y)$ 是底层观测值；$T(y)$ 是充分统计量，通常 $T(y) = y$；$\alpha(\zeta)$ 被称为对数分割函数，$e^{-\alpha(\zeta)}$ 起归一化常数的作用。

当 α、b、T 都确定了，就定义了以 ζ 为参数的指数分布簇。

考虑回归和分类问题，把随机变量 y 作为 x 的函数，以此来预测 y 的值。在此基础上，推导广义线性模型，关于 y 对 x 的条件分布，做出如下三种假设：

(1) $y|x; \theta \sim$ Exponential Family(ζ)，即给定 x 和 ζ，y 符合以 ζ 为参数的指数分布簇；

(2) 预测 $T(y)$ 的期望，计算 $E(T(y)|x)$；

(3) 自然参数满足 $\zeta = \theta^{\mathrm{T}} x$。

连接函数的表达式为

$$g(\zeta) = E(y|x) \qquad (5-2)$$

连接函数的作用：建立响应变量 y 的线性组合的预测变量与数学期望值之间的关系。

对于不同的分布其连接函数也不同，根据指数分布簇得出 ζ 的表达式，进而可以推导出连接函数 g 的表达式，如正态分布的连接函数为线性连接函数 $g(\zeta) = \zeta$，

泊松分布的连接函数为对数连接函数 $g(\zeta) = \ln\zeta$。

5.3.1.2 文本预处理

中文文本分词技术是进行自然语言处理最重要也是最基础的部分，在进行其他中文文本处理工作之前需要对原始文本进行分词处理工作。中文与英文不同，在英文的句子中，会通过空格来将一个个单词分隔开，这样计算机就很容易进行分析。中文仅是通过数量较少的标点符号将一整篇文本分割为一个个句子，每一个句子又由连起来的词语构成，极少出现单个词语的分隔。另外，中华文化博大精深，往往一句话能有多种看似正确的解读，但却难以理解本意，并且再加上中文分词的规范、新型词汇和多义词等问题使得中文分词相较于其他语言的分词，存在明显的困难，而且分词的效率和准确度对于文本分析来说也起到了非常重要的影响。

采用 jieba 分词工具对原始语料进行分词处理，能通过已有前缀词典进行高效的词图扫描处理，生成句子中的汉字所有可能出现的成词情况所构成的有向无环图。共支持以下三种分词模式。

(1) 精确模式：可以将句子最为精准地切开，适合文本分析工作。

(2) 全模式：把句子中包含的所有可以组成词汇的汉字扫描出来，速度很快，但是不能解决歧义问题。

(3) 搜索引擎模式：该模式是在精确模式的基础之上，对较长词语再次进行切分，提高召回率，适用于搜索引擎分词工作。

使用分词工具对原始语料进行处理后，将原本连续的段落分割成众多独立的词语、数字、字母以及标点符号。其中一些助词、符号等没有实际意义，对进行文本分析并不会起到作用，这类文本就叫作停用词。如果不对停用词加以处理，不仅会造成计算机存储空间和计算资源的浪费，还会降低文本处理和信息检索的效率及准确率。因此，在文本分词结束后，通过导入停用词典来将这些对文本处理没有贡献的停用词删除。

由于停用词典收录标准并不唯一，并且针对特殊语料会有相应的专属停用词典，因此本节选择了一个包含较多通用停用词的词典，共有 2706 个停用词，已经基本满足文本预处理需求。

利用爬虫工具在公益平台爬取到 500 条已经结项的互联网+环保公益类项目信息。但部分数据的项目介绍文本部分不是文字，而是通过图片呈现，获取不到文本数据，存在异常项；除此之外，还有部分项目在平台披露的数据不全，存在缺失项；个别文本数据经过分类模型运算后存在置信度偏低的情况，需要去除。综上，在剔除异常项、缺失项以及经过情感分类模型分析后置信度低于 0.5 的数据后，最终形成一个包含 393 条文本数据的语料库。

爬取的字段包括项目名称、项目介绍文本、目标金额、已筹金额、项目开始时间、项目结束时间等。爬取到的数据作为原始语料库，随后进行文本预处理工作，并简要介绍预处理工作的起因及原理；在进行简要的文本挖掘后，通过百度智能云构建情感分类模型进行文本倾向分析。最后，根据文本倾向分析结果，选择特征值并将筹款效果标签化处理，使用 K 近邻算法、随机森林算法构建关于筹款效果的预测模型。

5.3.1.3　词频统计

TF-IDF(词频–逆向文件频率) 算法是一种用于文本挖掘与信息检索的常用加权技术。该算法属于统计型方法，用以评估某一个词语对于一个语料库中的其中一份文件或某份文档的重要程度。字词的重要性与它在文件中出现的次数成正比。

TF 即词频 (term frequency)，表示词语在整个文本中出现的频率。计算公式如下：

$$\mathrm{TF}_{ij} = \frac{n_{i,j}}{\sum_k n_{k,j}} \tag{5-3}$$

其中，$n_{i,j}$ 表示词语 i 在词语库文件 j 中出现的次数；k 表示词语的种类；TF_{ij} 表示词语 i 在词语库文件 j 中出现的频率。用 TF-IDF 算法进行词频统计，高频词统计如图 5-8 所示。

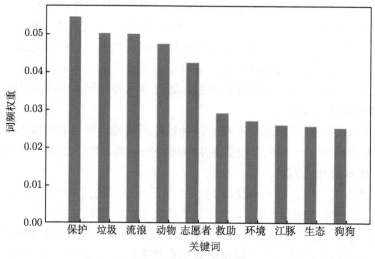

图 5-8　高频词统计

5.3.1.4 文本情感倾向性分析

对文本预处理后，进行文本情感倾向分析工作。目前对文本倾向性分析的方法主要有两种，一种是基于语义，另一种是基于机器学习。基于语义的文本倾向性分析工作量较大，且一般是团队工作，单人难以实施；基于机器学习的文本倾向性分析虽然相对较简便，但仅是文本情感倾向的分类，文本标签一般为正向、中性和负向。

为探索互联网+环保公益项目文本倾向对筹款效果的影响，重点分析项目的筹款效果，因此将其设为文本标签，改为借助第三方情感倾向分析平台来进行此步工作，并将第三方平台对文本情感分析给出的结果作为文本的一个特征值，以此预测项目的筹款效果。目前国内比较通用的自然语言处理平台有哈尔滨工业大学的 SnowNLP、百度智能云等。百度智能云中包含自然语言处理技术在内的核心人工智能技术已经成为赋能各行各业的 AI 新型基础设施。

研究借助百度智能云的情感分析模块，构建情感分析模型，向模型中输入正向语料和负向语料，通过机器对这些语料的学习加以训练。在模型生效后，通过 Python 输入专属 APP_ID、API_KER 和 SECRET_KEY 调用百度智能云中情感分析模型，实现文本的情感倾向分析。

将文本预处理后的语料库输入情感分析模型，如表 5-21 所示，可以得到每一条文本数据的四类参数，结合已爬取到的项目目标金额、筹款持续时间、筹款效果等数据类型，最终形成一个包含 393 条样本数据的数据集。

表 5-21　情感分析模型返回参数

参数	含义
Positive_prob	属于积极类别的概率
Negative_prob	属于消极类别的概率
Sentiment	情感分类结果：0 为负向，1 为中性，2 为正向
Confidence	分类的置信度

5.3.1.5 特征值选择

一个项目包含了诸多信息，也就含有诸多特征，其项目文本倾向仅是其特征之一。筹款效果用已筹金额/目标金额的比值 m 来表示。为了方便预测，提高预测准确率，将筹款效果进行区间划分，划分等级如表 5-22 所示。

为了协助构建预测模型，将已爬取到的目标金额、筹款持续时间也作为项目的特征值，共同预测项目的标签——筹款效果。

表 5-22　筹款效果划分等级

筹款效果	划分区间
S	$m \geqslant 1$
A	$0.7 \leqslant m < 1$
B	$0.4 \leqslant m < 0.7$
C	$0 \leqslant m < 0.4$

5.3.2　文本倾向对筹款效果的预测模型

5.3.2.1　K 近邻算法模型

　　K 近邻算法是一种较为基本的分类回归方法。算法原理为：给定一个训练数据集，要确定新的输入实例的所属类别，只需要在训练集中找到与该实例距离最近的 K 个实例，如果这 K 个实例中的大多数属于某一个类，那么新输入的实例则属于该类。

　　该算法将输入的特征值视为单纯的数字，通过欧氏距离公式计算不同样本之间的距离。本节研究选取了三个特征值，分别设为 a、b、c。计算空间距离 (d) 的欧氏距离公式为

$$d = \sqrt{a^2 + b^2 + c^2} \tag{5-4}$$

　　虽然是计算距离，但不同种类特征值之间的数据量级是不同的，有可能会出现一种数据的量级过大而另一种数据的量级过小，导致量级小的数据难以发挥影响，因此需要对所有特征值进行标准化处理。

　　标准化的方法采用 0-1 标准化，公式如下：

$$N^* = \frac{N - \text{Min}}{\text{Max} - \text{Min}} \tag{5-5}$$

其中，N^* 为标准化后的数据；N 为当前数据；Max 为一组数据中的最大值；Min 为一组数据中的最小值。通过这种方法，可以将所有数据规范到 0~1，进而消除不同种类数据之间量级带来的影响。

　　K 近邻算法优点：① 实现简单；② 无须提前训练模型；③ 对异常值不敏感。缺点：① 训练集过大时，模型运算速度慢；② 运算时需要保留训练集，空间要求高；③ 无法得到数据的基础结构信息及其典型实例特征。

　　将数据集输入模型，其中 95% 为训练集，5% 为测试集，K 值设定为 8，最终模型的预测结果为 0.84。K 近邻算法的预测结果如表 5-23 所示。

表 5-23 K 近邻算法预测结果

序号	目标金额	筹款持续时间	积极概率	筹款效果	预测结果
0	0.051	0.083	0.000	C	C
1	0.001	0.076	0.908	B	B
2	0.008	0.077	0.531	C	C
3	0.003	0.138	0.143	C	C
4	0.011	0.077	1.000	C	C
5	0.012	0.077	1.000	C	C
6	0.001	0.012	0.133	S	S
7	0.005	0.008	1.000	S	S
8	0.007	0.077	1.000	C	C
9	0.006	0.077	0.020	C	C
10	0.006	0.144	1.000	C	C
11	0.011	0.076	0.000	C	C
12	0.010	0.077	0.776	A	C
13	0.015	0.077	0.561	A	C
14	0.019	0.077	0.980	C	C
15	0.009	0.077	0.337	C	B
16	0.002	0.040	1.000	C	S
17	0.074	0.191	0.020	C	C
18	0.001	0.077	0.265	C	C

5.3.2.2 随机森林算法模型

随机森林 (random forest) 算法通过自助法 (bootstrap) 重采样技术，从原始训练样本集 N 中，重复随机抽取 n 个样本，生成新的训练样本集合训练决策树，然后按以上步骤生成 m 棵决策树组成随机森林，新数据的分类结果按分类树投票多少形成的分数而定。究其实质，是决策树算法的一种改进算法，将多棵决策树合并在一起即构成了随机森林。一棵决策树的分类能力或许很小，但在经过随机产生大量的决策树后，就能通过统计所有决策树的分类结果，选择测试样本最可能的分类。

随机森林大致过程如下：

(1) 从样本集中重复随机采样选出 n 个样本；

(2) 从所有特征中随机选择 k 个特征，利用这些特征对选出的样本建立决策树；

(3) 以上两个步骤重复 m 次，即生成 m 棵决策树，进而形成随机森林；

(4) 对于新输入数据，经过每棵树决策，最后投票确认该数据的类别。

随机森林算法的优点：

(1) 每棵树都选择部分特征及部分样本，在一定程度上避免过拟合；

(2) 每棵树随机选择样本及特征，使得模型具有很好的抗噪能力，性能非常稳定；

(3) 能处理很高维度的数据，并且无须做特征选择；

(4) 适合并行计算；

(5) 实现比较简单。

随机森林算法的缺点：

(1) 参数较复杂；

(2) 模型训练和预测比较慢。

将数据集输入模型，其中 95% 为训练集，5% 为测试集，种子树设定为 6，最终模型的准确率达到 0.8。

此外，随机森林算法还可以进行特征值之间的重要性估计，经计算后得出三个特征值的重要性，如表 5-24 所示。

表 5-24   特征值重要性

特征值	重要性
目标金额	0.362
筹款持续时间	0.437
积极概率	0.201

由表 5-24 可以发现，对于通过随机森林算法构建的预测模型来说，筹款持续时间这一特征值对预测结果的影响最大，目标金额次之，积极概率最小。这些因素间具体的影响关系还需要深入探究。

5.3.3   实证分析

虽然百度智能云对各类文本给出了情感倾向判定结果，但该结果仅由积极概率和消极概率的相对大小来决定，忽视了"置信度"这一返回参数。因此，研究对文本情感倾向的判定结果进行了改进，将反映文本情感倾向的积极概率改为情感打分，具体改进公式如下：

$$\text{Score} = (\text{positive\_prob} - \text{negative\_prob}) * \text{confidence} \qquad (5\text{-}6)$$

5.3.3.1   数据描述性统计

在 393 条数据集中，S 类 116 条，A 类 38 条，B 类 84 条，C 类 155 条。对含四类标签的项目进行了统计描述分析，统计结果见表 5-25。

构建实证分析模型，其中，项目文本倾向为自变量，筹款效果为因变量，目标金额和筹款持续时间为调节变量，探索项目文本倾向和项目筹款效果之间的关系。

表 5-25　各类项目打分均值

筹款效果	情感打分	目标金额/万元	筹款持续时间/d
S	0.328	162747.66	39.18
A	0.571	429272.63	131.63
B	0.371	339056.76	133.44
C	0.364	705316.19	147.70
均值	0.375	440193.04	111.07

5.3.3.2　研究假设

由表 5-25 可以发现，情感打分与项目筹款效果有明显的相关性，即代表筹款效果最好的 S 类、A 类项目，它们的情感打分分别为最低和最高。做出以下假设。

H1a：正向或负向文本对项目的筹款效果有促进作用。

H1b：中性文本对项目的筹款效果起不到推动作用。

表 5-25 的统计结果与现有众筹筹款效果的影响因素的研究结果吻合。首先是目标金额这一变量，对筹款效果有显著的负向影响，即目标金额越低，筹款越容易成功；其次是筹款持续时间这一变量，在其他学者的研究中，虽然筹款持续时间短有助于项目筹款成功，但并非时间越短越好，而是存在一个"最佳时间"，低于或高于这个时间，都不利于项目筹款成功。因此，提出以下假设。

H2：筹款持续时间对文本倾向和筹款效果的关系起到负向调节作用。

H3：目标金额对文本倾向和筹款效果的关系起到负向调节作用。

文本倾向对筹款效果影响研究模型如图 5-9 所示。

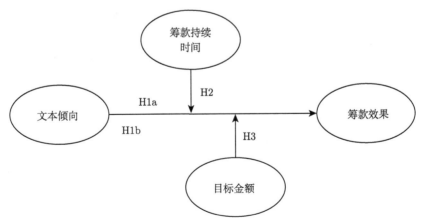

图 5-9　文本倾向对筹款效果影响研究模型

5.3.3.3　广义线性模型分析

1) 数据检验

一般线性模型具有计算简洁、易于理解、过程清晰等特点，但是该模型需要满足自变量与随机误差相互独立、因变量服从正态分布等假设，并且线性回归模型要求自变量为连续变量。情感倾向、目标金额、筹款持续时间的数据均为离散数据，并不满足连续数据的要求。为检验数据是否适用于一般线性模型，需要了解数据是否符合正态分布，因此对数据进行单样本 K-S 检验 (正态分布检验)，结果如表 5-26 所示。

表 5-26　数据正态分布检验结果

序号	零假设	显著性	决策者
1	情感综合评价为正态分布，平均值为 0.37，标准差为 0.723	0.000	拒绝零假设
2	目标金额为正态分布，平均值为 440193，标准差为 1513814.410	0.000	拒绝零假设
3	筹款持续时间为正态分布，平均值为 111，标准差为 121.558	0.000	拒绝零假设
4	筹款效果为正态分布，平均值为 0.56，标准差为 0.367	0.000	拒绝零假设

注：显示渐进显著性，显著性水平为 0.05。结果已进行 Lilliefors 校正。

由表 5-26 可知，各组数据的显著性均低于 0.05，即数据不服从正态分布。综上，本数据不适用于一般线性模型。一般线性模型仅是广义线性模型的一种特殊形式，当数据不适用于一般线性模型时，可以使用广义线性模型来进行分析。

2) 模型检验与分析

广义线性模型所采用的主要分析方法为简单效应分析，探讨一个变量内部的不同水平之间对因变量的影响或一个变量内部的不同水平在另一个变量的某个水平上的效应，而离散的数据在进行简单效应分析后，结果庞杂，难以发现变量间的关系。需要对数据进行分类，将原本的离散数据变为有序分类变量，以此来探究变量间关系。

本节也对情感打分进行三分类，情感打分低于 0 的项目文本为 "消极"，大于 0 小于 0.6 的为 "中性"，大于 0.6 小于 1 的为 "积极"。

根据简单效应分析的特性，为了更便于分析目标金额、筹款持续时间这两个调节变量对主效应的影响，将这两类数据变为有序分类变量，分类规则如下。

(1) 目标金额：小于 5 万元为低金额，5 万 ~10 万元为次低金额，10 万 ~30 万元为中等金额，30 万 ~50 万元为次高金额，大于 50 万元为高金额。

(2) 筹款持续时间：小于 30 天为短时间，30~60 天为次短时间，60~120 天为中等时间，120~180 天为次长时间，大于 180 天为长时间。

对各数据进行内部程度分类后，使用 SPSS 24.0 借助广义线性模型进行数据分析。表 5-27 是对因变量即筹款效果的统计，平均值为 0.564。表 5-28 和表 5-29 是本模型的 Omnibus 检验和模型效应检验，结果显示模型在 $p<0.001$ 的水平上显著，并且各因子也通过了显著性检验。

表 5-27　模型因变量信息

因变量	个案数	最小值	最大值	平均值	标准差
筹款效果	393	0.00	1.07	0.564	0.36

表 5-28　模型 Omnibus 检验 [a]

似然比卡方	自由度	显著性
1333.745	358	0.000

注：因变量为筹款效果。a 表示将拟合模型与截距模型比较。

表 5-29　模型效应检验

变量	瓦尔德卡方	自由度	显著性
截距	3852.293	1	0.000
情感分级	17.790	2	0.000
情感分级 * 持续时间分级	121.014	3	0.000
情感分级 * 目标金额分级	76.212	8	0.000

注：因变量为筹款效果。

3) 主效应分析

主效应 (即项目文本倾向对筹款效果的影响) 分析结果如表 5-30～ 表 5-32。

表 5-30　主效应不同水平估算边际平均值结果

情感分级	估算值		95%瓦尔德置信区间	
	平均值	标准误	下限	上限
积极	0.813	0.032	0.751	0.876
消极	0.402	0.051	0.301	0.502
中性	0.575	0.036	0.504	0.646

表 5-30 给出了情感倾向内部不同程度对应的筹款效果的估算边际平均值。中性文本对应的筹款效果估算平均值为 0.575，表 5-27 给出的因变量信息中，筹款效果的总体平均值为 0.564，即可以将中性文本对应的筹款效果当作水平基准线，以此来分析其他情感倾向程度对筹款效果的影响。情感倾向为积极时，其所

对应的筹款效果估算平均值为 0.813，远高于中性所对应的估算平均值。当情感倾向为消极时，所对应的筹款效果估算平均值为 0.402，明显低于中性所对应的 0.575。

表 5-31　主效应不同水平之间的差异计算结果

(I) 情感分级	(J) 情感分级	平均值差值 (I−J)	标准误	自由度	显著性	差值的 95% 瓦尔德置信区间 下限	差值的 95% 瓦尔德置信区间 上限
积极	消极	0.412[a]	0.053	1	0.000	0.307	0.516
	中性	0.238[a]	0.041	1	0.000	0.159	0.317
消极	积极	−0.412[a]	0.053	1	0.000	−0.516	−0.307
	中性	−0.174[a]	0.052	1	0.001	−0.276	−0.072
中性	积极	−0.238[a]	0.041	1	0.000	−0.317	−0.159
	消极	0.174[a]	0.052	1	0.001	0.072	0.276

注：基于因变量筹款效果原始标度的估算边际平均值成对比较。a 表示平均值差值的显著性水平为 0.05。

表 5-32　主效应检验结果

瓦尔德卡方	自由度	显著性
68.193	2	0.000

注：瓦尔德卡方用于检验情感分级的效应。此检验基于估算边际平均值之间的线性无关成对比较。

表 5-31 给出了情感倾向内部不同程度之间的具体差异计算结果，同时也给出了对应的显著性检验结果，所有检验结果均在 0.001 的水平上显著。表 5-32 给出了主效应的总体检验结果，也在 $p<0.001$ 的水平上显著。由此可以得出主效应的研究结论：积极的文本倾向对筹款效果有促进作用，消极的文本倾向对筹款效果有抑制作用，而文本倾向为中性时，影响则可以忽略。因此假设 H1a 部分成立，假设 H1b 成立。

4) 调节效应分析

筹款持续时间这一调节效应的简单效应分析结果见表 5-33 和表 5-34。

如表 5-33 所示，在筹款持续时间视角下，文本倾向为积极时，次短时间和次长时间对应的筹款效果相对于其他持续时间下更好，表现出了促进作用，反之则可认为是抑制；消极或中性的文本倾向下，短时间和次短时间对应的筹款效果估算平均值高于平均值，有促进作用，反之也可以认为是抑制。综上所述，在三种文本倾向下，筹款持续时间越短，效果越好，时间越长，效果越差；这一调节变量对主效应的影响为负向。由表 5-34 给出的这一调节效应的总体检验结果可知，无论情感分级是积极、消极还是中性，均在 $p < 0.001$ 的水平上显著。因此，假设 H2 成立。

表 5-33 情感分级 ∗ 持续时间分级估算边际平均值

情感分级	持续时间分级	估算值		95%瓦尔德置信区间	
		平均值	标准误	下限	上限
积极	次短时间	1.630	0.110	1.414	1.846
	次长时间	0.902	0.077	0.751	1.054
	短时间	0.687	0.089	0.513	0.861
	长时间	0.609	0.077	0.457	0.761
	中等时间	0.237	0.063	0.114	0.361
消极	次短时间	0.701	0.156	0.396	1.007
	次长时间	0.148	0.103	−0.548	0.350
	短时间	0.865	0.097	0.675	1.054
	长时间	0.036	0.080	−0.121	0.192
	中等时间	0.258	0.072	0.116	0.400
中性	次短时间	0.791	0.078	0.637	0.944
	次长时间	0.427	0.072	0.286	0.568
	短时间	0.975	0.074	0.829	1.120
	长时间	0.417	0.085	0.251	0.584
	中等时间	0.267	0.074	0.122	0.411

表 5-34 情感分级 ∗ 持续时间分级检验结果

情感分级	瓦尔德卡方	自由度	显著性
积极	122.898	4	0.000
消极	60.560	4	0.000
中性	55.179	4	0.000

注：每个瓦尔德卡方都用于检验"持续时间分级"在其他所示因子的每个级别组合中的简单效应，这些检验基于估算边际平均值之间的线性无关成对比较。

目标金额这一调节效应的简单效应分析结果见表 5-35 和表 5-36。

如表 5-35 所示，在所有三种情感倾向中，次高金额所对应的筹款效果估算均值均为最高，排在第二位的是中等金额。在不同文本情感倾向下，目标金额在 30 万 ∼50 万元时的筹款效果最好，而将目标金额设定在其他区间时，筹款效果则会有所下降。也就是说，这一调节变量对主效应的影响呈倒 U 形。由表 5-36 给出的这一调节效应的总体检验结果可知，不同的情感倾向均在 $p < 0.001$ 的水平上显著。因此，假设 H3 不成立。

表 5-35　情感分级 ∗ 目标金额分级估算边际平均值

情感分级	目标金额分级	估算值		95%瓦尔德置信区间	
		平均值	标准误	下限	上限
积极	次低金额	0.791	0.119	0.557	1.024
	次高金额	1.396	0.115	1.169	1.622
	低金额	0.201	0.097	0.010	0.391
	高金额	0.704	0.125	0.460	0.949
	中等金额	0.975	0.089	0.800	1.150
消极	次低金额	0.499	0.121	0.261	0.737
	次高金额	1.045	0.129	0.792	1.297
	低金额	−0.283	0.133	−0.544	−0.022
	高金额	0.023	0.153	−0.277	0.323
	中等金额	0.724	0.080	0.567	0.881
中性	次低金额	0.605	0.126	0.359	0.852
	次高金额	1.165	0.134	0.901	1.428
	低金额	−0.039	0.126	−0.285	0.208
	高金额	0.182	0.096	−0.007	0.370
	中等金额	0.963	0.100	0.766	1.160

表 5-36　情感分级 ∗ 目标金额分级检验结果

情感分级	瓦尔德卡方	自由度	显著性
积极	67.655	4	0.000
消极	62.403	4	0.000
中性	66.783	4	0.000

注：每个瓦尔德卡方都用于检验 "目标金额分级" 在其他所示因子的每个级别组合中的简单效应，这些检验基于估算边际平均值之间的线性无关成对比较。

5.3.3.4　研究结论

研究发现，文本倾向对筹款效果的影响呈阶梯状分布；当文本倾向为积极时，对筹款效果有促进作用；当文本倾向为消极时，对筹款效果有抑制作用。项目文本的积极倾向印证和加深了投资者的认知和信心，还会使投资者有动机将该项目文本转发传播，吸引更多的人关注该项目，推动项目众筹的成功。中性文本更类似于产品说明书，难以在文本情感倾向方面影响社会大众。当项目文本的情感倾向为消极时，容易使人们产生负面情绪，降低捐赠积极性。特别是一些文本叙述煽情化严重，对其他信息交代欠清晰，导致公众对项目发起方的情况了解不全面 (能青青等，2016)，不利于项目筹款的成功。

5.4 本 章 小 结

本章探究了影响互联网+环保公益项目成功的关键因素以及评价。首先，分析了利益相关者在项目全生命周期中创造的价值，并构建了评价指标体系，包括时间、成本、质量、风险和影响等维度，并将项目过程划分为前期准备、实施过程和后续影响三个阶段。其次，以信号理论为基础，研究了参与者感知的质量信号、风险信号和体验信号对项目成功的影响机制。将发起者身份作为调节变量、目标金额和捐赠时间作为控制变量，构建了理论模型。通过对大量项目数据的分析和检验，得出了关键因素，并构建了神经网络预测模型，用于预测互联网+环保公益项目的成功。最后，关注互联网+环保公益项目的筹款效果，结合文本倾向性分析技术，利用数据进行文本情感倾向分析，并预测项目的筹款效果。引入广义线性模型以及项目目标金额和筹款持续时间作为边界条件，探讨了文本倾向对筹款效果的影响。

第 6 章　互联网+环保公益项目价值共创模式

互联网+强化了公益主体间的连接及价值共创实现的可能性。在当前互联网公益生态的初始发展阶段，各大公益主体之间的关系不断变化。互联网+环保公益项目需要公益组织、公益平台、企业、公众、政府多方参与，呈现出参与主体多元、互动关系复杂的特征。目前，我国互联网+环保公益项目方面的理论滞后于实际需求，理论研究难以满足数字化社会创新的快速发展，并且关于各公益主体如何有效的跨界合作实现价值共创，现有的研究并未给出合理的解释。因此，本章在互联网+环保公益项目多方参与意愿与行为以及项目成功因素研究的基础上，使用扎根理论方法，从价值共创的视角出发，构建了我国情境下互联网+环保公益项目的跨界合作理论模型，并探讨了公众、企业、公益组织、互联网平台等实现价值共创的路径。

6.1　相　关　研　究

互联网+环保公益项目利益相关者通过投入自己的独特资源共同创造价值。公益组织、政府拥有的独特资源包括项目的发起、执行权，公众参与公益项目的独特资源包括金钱、时间及互联网流量。公益组织通过一项成功的公益项目可以传播其公益理念、提升知名度，甚至获得投资方青睐。政府可以通过监督公益项目的实施，保障项目的成功开展、规范利益相关方的行为，营造一个良好的公益氛围。社会公众可以通过捐资捐物、捐献虚拟产品参加公益活动，结识志同道合之友，满足助人为乐的需求。

国外公益组织发展较我国起步早、成熟度高，该领域的研究大多集中于公益组织自身的规模、运营模式以及针对组织与用户之间的沟通方式等方面。互联网公益组织目前在数量上一直处于攀升状态，但很多互联网公益组织的功能有较大的重叠，相似目标太多，而这种情况极有可能会造成公益资源的短缺或浪费。Seo等 (2009) 讨论了跨国非政府组织如何利用新媒体开展公众关系维护及其影响因素，认为对非政府组织而言，新媒体能够提升组织形象和增加经济收入。Lovejoy等 (2012) 认为非营利组织通过使用社交媒体可以实现即时信息更新、形成网络社区，使得公众参与社区公益活动时更为便利。非营利组织使用社交媒体一方面可以改变公众参与公益活动的方式，另一方面可以增强非营利组织与其各个利益相关者之间的有效沟通和互动。

我国在政策层面强调了构建多方协作环境治理体系的重要性。协调各方力量进行合作，共建互联网＋环保公益项目，既符合国家的发展要求，又是社会发展的大势所趋。邹振宇等 (2021) 指出，构建多主体共识、共筑、共递、共享的新型价值共创格局成为持续推动公益性事业发展的必然选择。

在互联网＋公益项目多方协作领域，研究多从公众捐赠行为的影响因素、公益项目中的合作问题、公益组织传播能力、"微公益" 的合法化及外部监管等方向展开。朱灏等 (2020) 通过实验研究发现，在线社交平台的慈善捐赠行为更偏好有快乐面部表情的受益者，并且更多地受到间接的、社会交换预期微弱的熟人共有关系的影响。马贵侠等 (2019) 提出公益组织应着重从全职工作人员数量、经费规模、互联网技术人员的配置、服务区域规模等方面入手提升其自身的互联网传播能力。何霞 (2015) 提出，合法性问题是阻碍和制约我国民间微公益项目发展的主要因素。对于公益项目中的合作问题，我国已有众多学者从非营利组织与企业合作关系 (赵文红等，2008)、公益项目中的企业伙伴关系 (赵辉等，2014) 等方向着手研究。但从价值共创视角研究互联网＋公益项目的学者并不多，邹振宇等 (2021) 从价值共创的视角对现有公益性数字图书馆运作模式进行归纳、梳理发现，在价值共创与公益性数字图书馆的融合实践中存在利益冲突、供需冲突和传播冲突，阻碍着公益性数字图书馆领域向价值共创全面转型。

互联网＋近年来成为各个行业争相开创的技术新模式，其透明、开放、共享、协作、自组织等特性，与价值共创理论的内涵不谋而合。互联网＋不仅为环保公益项目提供了技术保障和更多的公益参与者，也为环保公益组织提供了更多的机遇 (潘琳，2017)。从价值共创理论的不断发展和应用中可以看出，在当前互联网大环境的影响下，价值创造的主体在不断扩大，消费者 (即公众) 成为连接这些不同主体的核心之一。

很多学者也从不同维度对公众参与价值共创的动机进行了探究。例如，Hoyer 等 (2010) 研究了制造业领域价值共创的动机，并从财务层面、技术层面、社会层面以及心理层面对影响因素进行了划分。杨学成等 (2016) 从汽车行业营销体验视角研究价值共创活动的因素，认为影响各方参与价值共创的主要因素包括沟通的有效性、情感的承诺和人际间互动等。

除了针对传统行业所开展的价值共创动机方面的研究之外，越来越多的学者开始对各大新兴互联网行业的价值共创行为进行分析。研究所涉及的领域——互联网＋环保公益属于将传统环保公益行业互联网化，具有互联网行业的典型特征。因此这些学者的探索对本书研究的理论探究具有启示作用，整理的一些学者对互联网领域的公众参与价值共创动机的研究，如表 6-1 所示。

表 6-1　　不同学者对互联网领域的公众参与价值共创动机的研究

共创动机	文献来源
利他动机、对任务的热情、自我表现的需要、自我认同感、职业发展	Zwass，2010
认知动机、享乐动机、个人和社会需求	Nambisan et al.，2009
好奇心驱使、娱乐需求、社交与人际关系需要、经济报酬、他人认可	Fuller et al.，2014
自我展示、社会存在感、享乐价值	樊帅等，2017
认知需求、个人成就和社会整合需求、追求经济利益、享乐需求	李朝辉等，2013

此外，政府作为互联网+行动的发起和领导机构，也在全力打造新时代基于互联网+的服务型政府。近年来，各级政府广泛开发涵盖环保在内的各类政务应用程序，将传统的以信息发布为主体的政务服务逐渐拓展到包含在线办事、政民互动等多元化的电子政务服务体系。

与一般的社会性活动不同，电子政务服务是一种以服务社会公众为使命而非营利的价值创造活动，要想得到人们的认可，势必要赋予公众更多的参与机会，并且要以满足人们的需求为先 (温倩宇等，2017)。因此，将政府作为互联网+环保公益项目的一个主体进行研究具有一定意义。

企业是推动环保公益事业发展、构建新型价值共创格局的重要力量。创造绿色品牌响应消费者的绿色消费需求成了帮助企业获得差异化竞争优势与提升绿色市场份额的重要战略选择 (盛光华等，2019)。葛万达等 (2020) 在研究消费者绿色价值共创意愿的形成机制时，提出 "绿色价值共创" 这一概念，并将其定义为 "企业与消费者合作互动、共同创造绿色价值的过程"。要想实现 "绿色价值共创"，不仅需要企业理解并识别消费者关注的绿色焦点，提出绿色价值观念、制定自己的环保策略并加以实施，还需要依赖消费者对企业的环保战略予以积极响应，自觉履行环境保护行为，真正实现企业与公众关于 "绿色价值共创" 的跨界合作。

张心宇 (2019) 在以 "蚂蚁森林" 为例研究价值共创理论视角下环境传播游戏化时指出，"互联网+价值共创" 在确定目标与双方互动的过程中实现利益最大化，消费者与企业通过互动和资源整合共创价值，为公众和企业提供了足够的弹性空间，而非各渠道价值的简单相加。这样就能够赋予公众充分利用碎片化时间并利用可调动资源加入价值共创中来的自由。

日新月异的互联网技术在很大程度上模糊了现实与虚拟的界限，各类电子设备将现实中的环保行为完全转移到连接天南海北的网络中，而不只停留在空洞的线上环保倡议上。公众不仅在现实生活中有了参与环保的动力，而且在网上的环保行为也得到了现实价值的积极反馈，获得成就感与满足感，这又将激励公众以更大的热情投身于互联网+环保公益事业，真正实现生活中的绿色价值共创。

6.2　研究设计与资料收集

扎根理论 (grounded theory) 是针对某一现象归纳式扎根生成理论的质性研究方法，回答了在社会研究中如何能系统地获得与分析资料以发现理论的重要问题 (Glaser et al., 1967)。扎根理论通过系统收集资料进而寻找反映社会现象的核心概念，并且在概念之间建立联系、形成理论。

本节采用该理论主要出于以下考虑：第一，扎根理论广泛应用于研究新兴议题，被认为是定性研究中最科学的方法论。第二，本章是有关互联网+环保公益参与价值共创的探索性建构研究，以往的文献和理论并不充分、成熟，而扎根理论特别适用于尚缺理论解释或现有理论解释力不足的研究，其能够清晰地界定概念并构建框架。第三，本书涉及的要素多样、互动关系复杂，运用扎根理论能够有效挖掘价值共创管理问题的本质，提高理论模型的解释力和说服力。同时，研究系统地收集了互联网在线文本、组织政策文件、访谈等多源数据，为强调植根经验事实的扎根理论提供了条件。

6.2.1　质性资料收集

价值共创涉及不同行业的多个利益相关者。研究力求发现不同主体在互联网+环保公益项目中发挥的差异化资源优势，因此需要系统地收集各类一手、二手资料，丰富数据来源，夯实扎根的基础。遵循扎根理论对数据来源丰富性的要求。通过开展半结构化访谈、收集公开报告、爬取网页信息、整理文献等多种方式收集数据，依据不同渠道的特点确定样本选择标准，完成了多源数据的收集。

访谈是扎根理论研究最常见的数据来源之一，研究通过深度访谈获得一手数据。整理平台互联网+公益组织的联系方式，在征得对方同意的前提下开展访谈。根据其公益服务方向和研究主题的相关度设计访谈问题，耗时 10 个月完成了与 29 位公益组织工作人员的访谈。访谈大多通过电话和在线沟通完成。访谈提纲在预访谈之后确定，同时逐步规范了访谈记录的格式，在记录访谈时长、访谈者基本信息和访谈内容之外，还记录了受访者所在公益组织的业务特点、受访者对访谈和研究提出的意见建议。

公开报告的收集包括国内广泛开展互联网+环保公益项目的不同领域，通过官方发布渠道人工统计，兼顾典型性和信息完整性，按主体性质分为政府文件、公益基金会报告和企业报告。

文献资料的收集不仅满足了文献综述的资料需求，也从学术角度考察了当前有关网络公益、环保公益等领域的热点和动向。同时，爬取和整理了不同平台关于互联网+环保公益、环保公益等相关领域的报道，涉及主流媒体、不同类型公益组织、社会新闻网站。新闻媒体报道能够体现当前议题的热点和难点，帮助研究聚焦于现实热点问题，增强了资料的时效性和丰富度。

此外，还持续跟踪了多场业内报告会、分享会，收集讲稿、图文等其他二手资料，这些与报告、访谈等相互印证，共同提高数据资料的系统性。剔除各类数据中与主题相关性较弱的部分后，最终整理得到 27 万余字的资料。

上述的报告文本和网页信息资料均依据内容与研究主题的相关程度标记为四类，具体内容见表 6-2。I 类代表与互联网+、环保公益、价值共创三个主题融合且高度相关，II 类代表与互联网+、环保公益两个主题高度相关内容，III 类代表与环保公益、价值共创两个主题高度相关内容，IV 类代表其他相关内容。

表 6-2　资料分类标准

类别	内涵 (关键词)
I 类	互联网+、环保公益、价值共创
II 类	互联网+、环保公益
III 类	环保公益、价值共创
IV 类	其他相关内容

6.2.2　公开报告文本的收集

政府政策发布和公益组织报告披露是组织机构参与构建和治理互联网+环保公益的途径之一。按照政府、企业、基金会三类主体分别收集有关互联网+、环保、公益的报告类文本。由于报告类文本篇幅长、类目多，部分组织信息发布存在年份缺失，需要进行有效性识别及筛选，因此本章使用的公开报告文本均采取手工收集方式。

1) 政府文件

生态文明建设被纳入"五位一体"总体布局和"四个全面"战略布局的核心组成部分。我国关于系统规范全社会慈善行为的配套政府文件发布数量快速增长，监管机构也日益完善。根据代表性和典型性原则，整理了不同政府部门的环保政策文件，如表 6-3 所示。

表 6-3　政策文件统计

政策文件	发布时间	发文单位	相关摘录
《陕西省环保产业发展规划》	2010.8.2	陕西省人民政府	做大做强环保产业，对于培育新的经济增长点、推动经济结构调整、促进技术创新和增强可持续发展能力具有战略意义
国务院关于加快发展节能环保产业的意见	2013.8.1	国务院	(四) 创新发展模式，壮大节能环保服务业

续表

政策文件	发布时间	发文单位	相关摘录
陕西省人民政府关于加强环境保护推进美丽陕西建设的决定	2014.5.19	陕西省人民政府	三、以环境保护优化经济增长，促进绿色转型发展
国务院关于促进慈善事业健康发展的指导意见	2014.12.18	国务院	二、鼓励和支持以扶贫济困为重点开展慈善活动 (一) 鼓励社会各界开展慈善活动
《环境保护公众参与办法》	2015.7.28	深圳市生态环境局	支持符合法定条件的环保社会组织依法提起环境公益诉讼
吉林省人民政府关于促进慈善事业健康发展的实施意见	2015.7.31	吉林省人民政府	开发网络捐赠和短信捐赠等形式，方便群众就近就便捐赠
《河南省"互联网+"行动实施方案》	2016.1.19	河南省人民政府	智慧环保专项。通过互联网实现面向公众的在线查询和定制推送，保障公众的环境知情权，提升公众参与环境保护积极性
陕西省人民政府关于促进慈善事业健康发展的实施意见	2015.11.7	陕西省人民政府	一、鼓励和支持以扶贫济困为重点的慈善活动 二、培育和规范各类慈善组织 三、完善扶持激励政策
河南省人民政府关于促进慈善事业健康发展的实施意见	2016.1.30	河南省人民政府	广播、电视、报刊及互联网信息服务提供者、电信运营商，应当对利用其平台发起募捐活动的慈善组织的合法性进行验证，包括查验登记证书、募捐主体资格证明材料
《中华人民共和国慈善法》	2016.3.19	中央人民政府	第二十三条：开展公开募捐，可以采取下列方式：(一) 在公共场所设置募捐箱；(二) 举办面向社会公众的义演、义赛、义卖、义展、义拍、慈善晚会等；(三) 通过广播、电视、报刊、互联网等媒体发布募捐信息；(四) 其他公开募捐方式
《2015 年陕西省环境状况公报》	2016.6.6	陕西省政府办公厅	八、建设项目环境管理 九、环境监测与信息 十、自然生态保护 十一、环境宣传教育 十二、政策创新与资金投入
《慈善组织认定办法》	2016.8.31	中华人民共和国民政部	(三) 不以营利为目的，收益和营运结余全部用于章程规定的慈善目的
《广州市人民政府关于促进慈善事业健康发展的实施意见》	2016.9.20	广州市人民政府	大力发展"慈善+互联网"，不断创新网络慈善平台，方便市民行善和求助。鼓励实施慈善款物募用分离，建立健全募用分离制度，通过联合募捐、公益创投、协议委托、公益招投标等方式，努力促进资助型慈善组织和服务型慈善组织发展……
《关于省以下环保机构监测监察执法垂直管理制度改革试点工作的指导意见》	2016.9.22	中共中央办公厅 国务院办公厅	加快解决现行以块为主的地方环保管理体制存在的突出问题
《北京市"十三五"时期环境保护和生态建设规划》	2016.12.28	北京市人民政府	打造北京环保宣传微平台，成为集权威发布、信息共享、全民参与于一体的传播交流平台。持续开展北京环保公益大使聘任活动，发挥环保典型人物的号召力、影响力……

政策文件	发布时间	发文单位	相关摘录
决胜全面建成小康社会夺取新时代中国特色社会主义伟大胜利——在中国共产党第十九次全国代表大会上的报告	2017.10.18	中国共产党中央委员会	推动互联网、大数据、人工智能和实体经济深度融合,在中高端消费、创新引领、绿色低碳、共享经济、现代供应链、人力资本服务等领域培育新增长点、形成新动能
国务院办公厅关于推进社会公益事业建设领域政府信息公开的意见	2018.2.26	国务院办公厅	(五)环境保护领域。进一步做好社会广泛关注的大气污染防治、水污染防治、土壤污染管控和修复等信息的公开工作……
关于推进重大建设项目批准和实施、公共资源配置、社会公益事业建设领域政府信息公开的实施意见	2018.6.5	陕西省人民政府办公厅	环境保护领域。进一步做好环境保护信息公开工作……
中华人民共和国国务院令第 714 号	2019.4.23	国务院	将《中华人民共和国企业所得税法实施条例》第五十一条修改为:"企业所得税法第九条所称公益性捐赠……"第五十二条修改为:"本条例第五十一条所称公益性社会组织……"
《2020 年上海慈善事业促进工作要点》	2020.3.20	上海市民政局	六、注重平台建设,推动慈善超市创新发展
北京市推进全国文化中心建设中长期规划 (2019 年-2035 年)	2020.4.9	北京市推进全国文化中心建设领导小组	积极培育互联网公益力量,拓展"互联网+公益""互联网+慈善"模式,广泛开展形式多样的网络公益、网络慈善活动,引导人们随时、随地、随手做公益
浙江省人民政府关于加快推进慈善事业发展的实施意见	2015.11.27	浙江省民政厅	(三)增强慈善组织自主发展能力。推进政社分开,……积极探索培育网络慈善、社会企业等新的慈善形态
《关于在常态化疫情防控中进一步创新生态环保举措更大力度支持经济高质量发展的若干措施》	2020.6.30	上海市生态环境局	(十七)搭建政企沟通平台 鼓励各区通过开设环保公益咨询室、建立微信群等各种模式方式,建立常态化的政企交流沟通平台
《广州市推动慈善事业高质量发展行动方案》	2020.8.3	广州市人民政府	支持新闻媒体、互联网信息服务提供者、电信运营商等对不良慈善现象以及违法违规行为进行曝光
湖北省疫后重振补短板强功能生态环境补短板工程三年行动实施方案 (2020-2022 年)	2020.10.14	湖北省办公厅	建立安全、环保、应急救援和公共服务一体化信息管理平台
《光谷科技创新大走廊发展战略规划 (2021-2035 年)》	2021.2.4	湖北省人民政府办公厅	鼓励企业、社会组织等以建立基金、联合资助、公益捐赠等方式参与光谷科技创新大走廊建设
中华人民共和国国民经济和社会发展第十四个五年规划和 2035 年远景目标纲要	2021.3.12	中央人民政府	鼓励民营企业积极履行社会责任、参与社会公益和慈善事业。规范发展网络慈善平台,加强彩票和公益金管理。加快补齐基础设施、市政工程、农业农村、公共安全、生态环保……等领域短板

续表

政策文件	发布时间	发文单位	相关摘录
《浙江省区块链技术和产业发展"十四五"规划》	2021.4.20	浙江省发改委 浙江省经信厅 中共浙江省委网信办	积极发挥区块链在规范网络慈善众筹市场中的可信协同作用，保证求助信息更加真实、透明，善款更具可追溯性，助力提升公益慈善行业信誉和公信力

2) 公益基金会报告

对国内知名并且从事环保相关项目的公益基金会进行了公开报告收集，共收集 21 家代表性公益基金会披露的 2017~2020 年企业社会责任报告、基金会年报、ESG(环境–社会–公司治理) 报告等相关报告。当同一基金会近年来的报告中有关环保公益的表述重复率过高时，做合并处理，只保留年份较近的报告，最终筛选出 41 份报告文本。随后，提取关键词和剔除关联性较弱的资料和章节，整理得到62000 余字的数据资料。整理的公益基金会报告情况如表 6-4 所示。

表 6-4　公益基金会报告统计

报告类属-组织名称	报告年份
I-百度公益基金会	2018、2019
I-北京合一绿色公益基金会	2017、2018、2019
I-阿里巴巴公益基金会	2018、2019
I-北京绿色阳光环保公益基金会	2017、2018~2019
I-深圳市红树林湿地保护基金会	2018、2019、2020
I-芝兰基金会	2019
I-四川省绿化基金会-年报	2018、2019、2020
I-北京慈海生态环保公益基金会	2018、2019
III-北京东方美丽乡村发展基金会	2020
III-北京慈海生态环保公益基金会	2017、2019
III-北京市国检绿色环保公益基金会	2018、2019
III-北京水源保护基金会	2018、2019
III-北京自然之友公益基金会	2017、2018、2019
III-北京滴滴公益基金会	2019
III-广东省绿盟公益基金会	2017、2018、2019
III-三峡集团公益基金会	2020
III-深圳市绿源环保志愿者协会	2018、2019、2020
III-万科基金会	2019、2020
III-西双版纳州热带雨林保护基金会	2019
III-长沙绿色潇湘环保科普中心	2020
III-中国海洋发展基金会	2019

3) 企业报告

面向国内知名互联网企业或从事环保相关业务的企业，共收集 37 家企业披露的 2017~2020 年企业社会责任报告、可持续发展报告或年报。当同一企业近年来报告中有关环保公益的表述重复率过高时，保留年份较近的报告，筛选出 60 份报告。随后，提取关键词和剔除关联性较弱的资料和章节，整理得到 57000 余字的数据资料。整理的企业报告资料情况如表 6-5 所示。

表 6-5　企业报告统计

报告类属-企业名称	报告年份
I-阿里巴巴 (中国) 网络技术有限公司	2018~2019、2019~2020、2020~2021
I-重庆水务集团股份有限公司	2020
I-深圳市腾讯网域计算机网络有限公司	2018、2019
I-京东科技控股股份有限公司	2013~2017
I-美团科技有限公司	2018、2019
I-广汽丰田汽车有限公司	2018、2019
I-瀚蓝环境股份有限公司	2020
I-金光纸业投资有限公司	2018
I-三棵树涂料股份有限公司	2019
I-深圳市铁汉生态环境股份有限公司	2018
I-天齐锂业股份有限公司	2019
I-中国光大水务有限责任公司	2020
III-爱茉莉太平洋 (中国) 有限公司	2019、2020
III-成都市兴蓉环境股份有限公司	2019
III-东江环保股份有限公司	2018、2019、2020
III-格林美股份有限公司	2019、2020
III-国祯环保节能科技股份有限公司	2019
III-恒大集团有限公司	2019
III-岭南生态文旅股份有限公司	2018
III-三棵树涂料股份有限公司	2018
III-上海实业环境控股有限公司	2019
III-首创环境控股有限公司	2019
III-雅居乐地产控股有限公司	2018、2019
III-光大绿色环保管理 (深圳) 有限公司	2017、2020
III-中国光大水务有限责任公司	2019
III-中国远洋海运集团有限责任公司	2017、2018、2019
III-中国石化集团公司	2018、2019、2020
III-中信环境投资集团有限公司	2019
IV-北京北辰实业股份有限公司	2018、2019
IV-北京清新环境技术股份有限公司	2019
IV-博天环境集团股份有限公司	2020

续表

报告类属-企业名称	报告年份
IV-恒大集团有限公司	2018
IV-华泰证券股份有限公司	2018、2019
IV-三生 (中国) 健康产业有限公司	2015~2017
IV-天齐锂业股份有限公司	2018
IV-旭辉集团股份有限公司	2019
IV-光大绿色环保管理 (深圳) 有限公司	2018、2019
IV-英皇集团有限公司	2017~2020
IV-云南水务投资股份有限公司	2019
IV-中国水务集团有限公司	2020
IV-中山公用事业集团股份有限公司	2018、2019

6.2.3　访谈的设计与实施

对 29 个公益基金会或环保项目的负责人或管理者进行半结构化访谈。面对数量繁多、规模各异的公益组织，为了提高样本的典型性、提高抽样的效率和质量，采取目的抽样方式。访谈准备过程中，主要通过在线搜索联系方式后再打电话邀约访谈，在尊重对方的受访意愿后展开。为保证样本的异质性和典型性，访谈样本在所在组织特征、岗位等方面做到了差异化，具体访谈样本信息见表 6-6。

表 6-6　访谈样本信息表

编号	所参与的项目/组织特征	岗位/角色	时长/min
1	具备公募资格，环保业务起步早，发起方/监督方	一线人员	50
2	从事环保活动和志愿服务，是某省共青团青少年环保联盟的秘书处，和全省环保组织及社团有联系，发起方/执行方	一线人员	30
3	具备公募资格，从事公众科普和濒危物种保护，发起方/执行方	协会副秘书长	39
4	关注乡村饮用水，通过标准化的信息工具，提供一手的信息辅助方案更加有效、精准地落地，发起方/执行方	项目经理	35
5	具有公募资质的环保非政府组织 (二级单位)，承担很多政府类采购服务，和政府紧密联系，发起方/执行方	党支部书记	40
6	专门从事环境保护的公募基金会、资助型基金会，致力于打造企业家、环保公益组织、公众共同参与的社会化保护平台，发起方/执行方	平台筹款高级经理	50
7	非营利性的专业性的针对海洋保护的社会团体，没有公募资质，发起方/执行方	协会秘书长	35
8	兼有发起方、捐助方、平台方的角色	前 CSR 部门项目经理	40
9	发起方/执行方，人力成本是本机构发展面临的首要困境	一线人员	20
10	发起方/执行方，致力于生活垃圾的可持续管理，负责环境教育	一线人员	30
11	发起方/执行方，目前在初步试行互联网平台相关业务，没有太大变化，暂时只筹集了一笔款项	负责人	40
12	发起方/执行方，专注于海洋垃圾议题的公益机构	首席执行官	40

编号	所参与的项目/组织特征	岗位/角色	时长/min
13	发起方/执行方	执行专员	20
14	目前只在本区运行项目,官网、微信公众号都有专门加入渠道,没有特意宣传,主要通过项目的影响力吸引公众	协会秘书长	15
15	公司业务主要研发核能清洁能源和核电站建设,所在公司暂时没有参与过"互联网+"环保公益项目	党群工作部工作人员	30
16	公司定位为"产业新城运营商",打造"产业高度聚集、城市功能完善、生态环境优美"的产业新城,截至调查日尚未参与互联网+环保公益项目	区域事业部融资主管	20
17	设有线上众筹平台和线下活动,主打第三方支持平台	客户经理	15
18	与市内的环保创客团队合作,通过独创的"智能回收体系",完成旧物再生,远销国外	公司董事长	20
19	负责考研教育,曾参与社会公益、校园公益,暂时没有参与过线上的环保公益项目	市场咨询师	30
20	整合社会资源为贫困弱势群体提供医疗和生活帮助	项目专员	15
21	通过网络的力量,筹集资金和物资,帮助少数民族集中地区的山区小学和贫困家庭	宣传部负责人	30
22	业务方向涉及公益项目管理平台搭建、社会组织能力建设、企业社会责任开发、公益项目开发和推广	法人代表	40
23	当地新联会秘书长单位,提供社会工作服务	法人代表	15
24	致力于通过社会组织与公益人才培育社会服务创新与模式输出等推动本土社会组织专业可持续发展	组织负责人	30
25	人员包含外国籍专家及国内外志愿者,该组织是亚洲最大的黑熊救护中心	协调专员	30
26	环境教育宣传,组织公众参与、开展和支持红树林资源、生物多样性保护的科学研究和保育活动	合作发展部总监	25
27	从事多重效益造林、生物多样性保护	秘书长助理	30
28	开展环保教育和倡导工作、零废及垃圾分类减量等环保类社区活动、承接有关政府委托事项	执行主任	15
29	首批认定具有公募资格的 16 家慈善组织之一	协会副秘书长	30

　　在访谈前,初步了解访谈对象参与的项目,有助于访谈的深入。访谈主体提纲主要涵盖四个方面,即访谈对象及所在组织基本情况、互联网+环保公益项目参与动机和实施情况、组织及行业环境感知、组织目标。访谈主要了解该环保公益项目在平台的运行机制、特点以及项目合作中其他利益相关者情况。例如,"您所在公司参与互联网+环保公益项目的过程中遇到过什么问题?是如何解决的?""企业对参与过的项目效果的评价如何?是否满意?""您所在公司的高层管理人员是否支持企业参与互联网环保公益项目?"访谈提纲经过对 3 位基金会工作人员的预访谈,对照受访者的修改意见进行了完善,保证了访谈的针对性。在访谈完成后对录音转录、逐字校对,每个样本独立存储为一个文件并编号,整理得到文字

资料 68000 余字。

6.2.4 其他文本资料收集

1) 文献资料的梳理

虽然有关互联网+环保公益项目的研究仍在探索阶段，但有关价值共创、环保、公益等领域的研究在国内外已获得了一定的发展，形成了一系列成果可作为参考。梳理和分析以往学者的文献，既可以追踪相关学科、领域的总体发展及热点动向，也为开展扎根研究提供了扎实丰富的信息补充。

在中国知网、Web of Science 等中外文献数据库中，独立或组合检索"互联网+""环保""公益""众筹"等关键词，剔除检索结果中的非学术文章，如会议信息、新闻报道等。随后，人工筛选与研究主题无关的文献。最后根据期刊质量以及相关度精选 80 篇国内外文献，对文献进行摘录和分类，形成 11000 余字的资料。虽然检索并不能完全覆盖本领域的所有相关文献，但包括了案例分析、实证研究、文献综述在内的多种主流研究方法，并且以机制研究、影响因素研究为主，作为本书的数据来源之一是恰当和具有参考价值的。

2) 网页信息的爬取

快速发展的互联网技术带动着数字化公益项目的崛起，网络上关于环保公益项目的报告内容能够从另一视角提供信息。选取人民网、新华网、百度资讯、搜狗微信搜索平台、中华公益网等具有重要影响力的社交或公益网站，使用爬虫工具设置"环保""公益""价值共创""捐赠"等关键词爬取研究所需的资料。为了确保网页资料的时效性，爬取近五年的数据，在剔除掉重复、无用或缺失的信息后，由研究人员按照相关概念进行筛选分类，最终归类整理为 63 条、共计 54000 余字的网页信息材料，作为另一层面的数据支撑。

3) 其他二手资料的收集

本章研究还及时跟进了其他信息的收集。为了更加贴近互联网+公益实践、更准确解读行业内部分析，借助旁听行业分享会、研讨会、在线碎片化阅读的机会，陆续积累相关不同参与公益组织的图文资料 15 份，补充了信息资料的来源。

6.3 数据分析编码

从不同资料源、由不同评估者对资料进行分析，以提高研究的信度。依据前人提出的分析推广逻辑，结合原始数据、二手资料，识别不同主体 (政府、企业、公益组织、公众等) 进行互联网+环保公益项目价值共创的驱动因素、活动行为和最终结果，通过丰富的数据支撑，建立了翔实的证据链，以探究不同主体进行互联网+环保公益项目价值共创的内在逻辑。

采用质性研究工具 Nvivo11 进行编码工作，采用多种方法保证团队成员编码的一致性。首先由研究人员以双盲的方式对资料进行编码，收集到的质性材料通过编码归纳为相关概念，再将得到的概念归类并分配到相关的分析框架中。在开始正式的编码工作之前，由参与编码的人员进行预编码，并比对每个人产生的编码结果，用以测试编码人员对于研究构念的内涵理解的一致性，如果超过 90% 的编码结果被认为是一致的，则表示预编码通过，可以开始正式编码，在同一来源的数据中，相同含义的表达计为一个条目。

在编码过程中，首先根据资料来源对样本数据进行开放性编码。本阶段的工作按照最大量原则进行编码，即尽可能保留与研究相关的内容；同时使用资料原文呈现编码或保留原始含义进行高度概括，使之尽可能地接近数据，形成互联网+环保公益项目跨界合作的丰富议题。包括各主体为什么要进行互联网+环保公益项目的合作，合作的内容是什么，以何种方式开展合作，合作最终产生的结果是什么，会带来哪些影响，等等。通过开放性编码，使原本庞杂的数据变得精简、清晰，便于进行后续工作。

其次，在开放性编码的基础上，为了使编码聚焦于研究问题，便于研究者识别主要构念、关键过程及重要逻辑关系，进行数据的大幅缩减。由于主轴编码梳理出来的分析方向能够增强编码的聚焦性和选择性，因此，在该阶段采用主轴编码。具体而言，研究人员通过主轴编码判断哪些重要或频繁出现的初始编码有利于更充分、全面地分析数据，并不断用新得出的数据来筛选和校验这些初始编码，形成新的编码。其中，编码构念来自于不同类别的信息，部分来自访谈数据，如环保公益组织的发展困境、政府对环保公益组织发展的扶持内容、方式等。部分来自现有文献，如互联网+环保公益项目面临的挑战、我国环保事业的发展现状等。该部分主要进行开放性编码的分类，识别出各主体的合作动机、合作内容及合作结果等，并归纳出相关的理论归属。在获得理论归属后，为了提高研究的信度，研究人员查漏补缺，当通过主轴编码和文献对比后发现可能忽略了一些数据时，从主轴编码回到开放性编码，进行数据的再整理和再分类。双盲编码完成后，再由编码人员一起核对编码的结果，对于编码不一致的条目，进行讨论得出一致的编码结果。

再次，在上述两个编码工作的基础上具体化理论类属的属性和维度，使松散的数据分析结果变得更加一致且连贯，即选择性编码。在该阶段进一步确定主轴编码之下的深层含义，尝试建立类属之间的相关性，并将概念抽象为具有理论内涵的主题。

最后，为形成连贯且有逻辑关系的理论框架，研究人员在上述编码的基础上，构建主要类属之间的理论关联及互动机制。在这一过程中，研究团队增加了现有理论、编码和新增数据之间的对比分析，基于此来形成初步的理论框架，不断进行由数据到关系再到理论框架的演进，并通过不同数据来源之间的相互印证，强化对重要现象解释的可重复性，形成与现有理论的对话。

6.3.1 开放式编码

开放式编码是扎根理论的第一步，主要是将搜集到的资料进行分解，针对资料里反映的现象，不断比较其间的异同，进而为现象贴上概念标签，再把相似概念聚拢到一起，提炼出更高级别的编码。研究分三步进行开放式编码。贴标签是指基于原始资料，尽量使用原始资料语句提取资料关键信息。概念化是指选取或创造一个最能反映某一标签本质内涵的概念来指代这一标签。范畴化是利用比概念层次更高、抽象程度更深的词来进一步归纳。通过对数据资料多次整理分析后，利用 Nvivo11，最终从资料中提炼出 889 个标签 (标号为 aa1~aa889)；随后将标签归纳为 381 个概念 (标号为 a1~a381)；最后，根据公益主体划分，抽象出 183 个范畴。由于原始资料数据庞大及篇幅限制，本书选取了部分贴标签与范畴化过程的展示，分别如表 6-7 和表 6-8 所示。

表 6-7 开放式编码贴标签过程举例

资料来源	原始资料举例	贴标签
访谈	关于腾讯公益平台，我们从这种法律法规上来讲的话，它具有一定的合规性和合法性。因为公益组织需要筹款，慈善法出台以后，它是需要有公募资质，然后才能够筹款……多数的社会组织都没有公募资质，必须要依托这种合法的具有公募资质的这种平台来公开募集筹款。所以说从合法性的角度，必须得要求你要通过这样的一个途径	aa7 互联网平台提供合法合规性支持
	公益行业的通病就是人才缺乏，本机构也存在同样的问题。无论多伟大的事情，归根结底都需要人去解决和落实。有能力之人的参与十分重要	aa82 公益组织人才缺乏
网页新闻	发展之余，哈啰不忘回馈社会。积极探索 "业务 + 公益"，联合中国扶贫基金会发起 "哈啰百美村宿骑游节"，在河南省台前县姜庄村、河北省涞水县南峪村两个村庄试点，依托哈啰物联网技术和景区车产品入驻，助力贫困乡村出行共享化、智能化，满足游客乡村慢行文旅需求。同时，在试点村庄提供车辆运维的公益岗位，将运营提成作为村民合作社的分红来源，助力文旅扶贫	aa256 业务 + 公益
	环保是全社会、全人类共同面对的问题，并非政府、机构、企业或个人等任何方的一己之力可以解决，关键在于提升全民环保意识，从根源做起，通过行动激发全民参与的环保行动力……只靠企业单方面投入，这种力量是不够的……	aa409 环保非一己之力可以解决
企业年报	美团外卖通过设立美团外卖环保日，借势重要节点等方式向消费者进行环保宣传。同时进行手机软件下单引导，公交、地铁广告投放等方式，倡导公众进行环保行动	aa512 环保理念倡导
	与清华大学进行合作研究《美团外卖环境影响评估与行业绿色发展建议》，试图通过对外卖环保工作的定量研究及定性分析产出客观科学的工作标准及路径，制定行动纲领和重点问题的解决方案	aa517 与大学合作研究环保路径

续表

资料来源	原始资料举例	贴标签
基金会年报	百度基金会通过资助公益机构开展公众公益倡导与影响的项目,并通过公众教育等方式唤起公众公益意识,其中捐赠壹基金 50 万,在社区内开展非物质文化遗产保护宣传推广活动。出资 215 万,联合奇点公益,打造志愿者公益服务平台,组织志愿跑步活动,提升公众志愿服务精神;同时,组织中国红十字基金会,美丽中国等近 20 家头部公益机构,开展两场行业信息化发展交流活动,提升大家对如何利用互联网提升自身信息化水平的认知。捐赠爱德基金会 30 万,利用人工智能等新技术创探索创新流浪猫等动物保护	aa598 提供资金支持(项目、活动、交流、研究)
政策文件	《国务院办公厅关于推进社会公益事业建设领域政府信息公开的意见》:环境保护领域。进一步做好社会广泛关注的大气污染防治、水污染防治、土壤污染管控和修复等信息的公开工作。重点公开环境污染防治和生态保护政策措施、实施效果,污染源监测及减排,建设项目环境影响评价审批,重大环境污染和生态破坏事件调查处理,环境保护执法监管、投诉处理等信息。及时发布大范围重污染天气预警提示信息,统筹做好重污染天气期间信息发布、舆情引导等工作	aa630 环保信息披露要求
	《陕西省人民政府办公厅关于积极支持慈善事业的通知》:认真落实慈善捐赠的优惠政策。财政部、国家税务总局 2001 年 3 月 8 日联合发出的《关于完善城镇社会保障体系试点中有关所得税政策通知》(财税 (2001)9 号) 中规定:对企业、事业单位、社会团体和个人向慈善机构、基金等非营利机构的公益、救济性捐赠,准予在缴纳企业所得税和个人所得税前全额扣除。各级政府要协调财政、税务部门认真落实这一优惠政策,提高政府的公信度,鼓励社会各界积极向慈善款捐物,以实际行动支持慈善事业	aa645 公益政策优惠
其他	(福特汽车环保奖) 获奖项目对其项目地生态环境的改善,多数体现为保护物种数量增加、生态系统得到修复、水源水质得到改善。很多项目带来了多重效益和影响。如近 1/3 的受访获奖项目 (60 个) 促进了保护物种数量增加或改善了栖息地……	aa710 生态环境改善
	安庆市菜子湖湿地保护协会等物种和栖息地保护的机构,改变当地社区居民以往打鸟、抛弃废弃渔网等会对生态环境造成破坏的行为,提高环保意识和参与能力,一起参与到巡护监测、本地调查、生态导赏、手艺教授等保护行动中来	aa756 提高居民环保意识和参与能力

表 6-8 开放式编码

主体	范畴	概念
公益组织	A1 舆论压力	a16 媒体压力、a17 公众压力
	A2 公众项目期望	a8 公众项目期望
	A3 提升知名度	a4 提升组织知名度、a5 提升项目知名度、a14 提升品牌知名度
	A4 环保理念	a15 高层管理者环保信念、a18 解决社会问题
	A5 战略目标需求	a18 战略目标需求、a8 促进线上转型
	A6 政府考核	a3 年审评级、a184 政策要求、a185 项目绩效考核、a186 政府要求信息披露
	A7 第三方评估	a22 第三方评估、a183 行业评判会影响组织发展
	A8 政府支持	a1 支持多元化融资、a6 合规合法性支持、a12 助力宣传推广、a21 人员招募支持
	A9 专业指导	a51 获得专业指导、a63 提供专业指导
	A10 平台创建	a23 创建捐赠平台、a187 创建行业资源平台、a173 构建环保数据平台

续表

主体	范畴	概念
	A11 营造环保氛围	a36 环保精神传承、a99 营造环保市场氛围
	……	……
平台	B1 打造项目品牌	a126 公益项目 IP 化、a355 公益项目产品化、a376 推动项目长期化
	B2 提供支持	a121 提供技术支持、a116 整合资源、a117 汇聚各方资源
	B3 环保理念创新	a105 理性公益
	B4 技术融合创新	a141 先进技术和创新理念融合、a145 技术结合热点做公益
	B5 多元化创新	a96 渠道多元化、a100 形式多元化、a104 参与方式多样化
	B6 大众参与创新	a103 大众参与创新
	B7 提升参与体验	a149 提升参与体验、a150 提升参与趣味性
	B8 增强项目透明度	a97 展示风险、a110 增强项目透明度、a130 提升信息对称水平
	B9 项目营销策划	a129 特殊节日配捐、a132 项目营销策划、a127 项目规模范围确定、a135 策划大型公益活动
	B10 增强公众信任	a108 增强公众项目信任、a140 平台审核提供项目质量保障、a114 环境纠纷处理的大数据应用、a95 平台提供合规合法性支持
	……	……
企业	C1 环保研究	a284 开展环保科研、a285 环保闭环研究、a286 技术/模式研究改进
	C2 企业价值观	a269 公司战略对开放共享的重视、a313 符合企业的价值观和文化、a315 企业价值观影响公益行为、a260 高层管理人员支持
	C3 制定环保制度	a280 制定环保目标、a276 制定环保工作标准、a272 环保激励手段、a292 环保承诺书
	C4 倡导环保理念	a278 环保宣传、a281 倡导环保理念、a288 奖励环保公益行为、a306 环保成果展示
	C5 履行社会责任	a267 引导环保消费、a261 履行社会责任
	……	……
政府	D1 环境保护战略	a156 环境目标实现需要社会合作、a160 国家推动环保发展
	D2 可持续发展战略	a158 国家关注绿色可持续发展、a168 国家环保要求
	D3 国家大数据战略	a157 数据强国战略要求、a155 环境保护中大数据的管理应用
	D4 制定环保政策	a161 制定环保政策
	D5 政策优化	a162 需要提高政策的可执行性、a316 环基金会境外资金限制、a170 环保 NGO 缺乏政策支持
	……	……
公众	E1 情感价值	a236 提高所在组织凝聚力、a238 兴趣支配、a237 提升荣誉感、a247 获取成就感
	E2 社会价值	a246 活动的实际意义、a248 工作认同、a239 环保意识
	E3 参与便捷性	a243 参与成本降低、a251 参与难度降低、a244 参与形式多样化
	E4 公益理念转变	a256 理性公益、a257 可持续性公益、a245 公益思想转变
	……	……
基金会	F1 资金角色转移	a169 主要资金者向公众转移
	F2 培训资助	a187 学习交流活动资助、a176 环保知识培训、a172 人员培训支持
	F3 项目资助	a171 项目资助
	F4 研究资助	a179 环保技术研发支持、a364 公益技术优化资助、a182 行业研究资助
	……	……
待改进	G1 项目组织关注少	a205 忽视项目背后的组织
	G2 筹款困难	a210 资金不足、a216 筹款问题、a220 小微组织需要资金扶持、a223 资助来源单一

续表

主体	范畴	概念
待改进	G3 环保项目设计吸引力不强	a204 环保吸引力不强、a212 环保公益创新不足、a225 互联网公益项目同质化严重
	……	……

6.3.2　主轴编码

主轴编码是将开放编码得到的范畴进行比较分析并重新划分确立类属的过程，以寻找不同范畴之间存在的内部关联。研究在大量扎根资料梳理的基础上，确定了基于公益主体进行编码分类的思路，按照公益主体分为公益组织、公益平台、企业、公众、政府和基金会，并确定了各公益主体的关系，共计 7 个层次，81个主轴编码。主轴编码与开放式编码之间的类属关系部分展示于表 6-9。

表 6-9　主轴编码结果 (部分)

层次	主轴编码	开放式编码	关系的内涵
公益组织	成长需求	A13 获取资金 A14 提升技术水平 A17 提升管理水平 A3 提升知名度	公益组织发展所需的基本要求，资金体现组织筹资渠道，技术与管理体现组织能力，知名度体现组织影响力
	外部压力	A1 舆论压力 A21 竞争压力 A2 公众项目期望	公众项目期望与舆论压力体现公众、媒体和社会对公益组织的关注与监管，竞争压力体现公益组织间的关注与竞争
	数字化趋势	A16 渠道数字化 A24 数字化机会	渠道的数字化为互联网+环保公益的实现提供了可能，也在一定程度上削弱了传统公益的效果；同时互联网的数字化公益市场为公益组织提供了发展机会
	外部考评	A6 政府考核 A7 第三方评估	通过政府考核与第三方评估监督规范公益组织的行为，为政府支持与组织合作提供依据。其均来自外部，故称外部考评
	……	……	……
平台	营销策划	B9 项目策划营销 B12 品牌策划营销 B23 平台策划营销	通过项目营销策划增加项目成功率，成功且优秀的项目可以进一步打造成公益品牌，并将其纳入平台策划营销的范畴，将公益品牌与平台建立联系，提升平台形象
	提供项目支持	B17 关注项目需求 B2 提供支持 B16 项目推荐 B1 打造项目品牌	项目准备阶段根据项目需求提供支持，策划执行阶段提供平台推荐，项目收尾后为发展优良的项目提供长期支持，打造项目品牌。为项目的各个阶段提供项目支持
	公益大众化	B31 参与规模扩大 B32 参与成本降低 B27 参与途径增加	线上参与和平台的出现增加了参与途径，降低了参与成本，同时，互联网加速了信息传播，也促使参与公众的群体扩大
	环保模式创新	B3 环保理念创新 B4 技术融合创新 B5 多元化创新 B6 大众参与创新	环保模式创新包含指导的环保理念、支撑的技术融合，以及公益活动的大众参与，同时涉及多领域、多元素等多元化创新
	……	……	……

续表

层次	主轴编码	开放式编码	关系的内涵
企业	提升企业软实力	C6 建设企业文化 C11 提高企业声誉和形象 C2 企业价值观	企业软实力包含企业文化,而企业价值观影响企业文化,同时企业价值观与企业文化的表现形式为企业声誉与形象
	商业价值考量	C22 公益抵税 C18 短期可见利润 C8 产品竞争力 C9 企业供应链建设与管理	从产品、利润与企业供应链角度考虑公益的商业回报,公益抵税则体现了政府的支持,既有利于企业盈利,也有利于与政府建立关系
	打造公益联盟	C15 多方合作 C21 资源共享 C1 环保研究 C24 生态扶贫	资源是联盟的基础,多方合作确定了联盟的公益主体,环保研究为联盟的公益执行提供了理论基础与技术支撑,生态扶贫则体现了多方合作的环保公益模式
	促进可持续发展	C17 促进企业自省 C19 促进生态改善	一方面以促进企业自省实现企业的可持续发展;另一方面以促进生态改善实现环境的可持续发展
	赋能商业价值	C26 商业手法开展公益	借助企业优势开展公益,将公益与功利有机结合,实现公益与商业的共赢
	……	……	……
政府	政治激励	D9 环保绩效考核	将环保绩效考核纳入政府工作人员的政绩考核,以此激励政府工作人员重视环保公益
	维护环境权	D6 环境知情权	环境属于公共资源,公民有权了解环境真实情况,而社会各界公布的环境数据不足、不及时或缺乏真实性,所以政府有责任维护公民的环境权
	构建环保制度体系	D8 制定环保法律法规 D11 制定环境标准 D5 政策优化 D23 发布规范性文件	通过法律条文、标准搭建环保制度体系框架,通过优化政策和规范性文件在实际中不断完善框架内容,从而构建环保制度体系
	资源支持	D15 资金支持 D19 公共物品支持 D16 宣传支持 D21 专业培训支持	从筹备到执行、到推广,通过资金、公共物品为环保公益提供筹备资源、场地资源,通过专业培训为公益人员提供理论、技能、管理支持,通过宣传为环保公益提供推广支持
	政府监管	D12 资料审查 D25 环保约谈 D24 现场检查 D18 举报受理	政府通过前期资料审查、过程现场监管和后期受理举报进行环保公益项目监管,同时通过环保约谈进行公益行业监管
	……	……	……
公众	组织干预	E12 组织氛围 E17 强制性	由公众个体所属组织的组织氛围所带来的潜意识干预,和组织通过激励与命令等方式带来的强制性干预,从而促使公众参与公益
	环保氛围	E8 舆论宣传 E13 社群压力 E7 重大环保事件	一个是由环保公益项目宣传所形成的舆论环保氛围,一个是公众所处社群的环保氛围,以及由突发性的重大环保事件所形成的社会环保氛围
	……	……	……
基金会	资金筹集	F1 资金角色转移 F9 筹集渠道多元化 F11 资金来源多样化	互联网使筹资渠道多元化,增加了公众参与的便捷性,促使资金捐赠角色向公众转移;同时互联网促进跨界合作,使得资金来源多样化
	……	……	……

续表

层次	主轴编码	开放式编码	关系的内涵
关系	信息关联度	H1 环保类别 H2 组织发展路径 H6 组织使命	环保公益种类繁多，而组织使命各有不同，这决定着组织的公益资源种类及功能侧重点；同时，公益组织的发展路径决定了组织的公益资源偏科研还是偏公益执行
	公益资源	H18 项目所需资源 H5 优势公益资源 H3 公募资质 H9 社会资本	公益资源从需求和供给两方面分析。需求指环保公益项目所需资源，供给指公益组织可提供的资源。项目资源需求决定着公益组织的优劣势资源，从而影响组织间的竞合关系
	合作	H3 公募资质 H7 资源依赖 H21 构建价值生态	公募资质是最重要的合法性资源，通过公募资质与资源依赖关系构建组织间的合作价值生态，促进维护合作关系
	……	……	……

6.3.3　选择性编码与理论饱和度验证

选择性编码是实施程序化扎根编码的核心内容，其目的是将不同的编码进行联系，并以此为基础构建研究主体的行为模式。将研究中的所有范畴进行串联，对主范畴进行抽象，形成故事线，将资料与研究目的相联系。研究的选择性编码过程是聚焦不同主体的编码，描述不同主体的互联网+环保公益模式，并将不同主体的行为进行有效衔接，形成价值共创视角下互联网＋环保公益项目跨界合作机制。研究在该阶段按照不同主体进行了分类，将编码间的关系进行了构建。

理论饱和度验证是检验理论充分性与完整性的必要步骤。当搜集新的数据不再能通过编码产生新的理论见解，或不再能揭示核心理论类属新的属性时，类属就达到饱和的状态。研究的原始数据覆盖了新闻、访谈、企业社会责任报告、文献以及政策文件等多方来源，选取各来源原始数据的四分之三用来构建理论，剩余的四分之一按照上述编码的过程进行处理，并将新提取的编码与原有的结果进行对比，检查是否能归入原有的范畴中，如果没有出现新的概念与范畴则说明理论饱和度较好，停止数据收集与编码过程。经过上述理论饱和度验证过程，确定所有新的编码都能归属到原有的理论中，并没有发现新的概念与范畴出现，说明原始资料已经被充分挖掘，可以认为范畴编码和理论模型已经达到饱和。

6.4　单主体价值共创模式

基于已完成的资料编码，按照从单主体参与行为到多主体跨界互动价值共创模式构建的思路展开。根据编码数据分析，确定互联网环保公益项目的参与主体为公益组织、公益平台、企业、公众、政府以及基金会。互动关系按照选择性编码过程中确定的编码间关系进行构建。单主体价值共创模式构建按照驱动过程分析、行为模式构建及价值实现的总结三部分展开。价值共创的关系构建按照互动合作过程到价值连接模式展开。

单一主体参与互联网环保公益项目的模式，包括公益组织行为、公益平台行为、企业行为、公众行为、政府行为以及基金会的资金管理模式。需要说明的是，在基金会行为的数据资料分析及模式构建过程中发现，基金会是广义的公益组织组成部分，其行为功能与一般的环保公益组织存在大幅度的重叠，都会进行筹资、项目执行等一系列工作。两者的主要区别在于资金管理过程，因此基金会的研究只阐释了资金的管理模式。此外，研究还涉及了多主体跨界互动的价值共创，该部分包括公益生态的形成过程以及多主体的价值共创模式。公益生态的形成过程描述了环保公益由初期的相互独立阶段到互联网公益平台介入后的生态形成阶段，主要关注价值共创生态的形成及演变。多主体的价值共创模式阐释了多主体之间参与环保公益项目的合作关系以及实现共创价值的过程。

6.4.1 公益组织参与价值共创模式

公益组织参与模式包含驱动层、执行层和结果层三个层次共计 16 个主轴编码。公益组织参与模式如图 6-1 所示。

驱动层由内在驱动因素和外在驱动因素两部分组成。公募资质是公益组织合法性前提之一，属于核心内在驱动因素，是否具有公募资质决定着公益组织在各公益主体间合作时的话语权；此外，公益组织的环保理念和战略需求决定着公益组织的发展方向、组织特色、公益范围，影响着公益组织的行为模式；成长需求则从资金、技术、管理、知名度等方面驱使公益组织参与环保公益，增强公益组织实力。随着互联网技术的发展，来自公众、媒体、社会的舆论压力、公众对公益项目的期望，以及同行竞争的压力促使公益组织努力做好做强环保公益；政府支持与外部考评也对公益组织的环保公益行为及组织发展有着督促作用；数字化趋势带来的渠道数字化和数字化机会则为传统环保公益的互联网化增加了可行性。

执行层包含项目全过程管理、构建价值生态、风险管控和组织学习四个过程。公益组织负责项目的全过程管理，包括组织自己的项目、开展合作的项目以及进行个体公益项目。相比其他公益主体，公益组织的管理重点还包括平台的选择，需要考虑平台的传播捐赠属性、合作成本、流程复杂性、流量机制和平台理念等因素，从而选择最合适的平台。各公益组织通过项目全过程管理构建价值生态，最重要的就是平台创建。公益组织的平台创建侧重捐赠平台和行业资源平台的创建，在平台的基础上，公益组织进行资源竞争与共享、组织培育及专业指导等活动，其

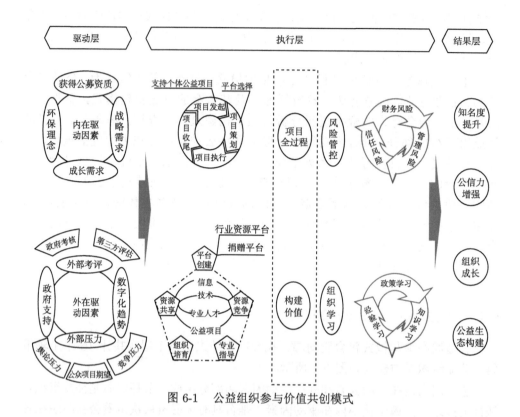

图 6-1　公益组织参与价值共创模式

中，信息、技术、人才和项目是最重要的公益资源。风险管控和组织学习涉及项目全过程管理和构建价值生态的所有行为活动，同时组织学习也是风险管控的一种手段。信任风险主要指公众对项目和组织的信任、组织内成员对组织的信任和组织与合作伙伴之间的信任。政策学习是指通过学习政府的相关政策文件，使环保公益项目的策划能够贴近国家政策，从而帮助项目更容易得到政府支持；知识学习包括理论学习和技能学习；经验学习则主要指从环保公益项目、组织间合作与竞争等行为活动中归纳总结所得出的经验。

结果层包含知名度提升、组织成长、公信力增强和公益生态构建四个参与结果。知名度提升涉及项目和组织两个层面；组织成长从资金、技术、管理三个角度展开；公信力增强主要包括公众信任和组织声誉；公益生态构建则为社会环保氛围的营造做出了部分贡献，以达到质变的结果。

6.4.2　公益平台参与价值共创模式

根据编码结果得到平台互联网+环保公益项目的参与模式，如图 6-2 所示。

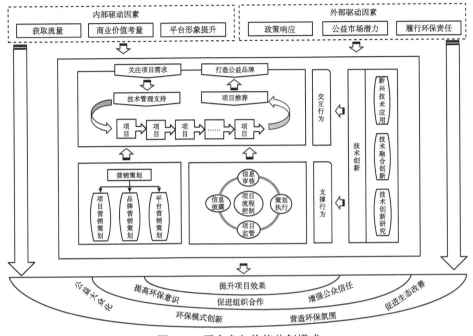

图 6-2 平台参与价值共创模式

驱动因素可划分为内部和外部两方面。从内部驱动来看，获取流量是平台最直接的驱动力，平台希望通过设计有趣、有意义的环保公益项目形式，如公益社交、公益游戏等，吸引环保人士的注意力，赢得新用户，为之后组织战略实施提供支持；商业价值考量是平台的核心驱动力，如平台推出公益项目的初衷是吸引环保人士的关注，拓展用户群体，同时获取流量及培育商业价值；平台形象提升是平台战略性驱动力，平台参与互联网+环保公益项目，符合国家要求和公众期望，且其公益属性能够帮助平台树立良好的平台形象和公众口碑。从外部驱动来看，政策响应、公益市场潜力和履行环保责任是主要驱动力。互联网将所有关心环境的个体联结起来，形成了一个巨大的数字化全球公益市场，该市场仍处于起步和探索阶段，为平台开辟了潜在的商业竞争"蓝海"，因此公益市场潜力是吸引平台积极参与的重要原因之一。同时，平台的运营不仅是经济行为，也是履行社会责任的体现，平台将参与互联网+环保公益项目作为切入点，回应了社会对平台履行环保责任的期望。

平台参与互联网+环保公益项目的行为包括与外界有联系的交互行为、平台运作的支撑行为以及技术创新行为。交互行为是指平台从组织获得项目的输入过程以及为用户推荐项目并打造项目品牌的输出过程。具体来说，输入过程中，平台关注公益组织的需求，双方就彼此对环保公益项目的诉求进行协商统一，尽可能为平台争取更多高质量的公益项目。此外，平台也为上线项目提供基本技术和管理支持。以公益平台为例，除了满足自身的技术建设要求，还需要启动技术开源模式，为更多组织和平台提供技术帮助。在项目输出过程中，为了提高用户的支持和参与，平台主页会划分常规类别板块，并定期发布和更新项目，帮助用户更便捷地选择最合适的项目，从而提高用户满意度，提升项目品牌形象。

支撑行为是指为平台上的项目运作提供协助的行为，主要包括项目流程控制和营销策划。项目流程控制是指平台对申请项目信息的审核、申请通过项目的策划执行、项目运作过程的监管以及项目信息披露一系列项目的管理活动。营销策划包括对平台的营销策划、对项目的营销策划和对品牌的营销策划。这些支撑行为共同保障平台项目的高效运作。

平台的技术创新根据创新的来源不同分为技术创新研究、技术融合创新和新兴技术应用三个维度。技术创新研究是指平台通过研发新技术来提高自身的信息建设能力；技术融合创新是指平台将不同领域的技术融合在公益领域的技术中，形成跨领域技术融合；新兴技术应用是指大数据、区块链等新兴信息技术在互联网公益中的创新性应用，如公益平台借助大数据将用户个人行为和实际树木种植情况用数据直观呈现出来，促使公众行为变得更加环保。技术创新和平台项目行为相互影响、相互促进，最终构成平台的行为模式。

平台的参与行为对环保公益项目产生了持续性影响。首先，与没有使用平台的环保公益项目相比，平台参与项目的直接影响是增强了项目效果。在项目传播方面，平台借助互联网加快了公益项目的传播速度、增加了项目传播的持续时间、扩大了项目传播的范围、突出了环保公益特色。在项目的筹款效果方面，项目透明度促进筹款金额和效率提高。在项目反馈方面，平台的及时性和交互性促进平台与投资者、用户的沟通交流，推动即时反馈的实现。

随着环保公益项目的成功实施和广泛传播，公众的环保意识得到提高。同时，项目效果的提升增强了公众对项目、平台的信任，并促进组织间合作。就更长远的影响而言，平台参与环保公益项目降低了公众参与环保公益的门槛，使得环保公益走向大众化；为社会营造了良好的环保氛围，促进了生态环境的改善；为公益事业的发展提出了新的模式，平台的广泛参与使得项目筹款渠道多元化、公益开展形式多样化 (如 "直播+公益""业务+公益" 等) 和大众参与形式多元化 (如游戏公益、社交公益、捐步等)。

6.4.3　企业参与价值共创模式

通过对资料的充分分析，得到了企业参与互联网+环保公益项目的驱动、因素、行为与最后创造的价值结果以及它们之间的关系，如图 6-3 所示。

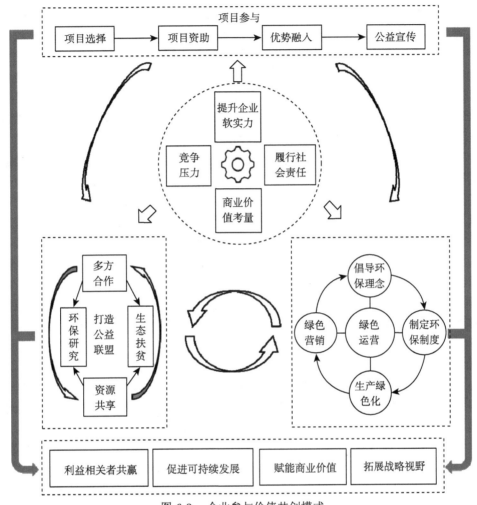

图 6-3 企业参与价值共创模式

企业参与的驱动因素主要包含提升企业软实力、商业价值考量、履行社会责任和竞争压力四个方面。企业软实力是企业发展不可或缺的支撑要素，主要包括企业的文化、声誉与形象以及企业的价值观等。一方面，在企业的文化和价值观中，环保与可持续发展是十分重要的方面，驱动着企业参与环保项目；另一方面，企业通过参与环保公益，来自公众的认同感会得到提升，也在社会上树立起一个良好的形象。商业价值考量是另一驱动力，商业价值对一个企业来说是利润增长最直接的价值，对企业至关重要。企业选择参与环保公益项目除了要考虑其社会价值之外，也需要考量它是否能给企业带来短期可见利润，是否有助于提升自己商业价值等，此外政府也通过公益抵税政策来驱动企业参与。企业履行社会责任有利于社会长远目标的实现，强调企业对消费者、环境以及社会的贡献。企业通过参与环保公益项目履行社会责任，不仅可以满足消费者的环保需求，也能改善环境，创造社会价值。竞争压力主要来源于同行之间的相互竞争。现代企业的竞争已不仅仅是市场份额的竞争、产品的竞争或品牌的竞争，更重要的是服务的竞争以及企业形象的竞争。拥有良好的声誉形象以及较高社会认可度的企业，可以在公众心目中建立起良好的口碑，进而更具有市场竞争优势，因此企业形象也成为驱动企业参与环保公益项目的一个重要因素。

以上四个因素共同驱动企业进行项目参与、打造公益联盟和绿色运营。企业通过绿色运营能更有效地帮助其打造公益联盟，在打造公益联盟的同时也会促进自身进行绿色运营，这是一个双向互动、相互促进的过程。企业项目参与的过程分别是项目选择、项目资助、优势融入和公益宣传。企业在选择项目时会考虑项目是否符合品牌需求，并结合自身优势选择不同类型的项目，然后对项目进行资助。对项目资助的主要方式是资金支持，通过基金会或者直接向公益组织进行资助，也可以通过"配捐"这种方式，即根据捐款人向指定的公益项目捐出的数额，拿出与之相同的数额捐赠给同一公益项目。之后企业会结合自身优势对项目提供技术或者管理上的支持，并对公益项目进行宣传推广，吸引更多公众参与。企业在打造公益联盟时要联合利益相关方与各界开展合作，从而促进它们之间资源的交换与共享，这种资源共享反过来又可以加深与利益相关方的合作关系，从而结合联盟力量汇集资源进行环保研究和生态扶贫。企业的绿色运营主要包括倡导环保理念、制定环保制度、生产绿色化以及绿色营销四个方面。企业进行绿色运营首先要倡导环保理念，为其营造一个良好的绿色环保氛围，有利于企业制定一些环保制度从而被普遍认可和接受，在此基础上进行绿色化生产以达到节能、降耗、减污的目标，并通过一系列理性化的绿色营销手段来满足消费者以及社会生态环境发展的需要，促进环保理念的推广，进而形成一个良性循环。利益相关者共赢是企业通过项目参与、打造公益联盟和绿色运营这些行为所获得的直接结果，最终促进了企业的可持续发展，并且赋能商业价值，使得企业在环保的同时也获得了一些经营利润，从而拓宽了企业的战略视野，将环保纳入企业的战略规划。

6.4.4 政府参与价值共创模式

在对资料的充分分析基础上，得到了政府参与互联网+环保公益项目的驱动因素、行为与最后创造的价值结果以及它们之间的关系，如图 6-4 所示。

驱动因素主要包含维护环境权、国际环境要求、国家战略要求、政治激励和舆论压力五个方面。环境权与生态文明具有内在的契合性，属于生态文明时代的

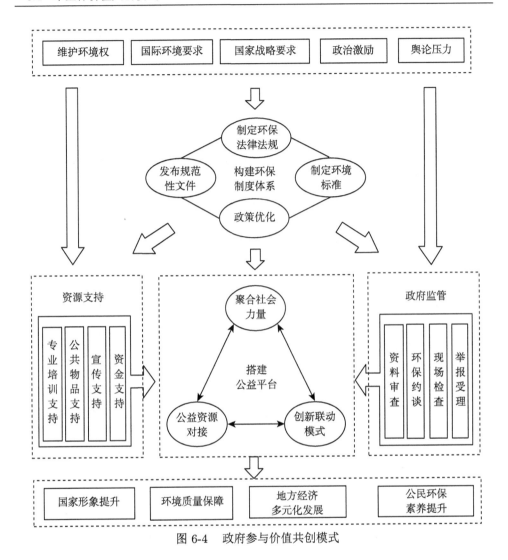

图 6-4　政府参与价值共创模式

标志性权利，维护环境权就是要保障公民享有一个健康美好的生活环境，是生态文明建设的重心。环境问题不仅是区域性问题，也是全球性问题。我国的环保战略要求，如绿色可持续发展战略以及环保数字化也驱动着政府参与互联网+环保公益项目。政治激励是指运用一定方式来激励政府部门采取环保行动的措施，如将环保绩效考核纳入政绩考核体系等，驱动着政府参与环保公益项目。舆论压力主要来自社会大众的压力，包括新闻媒体、主流网站等，公众在其中表达出环保意愿与需求，促使政府关注与投入环保工作。

　　以上面这五个因素为出发点，驱动政府构建环保制度体系、提供资源支持、进行政府监管，最终搭建出公益平台。构建环保制度体系对资源支持、政府监管和搭建公益平台有支持和保障作用，资源支持和政府监管都对政府搭建公益平台有促进作用，为其提供资源和监管保障。构建环保制度体系包括制定环保法律法规、制定环境标准、政策优化和发布规范性文件四个方面。制定环保法律法规是指政府制定一系列的法规来规范环保活动，这些活动都必须在法律允许的范围内开展。制定环境标准是国家按照法定程序制定和批准的技术规范，所产生的污染物以及技术规范都要符合标准。政策优化是指根据发展情况的变化对旧的环保政策进行优化，使其符合新时代环境特点的要求，更能被普遍接受。这里的规范性文件是指法律范畴以外的其他具有约束力的非立法性文件，通过发布这些规范性文件来约束参与环保项目各主体的行为。资源支持包括资金支持、宣传支持、公共物品支持以及专业培训支持。政府不仅可以为项目及后续发展提供直接的活动资金，也可以提供相应的场地、设施等公共物品，调动资源联合部门帮助项目进行宣传推广，还可以开设专业培训班，对有需求人员提供相关培训，提高环保项目执行的专业水平。

政府监管包括资料审查、环保约谈、现场检查和举报受理。政府要对公益组织的资质以及项目的申请资料等相关材料进行审查，并且不定时地对相关组织部门进行环保约谈，贯彻环保理念。政府会派遣工作人员去活动开展现场，通过走访实地进行检查监管，也会针对公众举报反馈的一些情况采取相应措施。搭建公益平台包括聚合社会力量、公益资源对接和创新联动模式。政府把社会各方的资源力量汇集起来，进行资源对接，并建立一种创新联动的模式使其能汇集更多资源并能提高资源对接效率，搭建一个资源良性互动的公益平台，使公益项目高效成功地进行。政府的这些行为不仅保障了环境的质量，提升了国家的形象，而且促进了地方经济的多元化发展，公民的环保素养也得到了提升。

6.4.5　公众参与价值共创模式

公众是指参与互联网+环保公益项目的社会主体，根据其参与互联网+环保公益项目的阶段可将其行为模式描述为驱动层、行为层及结果层。公众参与价值共创模式如图 6-5 所示。

公众参与互联网+环保公益项目的驱动因素是多样的，从个体视角出发，其驱动因素可划分为内外两个层面，内部驱动包含感知价值和感知风险两个层面，外部动机则包含组织干预及环保氛围。感知价值包括情感价值及社会价值，这两个维度之间是密切联系的。情感价值维度描述了个体的参与感情需求，如环保公益项目与自身的专业以及兴趣的匹配能够激发对自身的专业知识应用及自身价值的认可，也可能基于自身对于发起项目的认同进行参与。社会价值维度则更聚焦于活动参与的影响，如个体基于保护环境的原始动机或者期望捐赠参与能够实现宣传目的，改变社会的公益环保理念。感知风险包含个人网络使用的隐私风险、互

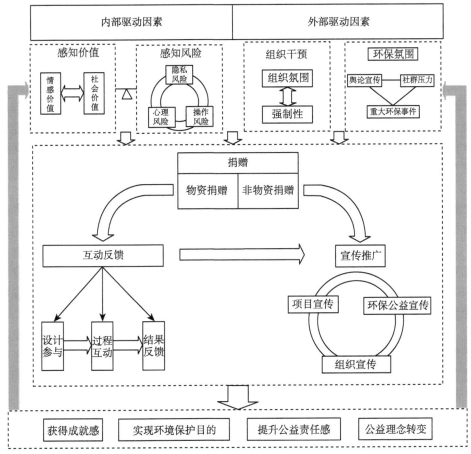

图 6-5 公众参与价值共创模式

联网技术使用或功能操作不熟练而导致的操作风险，以及自身的粗心大意而导致损失的心理风险，风险之间是相互关联的。

组织干预是个体活动参与的外部驱动因素之一，是指个体所在的组织期望个体能参与到公益项目中，包括对个体内在强制性以及整体组织氛围压力的影响。该驱动因素与环保氛围的来源均是外部环境，但环保氛围更多关注个体所在正式组织外部的环境对互联网+环保公益项目的参与行为影响，更多的来自非正式关系。舆论宣传关注社会整体舆论氛围的影响，公众所处的整体舆论环境会对其公益项目参与行为产生影响，社群压力则是周围人群(非组织内)如同社区的朋友等的活动参与对自身的压力。重大环保事件则是公众受到重大事件冲击而决定参与的驱动因素，如影响较大的洪水、地震等突发灾害的事件冲击。

以捐赠行为为出发点，公众的宣传推广及互动反馈构成其互联网+环保公益项目的行为模式。捐赠行为是公益行为的基础行为，此处的捐赠并非仅仅涉及物质捐赠，还包含了非物质捐赠，如情感、时间等的投入。在捐赠行为完成后，公众会对项目产生自己的判断思考，可能不再产生新的行为或者围绕项目体验进行互动反馈。互动反馈是贯穿整个过程的，既包括了前期的项目设计参与，也包括执行过程中的互动以及实施效果的反馈。基于捐赠及互动反馈的整体感受，参与的公众再进行项目的宣传推广。此处的宣传推广行为是多维度的，一方面其可能包含积极或消极的情绪感受，另一方面其涉及的主体也是多样的，可能是聚焦项目，也可能是背后的环保公益组织或者环保公益理念的推广。公众的行为会与驱动要素之间产生关联，项目开展过程中的互动反馈可能影响参与群体的价值感知，进而影响感知效果。宣传行为则营造了环保氛围，并在一定程度上促进组织干预的效果。

公众互联网+环保公益项目的参与结果是个体的参与动机及过程感受综合形成的结果，根据编码结果，将其划分为实现环保目的、公益理念转变、获得成就感和提升公益责任感。实现环保目的是活动参与的直接结果，包含了个人对环保行为预期的实现及社会环境保护的客观效果。公益理念转变是指通过活动的参与体验，转变了原来的价值观念或者产生了新的价值倾向。获得成就感则是情感及社会价值综合实现的结果。提升公益责任感与公益理念转变存在一定关联，二者都是对公益认知的改变，获得成就感描述了个体的思想变化，后者则聚焦责任的承担及行为的实施。实现的结果对于公众而言是按照价值层次由低到高划分的，基于活动的开展，公众实现了环境保护的基础目的，公众的公益责任感及公益理念受到了影响，最终公众自身价值实现的最高层次得到体现即个体自我实现的获得。

6.4.6　基金会参与价值共创模式

基金会是公益组织的组织形式之一，其参与互联网+环保公益的动机和结果与公益组织相似，已被列入组织参与模式部分，但与一般的公益组织相比，基金会对于资金的管理和运用具有特殊性。由于基金会的资金管控在环保公益跨界合作中具有至关重要的作用，这里对基金会的有关资金行为独立罗列并分析，分析了基金会的资金流动方向，进而深入探究基金会在互联网+环保公益项目中的作用机制，具体如图 6-6 所示。

基金会资金行为包括资金筹集、选择资助对象、提供资金支持等程序性行为，以及资金过程管理中的资金风险控制。随着互联网与公益的深度融合，基金会在资金筹集方面更具优势，筹款能力得到极大的提高，并涌现出新的特征。具体而言，基金会资金的来源主体不再局限于企业、政府等大型组织，开始向公众下沉，

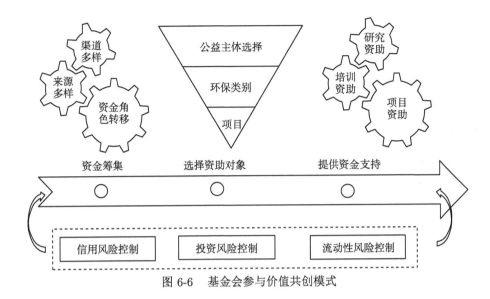

图 6-6 基金会参与价值共创模式

公众筹款逐渐变为基金会筹款来源的主力军,筹集数额也由少次多量的大额捐助变为个体分散零碎的小额多次赞助。在选择资助对象时,基金会依次确定资助的公益主体、环保的类别和具体的公益项目。按照资助类别,基金会资金支持领域主要集中在项目资助、培训资助和研究资助,具体包括为其他组织提供专业化指导、为高质量项目提供资金援助,以及为环保领域制度建设和技术研发提供研究资金。在上述所有过程中,基金会需要对资金运作的各个环节进行风险管控,主要包括信用风险控制、投资风险控制和流动性风险控制,在提高资金的流转速率和利用效率的同时保障资金安全。

6.5 多主体价值共创模式

6.5.1 基于互联网＋公益项目的生态演化过程

互联网＋环保公益项目的多主体价值共创是基于公益生态的演化过程形成的,从公益组织主导的起始阶段到多主体弱关联的发展阶段,再到现在的互联网环保公益生态的形成阶段 (图 6-7)。起始阶段中,公益组织在项目开展过程中占据主导地位,其独立负责项目设计、执行,企业及公众提供人力、资金等捐助。公益组织与企业及公众分别形成互动关系,但企业与公众之间的连接较弱,公益组织之间也缺乏连接。在发展阶段,不同的主体之间形成了弱关联,公益组织、公益平台、企业、公众、政府分别与各自的直接联系主体进行沟通,连接关系逐渐复杂,公益生态逐渐得到发展。随着互联网与公益的结合以及平台的介入,互联网环保公益生态初步形成,以平台及公益组织为核心,各主体之间产生了有效连接,基于生态网络进行资源及信息的交换。企业、公众、政府和基金会通过平台及公益组织的中心产生了连接，实现的连接不只涉及企业、公众、政府、基金会主体自身，还对不同主体原有的关系网络进行了连接。单主体通过平台实现对其他主体的连接，以公益组织为例，公益组织通过线上的公益参与，联系到了其他的企业或者另外的公益组织，在原来的项目开展过程中能够形成新的连接，实现合作或构建新的价值关系。当前公益生态初步形成的阶段，以平台为媒介，公益组织为核心，公益主体之间的联系增多，给不同的主体带来了新的机会与挑战，以此为基础研究构建了互联网+环保公益项目的价值共创模式。

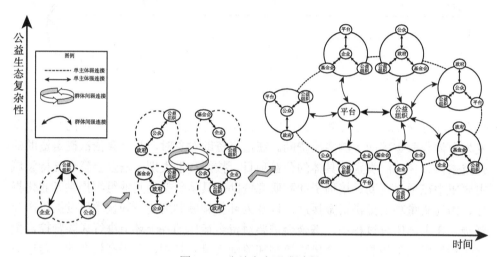

图 6-7　　公益生态形成过程

6.5.2　多主体价值共创协作模式

在生态模式构建的基础上，根据资料分析结果，整合形成互联网+环保公益项目多主体跨界合作的价值共创模式 (图 6-8)，该模式包含两个主体部分：一是互联网+环保公益项目中多主体价值共创合作模式及价值实现模式。价值共创合作模式涉及的主体为公益组织、公益平台、企业、公众、政府以及基金会，其中基金会只涉及资金的运营行为，跨界合作的价值实现与公益组织相同，因此在价值实现模式中其被按照公益组织处理。除前期的单一主体驱动影响外，价值共创合作还受到公益价值共创氛围即环保公益和合作氛围、政策引导行为、社会数字化趋势的压力以及舆论支持的影响。内部的资源信息互动过程按照价值共创合作模式展开，公益组织作为核心主体，其合作对象为互联网公益平台、企业、公众、政府及基金会，资源互动过程为其对平台的环保公益项目提供以及平台对其的用户资源、技术管理支持；对公众的荣誉激励、信息披露、提供公益参与机会以及公众对其的捐赠、推广；对政府的成果反馈、信息反馈以及政府对其的研究支持、考核压力、公益监管、公共资源捐赠；对基金会的项目反馈以及基金会对其的项目托管、资金支持；对企业的公益参与机会提供、环保公益方案以及企业对其的捐赠、商业理念、专业优势。在平台与公众及企业的互动中，平台提供了数字化公益渠道，而公众带来了互动反馈及用户流量，企业带来了资金技术支持。在公众与政府的互动中，政府通过宣传为公众提出公益倡导，公众则向政府提出环保权利要求。基金会负责接受企业捐赠及政府关于公益的监管。

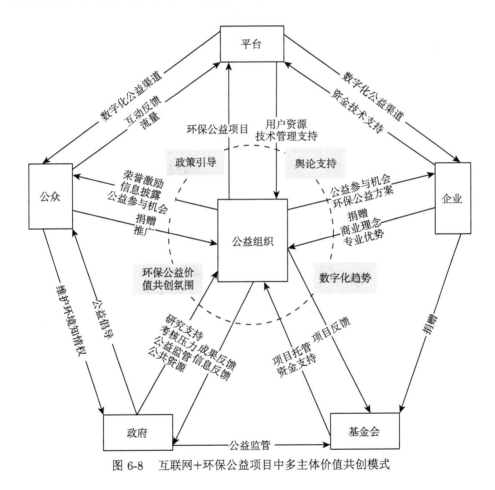

图 6-8   互联网+环保公益项目中多主体价值共创模式

6.5.3   多主体价值实现模式

跨界合作的价值共创模式第二部分是价值实现模式，即通过单主体价值实现及生态价值实现进行价值共创。单主体的价值实现是驱动因素及参与行为交叉互动的结果，公益组织、公益平台、企业、公众、政府通过资源的相互依赖及合作行为实施实现其自身价值：公众层面的公益责任感提升增强了平台的公众信任以及公益组织的公信力，继而促进了企业对商业价值的赋能及社会价值实现即经济多元化的形成。各主体以此为基础，公众实现了成就感的提升，项目效果得到了加强，公益组织实现了成长及知名度提升，企业则借此拓展了战略视野，并由项目的开展提升了国家形象。生态价值的实现则是多个主体共同创造的，是关于公益生态及环境生态的综合影响结果，通过公益生态构建促进了生态的改善进而实现可持续发展，其中公益生态的构建实现包含了营造环保氛围、促进组织合作、环保模式创新、公益大众化、公益理念转变等多重影响，促进生态改善包含了实现环境保护目的、环境质量保障、公民环保素养提升、提高环保意识四个方面的内容。生态价值实现与单主体价值实现相互影响，共同促进了价值共创，即实现了互联网+环保公益项目参与中的多主体差异化价值，也实现了多主体合作形成的互联网+环保公益项目带来的生态价值 (图 6-9)。

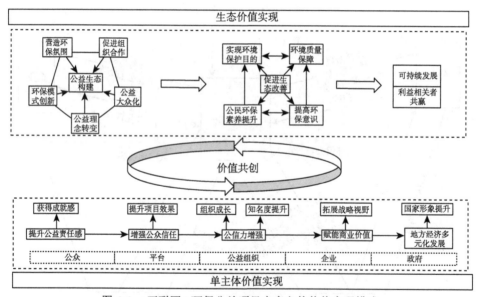

图 6-9　互联网+环保公益项目中多主体价值实现模式

6.6　本 章 小 结

本章采用扎根理论的方法，探究了价值共创视角下互联网+环保公益项目跨界合作机制。区别于以往仅关注单一主体行为或聚焦项目成功影响因素的研究，以过程和结果并重的方式展开，系统化构建了单主体的参与行为以及多主体互动行为。从"驱动—行为—价值"这一研究逻辑出发，挖掘分析完成了公益组织、公益平台、企业、公众、政府以及基金会这六大主体的参与行为。环保公益多主体的跨界合作不仅促进环保公益大众化、便捷化和向数字化方向发展，还提升了环保公益的规范化和透明度，提升了环保的效率、效果以及项目的可持续性和推广性，在满足大众环保需求和响应国家号召的同时有效完成了改善环境的目标。

第 7 章 总结与对策建议

7.1 总 结

互联网+环保公益项目带来了更便捷、更大众化的公益参与形式，降低了公众参与环保的门槛，促使社会各界力量共同加入环保公益活动中。借助互联网技术和公益平台的蓬勃发展，越来越多的公益主体通过平台生态进行资源整合从而实现价值共创。本书聚焦公益项目发展现状、多主体的公益参与过程、公益项目跨界合作的价值共创等内容开展了一系列研究，得到了一些结论。

7.1.1 环保公益项目互联网化成为发展新态势

(1) 企业对互联网+环保公益项目持有积极态度。多数企业看好环保公益项目与互联网融合的前景，除了实现自身的盈利目标以外，企业对社会责任承担具有积极态度，愿意在条件成熟的基础上积极参与互联网+环保公益项目。

(2) 互联网公益平台处于快速发展阶段。部分平台发展趋于成熟，拥有着庞大的用户群体和完备的运行机制，更多的平台则处于快速发展阶段，各方面保障条件等有待提升。目前部分平台聚焦于捐助虚拟物品，如虚拟能量、虚拟米粒、虚拟点赞、运动步数等，很少一部分平台选择用户直接捐款的方式。

(3) 公益组织中受访的公益人员大多对保护环境及生态文明建设有强烈的责任感和使命感，具备一定水平的专业环保知识。在执行方式上，所有被访谈的组织都承担发起并执行环保公益项目的角色。多角色的任务承担一定程度上促进了组织的长远发展。公益组织在积极地选择与公益平台进行合作，以连接不同的参与方，实现降低公益门槛、拓宽公益渠道、增加公益组织筹款的便捷度、加大公益项目的宣传力度等目的。

(4) 公众积极参与互联网+环保公益项目，数字化项目的出现提升了公众参与热情。公众通过多种平台参加互联网+环保公益项目。对于参与互联网+环保公益的初衷表现出了一定差异，既有出于为环保做贡献的使命感和成就感，也存在单纯的被平台趣味性的设计所吸引，或者二者兼具，在娱乐的同时希望参与环保公益。参与个体的技术方面感知、安全风险感知和公益宣传都会影响公益的效果。

7.1.2　多主体跨界融合参与互联网+环保公益项目

1) 公众

公众参与意愿的研究以社会交换理论、感知价值理论和感知风险理论为基础，利用实证的研究方法开展。研究发现公益参与的社会影响能够促进个体价值感知，提升参与意愿，降低公益参与的感知风险，并且性别对参与行为有显著影响，在调查样本中女性参与者比男性参与者的公益参与度更高。公众捐赠意愿方面，研究分析了在捐赠者、筹款组织和众筹网站三方参与下，捐赠者信任和捐赠意愿的形成过程，发现捐赠者信任、自我价值感和互惠信念会积极影响公众在线捐赠意愿，而感知隐私、感知安全、信息质量和网站熟悉度则对捐赠者信任有着显著的积极影响。在使用网络平台进行捐赠的背景下，捐赠者信任和自我价值感是影响个人捐赠意愿的主要因素。公益平台用户黏性方面，构建了互联网+环保公益平台的用户黏性研究的基础模型，发现公众主观规范及心流体验能够影响整体满意度及在线平台使用意愿，信任作为影响使用意愿的关键因素，对使用意愿和平台用户黏性产生显著的正向影响。

2) 企业

企业现已成为推动我国公益事业发展的重要力量，通过提高其参与度，能够有效解决公益项目的资金需求，促进公益事业快速发展。研究构建了企业参与互联网公益项目的研究模型，考虑了技术因素 (信息质量、系统质量、相对优势、易用性、信任)、组织因素 (高层管理者的支持、冗余资源)、环境因素 (强制型压力、模仿型压力)，分析了各因素对企业的互联网公益项目参与意愿以及参与行为的影响。研究发现互联网公益平台高质量的信息质量会提高信任度，同时也会提高易用性，能够正向影响企业对互联网公益项目的参与意愿；平台的系统质量象征着稳定的操作环境，其通过正向影响易用性继而影响企业参与意愿。对于企业而言，内部充足的冗余资源以及环境中的强制型压力显著影响企业对互联网公益项目的参与意愿及参与行为。

3) 公益组织

数字化经济背景下，传统环保公益组织难以基于社会问题的现状实现高效精准的供需匹配，而通过互联网公益平台进行价值共创是有效途径。研究将社会公信度、竞争压力、政府支持、媒体关注作为组织外部因素，将动态能力的三个维度 (感知响应、整合利用和重构转变) 作为组织内部因素，研究环保公益组织内外部因素对其价值共创意愿和价值共创行为的影响。研究发现，外部因素中的社会公信度、政府支持和内部因素中的感知响应、重构转变对环保公益组织价值共创意愿均有积极影响，价值共创意愿正向影响价值共创行为。此外，组织中是否具有环保激情气氛对价值共创行为有不同的影响。

7.1.3　内外协同促进互联网+环保公益项目成功

1) 项目成功评价指标

从价值共创视角出发，结合传统的三重约束、项目利益相关者和项目生命周期理论，构建了包含前期准备、实施过程和后续影响 3 个一级指标及 28 个二级指标的互联网+环保公益项目评价指标体系。其中，前期准备为实施过程提供了公益项目的执行计划、相关标准，并做好了部分前置准备工作；实施过程则通过公益项目的落实来评价计划的执行情况，侧面检验了前期准备的质量；后续影响体现着项目利益相关者的价值创造，其中前期准备带来的后续影响主要包括公益组织和企业，涉及政府和媒体，实施过程则包括所有的项目利益相关者。

2) 项目关键成功因素

对众筹项目的信任度是影响项目成功的关键。将信号理论应用在了互联网+环保公益领域，分析环保公益项目发起人与参与者之间的信息不对称问题以及双方之间信号的传递与信号的感知和筛选。从公众感知的质量信号、风险信号和体验信号三个维度展开研究，分析这三组信号对互联网+环保公益项目成功的影响过程。发现感知的质量信号中，项目简介字数正向影响互联网+环保公益项目成功；感知的风险信号中捐赠人数和有无执行方联系方式正向影响互联网+环保公益项目成功；感知的体验信号中有无爱心回馈正向影响互联网+环保公益项目成功；目标金额和捐赠时间也会负向影响互联网+环保公益项目成功；发起者身份在捐赠人数影响互联网+环保公益项目成功的过程中有促进作用。

另外，采用机器学习和实证分析方法收集并分析项目文本信息，探索了互联网+环保公益项目的文本倾向对筹款效果的影响。发现文本倾向为积极时，对筹款效果有促进作用；文本倾向为消极时，对筹款效果有抑制作用；中性文本对筹款效果的影响很小。筹款持续时间和目标金额都会调节文本情感倾向影响项目成功的效果。

7.1.4　多方跨界合作实现项目价值共创

互联网+环保公益项目需要公益组织、公益平台、企业、公众多方参与，呈现出参与主体多、互动关系复杂的特征。本书使用扎根理论方法，从价值共创的视角出发，构建了我国情境下互联网+环保公益项目的跨界合作理论模型，并探讨了公益组织、公益平台、企业、公众实现价值共创的路径。

互联网+环保公益项目的多主体价值共创是基于公益生态的演变过程形成的，从公益组织主导的起始阶段到多主体弱关联的发展阶段，再到现在的互联网环保公益生态的形成阶段。互联网+环保公益项目多主体的价值共创模式包含两个主体部分：一是互联网+环保公益项目中多主体价值共创合作模式以及价值实现模式，以项目为核心，不同的参与主体间进行资源交换合作；二是价值实现模式，即通过单主体价值实现及生态价值实现进行价值共创，单主体的价值实现是驱动因素及参与行为交叉互动的结果，公益组织、公益平台、企业、公众、政府通过资源的相互依赖及合作行为实施实现其自身价值。生态价值的实现则是多个主体共同创造的，是关于公益生态及环境生态的综合影响结果，通过公益生态构建促进了整体的改善和可持续发展。

7.2 对策建议

为了进一步完善我国互联网+环保公益项目的发展，本节针对各个参与主体分别提出相应的建议。

7.2.1 公益组织参与的管理策略

1) 进行有效外部资源整合

环保公益组织对外部资源的整合能力是影响项目有效开展的关键。进行有效外部资源整合既包括组织对社会政策等资源的利用，也包括对公益平台资源的整合，以及强化公益主体之间的合作。

首先应当关注社会政策资源包括舆论宣传、政策支持等内容。公益组织通过舆论宣传等扩大影响力，借助政策支持增强组织的影响力。目前，很多公益组织开展的项目与政府政策关联度不强，未充分利用政府的优惠政策，尤其是一些小型公益组织由于没有和政府合作的经验，缺乏合作的意识和动力，导致其缺少援助和支持。其次，应当充分利用平台信息，一方面，参与者感知的质量信号对互联网+环保公益项目成功有显著影响，尤其是公益项目信息展示，要确保能够展示关键核心信息，披露项目特质信息，便于参与者快速做出参与决策。另一方面，项目发起者要尽可能减少使参与者感知到潜在风险的信号，应当增加对项目执行方的个人信息或组织信息等的介绍，提供即时反馈渠道。此外，项目发起者的身份展示、目标金额和捐赠时间设置，都会对互联网+环保公益项目产生影响，有效利用平台信息对项目成功实现十分关键。

强化公益主体间合作是外部资源整合的另一重要内容。公益组织在跨界合作中能够弥补组织劣势，实现资源互补，然而公益项目传统模式要求发起组织包揽全过程，忽略了和其他公益主体的协作。公益组织需要认识到与各界合作对组织和项目成功的必要性和重要性，努力拓展合作的途径，加强信息、资源的共享，共同创造价值。随着公益行业的发展与进步，公众不再仅仅依赖直觉、感性进行捐助，而是对公益进行更多的理性审视，与公众互动也变得愈发重要。外部政策及资源支持有助于互联网环保公益项目价值共创的实现，但想要获得更多的政府支持，公益组织则需要提高自身社会公信度。

2) 提升组织内部环保积极性

内部成员的积极性是价值共创目标实现的重要内部影响因素。环保公益组织应通过环保教育活动，培养并提升组织整体的环保气氛。对于环保公益组织来说，良好的公益参与氛围就是组织的润滑剂。缺少这样的环保气氛，组织愿意进行环保活动的动机就会减弱，而进行互联网环保公益的意愿会变低，从而严重影响组织与其他主体价值共创的实现。环保激情气氛对其价值共创起着关键的作用，负责人应该努力提升内部成员对互联网＋环保的积极性，加快实现组织数字化转型，提升公益开展水平。

3) 注重公益环保专业人才培养

公益行业专业人才缺乏已成为我国公益事业发展的一大阻力，相关专业人才的职业发展存在客观障碍。公益行业人员流动频繁，非政府组织从业人员跨行业发展难度大等现实问题导致环保公益组织的人才吸引力有限、人才素质的提升空间收窄，进而导致项目同质化、优化速度慢等项目运营问题。作为公益产业的重要组成部分，公益组织需要积极发展壮大，优化激励措施一定程度上能够吸引更多跨行业人才加入、留住本行业专业人才。同时，政府配套相关人才吸引、选育、激励政策，将有希望系统性、结构性地促进人才向互联网公益行业的流动，提高互联网＋环保公益项目跨界合作的专业性和复合性，让专业人才成为提升项目质量和参与度的关键资源。

4) 关注并提升用户参与度黏性

公益组织需要通过多种方式提升用户参与度。当前很多项目在捐赠完成后，公众便不再参与，缺乏进一步的项目跟进及互动。公益组织可以用创意的传播形式，突破项目间同质化的现象，发起不同种类的环保公益项目，引起公众的参与兴趣，进而吸引更多参与者的持续参与。或者通过情感传播拉近与公众的距离，维系与参与者之间的关系，增加参与环保公益项目的趣味性。此外，项目的更新数、点赞数以及转发次数对项目融资成功都会产生影响，项目发起方在与潜在支持者不断沟通的过程中，通过释放更多项目相关信息，赢得人们的信任，将更多的潜在支持者转化为投资者。

7.2.2 公益平台参与的管理策略

1) 以用户为导向进行平台建设

平台特征会对企业参与行为、用户的感知产生影响。参与主体选择互联网平台参加公益项目，是对不同渠道方式的对比结果，因此互联网公益项目要想吸引更多参与者，需要以组织及个体用户为导向，丰富自身平台特征，从各个方面满足使用者的需要。

塑造平台公信力。互联网＋公益项目相比于传统方式，其特殊之处在于依托了虚拟的互联网工具，产生了项目的虚拟特征。人们对于互联网+公益项目不容易产生信任，如其是否能够按照所承诺的那样进行公益，是否能够满足用户的相关要求等。在这样的背景下，互联网+环保公益平台及其运营者有必要塑造自身的公信力以取得用户的信任，增强用户的安全感和信任度。用户对平台产生信任之后，使用意愿会增强，也会相应地产生黏性。

提升系统质量。系统质量是指平台系统的可访问性、可靠性、响应时间、灵活性及集成性。系统质量越高，参与主体感知到的平台易用性越高，从而更容易选择该平台进行互联网公益项目捐赠。组织或公众期望能够通过平台更方便地获取信息，并且希望平台能够快速响应反馈以及请求。因此，互联网公益的持续发展需要提高互联网公益平台的系统质量，提高平台的技术稳定性，为用户提供稳定的操作环境和及时有效的响应。

优化并突出回报环节。大部分众筹平台更多关注项目的启动阶段和筹集金额，往往忽视了项目回报阶段等后续环节。平台作为互联网公益生态的连接核心，不仅要关注项目在筹集金额阶段的表现，同时也要跟进确认在回报阶段支持者是否得到预期收益。对于未能提供支持者预期回报的项目，平台需要负起责任，督促项目发起方给出合理的解释和解决方案，并考虑使用物资或其他产品等形式予以补偿。

2) 加强项目相关方信息管理

保证项目信息的真实性。环保公益信息的公开是保证项目成功的关键，平台对发布项目的合理性和真实性负有责任，保证所发布的互联网+环保公益项目都是真实有效的。此外，平台需要及时清除项目的不安全内容，维护个人财产信息安全。当平台缺少清晰透明的审核标准时，公众往往难以确认项目信息的真实性和完整性，因而对项目持犹豫和观望态度，这也阻碍了众筹模式在国内的发展壮大，因此健全平台审核机制至关重要。项目介绍文本应尽可能全面有效地披露项目特质信息，以满足利益相关方对项目的信息需求。此外要保证项目实际可操作，筹款者需通过提供图片、视频或可信任的个人或组织的担保等证据来表明其项目是合法的。确定项目成功后的执行方和资金提供方的影响力和诚信程度，明确是否能按时执行项目。对项目发起后有可能面临的问题和风险做出预判和评估，做好充分的应对准备，尽量保证项目成功实施。

严格审核发起者身份信息。平台在公益项目发起者的管理方面，要严格审核发起者信息，提高参与者对发起者身份为个人的公益项目的信任感，降低参与者感知到的潜在风险，减少从众效应对参与者产生的影响。发起者的身份信息审核包括组织发起人和个体发起人两个主体。以个人名义发起项目的发起者，需保证个人身份信息的真实性，并在筹款过程中在专门的页面进行详细的信息公布。

3) 多环节促进项目透明度提升

尽管公益互联网化加速了项目数量的增长，但平台的项目透明度一直受到大众的质疑。一方面是环保公益项目见效慢，在项目执行过程中的变化不明显，如空气污染治理项目，对大众的直接感受冲击比较小，导致公众感知到的环保公益项目的透明度弱。另一方面，很多平台的信息公布不及时，内容不充分，措辞比较模糊，由此导致的信息失真、筹款描述夸张、执行低效等问题长期存在。增加项目透明度，及时披露项目信息有助于提高平台的项目运作能力，赢得公众信任。

一是相关公益主体在开展过程中定期发布项目最新进展和执行情况。涉及内容包括所筹资金的具体用途，资金的盈余或短缺情况，便于参与者随时对环保公益项目的执行情况进行了解和跟进，使项目更好、更高效地完成。二是在专门的页面或区域公布详细、准确的联系方式和地址等具体信息，便于参与者快速找到执行方的信息，与执行方进行即时沟通。这样不仅能够提高参与者对项目的信任，更能随时接受参与者的监督和反馈，提高项目运作的效率和社会影响力。有些公益平台中的项目介绍中包含执行方详情信息，便于参与者详细了解执行方信息，提高项目的可靠性。三是在项目结束之后，要生成详细的结项报告，报告不仅全面展示出项目从开始到结束的所有进程，还应展示出项目结束后达成的效果，以显示项目的真实性和有益性，吸引参与者积极参与到互联网+环保公益项目中。

4) 宣传平台价值理念

互联网公益正处于发展的初级阶段，大部分参与主体对于公益平台的运行模式是陌生的。企业在通过参与公益提升社会形象时，可能会保守选择更熟悉的传统公益模式进行捐赠。互联网公益相较于传统公益是存在竞争优势的。在很多方面能够满足捐赠者对传统环保公益项目的期待，如项目信息展示全面、参与流程简单、运作管理高效透明，这些特征均会成为捐赠者考虑的要素。目前，互联网公益平台应加强宣传，将互联网公益的优势宣传给公众，通过多种技术手段和新媒体平台等传播形式，传达平台的价值观，介绍平台的运行模式及参与形式，从而降低参与主体对其的风险感知。在传播过程中，可以充分利用网民的传播力量，积极宣传普及公益文化。相对于传统公益，参与互联网公益更具优势，平台应不断塑造其竞争优势。

此外，积极履行社会责任，共同促进环保公益行业的整体进步，大平台为小平台提供技术支持，小平台利用当前环境优势和政策优势，积极推进平台技术改进工作，提高平台质量，同时提高平台对项目的开放性，加大对小微公益组织的关注、扶持及培养，一起推动环保公益行业的繁荣发展。

7.2.3 企业参与的指导建议

1) 发挥商业优势参与公益

企业应当考虑将商业优势与互联网+公益项目相结合，提升公益效率及水平。当前，企业更多是选择资助项目、参与项目以及在业务中加入环保理念，而自身发起策划的项目较少。这是因为企业资源的公益投入有限，且参与互联网+公益项目的跨界合作意识不足，很多有潜力的商业模式和技术资源无法应用于公益组织或平台。仅有少部分企业能够结合自身的优势实现环保公益，如当前一些领先企业通过打造绿色供应链极大地减少了污染，表明公益参与和商业价值获取并不矛盾。大部分企业尚未发掘自身优势特点，选择和拓展合适的环保公益途径，导致企业公益参与方式单一化。企业作为市场技术领先者，需要发挥自身独特的技术或商业运作优势，挖掘其在环保公益领域差异化的潜力，为公益行业提供技术资源和资金支持，各方优势互补，共同推动我国互联网+环保公益项目的发展。

2) 促进商业价值与公益实践的统一

企业应该更大力度地推进公益实践，促进商业价值与社会价值的统一。社会价值与商业价值是相辅相成的。当前社会公众对企业是否具有承担并履行企业社会责任的意识越来越看重，企业主动承担社会责任的行为有助于企业形象的提升，加强品牌曝光度，有助于企业的长久发展。企业需将社会公益事业融入企业文化的建设中，融入社会发展的浪潮中，更多将内部资源用于社会形象的建立，推进社会公益实践的落实。企业管理者需要充分了解互联网公益项目的参与方式，了解互联网公益可能带来的潜在发展机遇，最终实现商业价值与社会价值的有机统一。

7.2.4 政府发挥监管作用的政策建议

互联网公益的发展需要更加健康的发展环境，政府有义务引导和促进各公益主体履行社会责任。法律法规、监管制度、激励措施以及操作规范等的缺失会影响互联网公益行业的良性发展。政府应注重互联网公益的法律法规的完善、资金的管理，为互联网公益的发展提供宏观指导和政策引导。同时，建立切实可靠的监管机构，从注册审核、信息透明、资金流向等方面加强对互联网公益的监管，提高互联网公益的专业程度，为互联网公益的发展提供保障。因此对政府提出具体建议如下。

1) 建立和完善公益评估及监管制度

营造持续发展互联网公益的有利环境，使得各方在参与互联网+环保公益项目的过程中权责清晰，界限明确，在涉及利益冲突时有法可依。环境中的强制型压力对于企业等公益主体参与互联网公益项目具有驱动作用。在数字经济背景下，政府应该引导企业将社会责任正规化，推进标准化建设，并以激励举措支持相关方的参与。对于积极履行社会责任的公益主体，政府或行业机构应予以相应的表彰奖励，并将相关方履行的社会责任作为其考核指标。鼓励社会公益的发展，应适当增大公益活动捐赠的免税范围。对众筹合理定位，建立市场准入机制与信息披露机制，在严格把控风险的基础上逐步放开政策限制，鼓励改革创新，建设完善的公益信用体系与征信制度，实现互联网+环保公益项目的有效监管。

2) 提升互联网公益的监管力度

在互联网+环保公益领域，公益评估体系的完备性和行业监管体系的有效性亟须加强。当前，我国互联网公益事业内部体系发展失衡，人们比较注重互联网公益事业的捐赠体系建设，忽略了评估体系的完善，在评估中存在以捐赠人为导向的简单化倾向，政府需要及时遏制此类不利于行业健康发展的趋势。此外，我国环保公益事业存在发展与管理失衡的问题，互联网公益事业蓬勃发展，而相应的管理和相关的制度建设没有跟上，存在监管薄弱或"失灵"现象，因此，完善行业监管体系是我国环保产业走向专业化的关键措施。

3) 优化非政府组织管理流程

小规模公益组织的规划者和组织者基本上是个体。小规模公益组织由于资金投入、管理完备性不足等原因，很难获得行政机构的批准进行项目发起。一般来说，没有相应的组织、专门工作人员和固定的参与成员，或是独立的民事责任的能力，便无法达到《社会团体登记管理条例》等法规的要求。为应对这种情况，政府可考虑试行将非政府组织注册改成备案，使政府一方面可以管理这类小型公益组织，并建立有效的监督机制，另一方面公益组织可以获得一定的项目发起资质，实现有序合理开展社会公益活动，充分利用可用资源。

4) 引导公益资源的互动和共享

政府在互联网+环保公益项目中起着至关重要的引导和培育作用。目前，政府在与互联网公益相关组织的协同共治方面缺乏成熟经验和机制，导致政府与互联网公益组织或项目之间的协同需要暂未得到满足，制约了公益组织的资源和能力发展。并且由于对话机制不全、合作经验不足，公益组织自身也面临和其他利益相关者之间沟通合作不足的问题，在一定程度上降低了项目的跨界运作效率。因此，政府需要加强与其他公益主体的协同，并积极倡导环保公益主体跨界合作，打造互联网+环保公益相关组织之间的资源共享、知识分享的环境，最终推动我国环保公益行业发展。

参 考 文 献

白长虹, 廖伟, 2001. 基于顾客感知价值的顾客满意研究 [J]. 南开学报 (哲学社会科学版), 6:14-20.

卞娜, 马连福, 高丽, 2013. 基于投资者关系的投资者行为国外理论研究综述 [J]. 管理学报,10(7): 1086-1092.

陈小燕, 2017. "互联网 +" 背景下蚂蚁森林的实施现状与问题分析 [J]. 现代商贸工业, 21: 48-49.

陈英毅, 范秀成, 2003. 论体验营销 [J]. 华东经济管理, 17(2): 126-129.

戴亦兰, 张卫国, 2018. 动态能力、商业模式创新与初创企业的成长绩效 [J]. 系统工程, 36(4): 40-50.

杜建刚, 范秀成, 2007. 基于体验的顾客满意度模型研究——针对团队旅游的实证研究 [J]. 管理学报, 4: 514-520.

段晓竣, 2018. 我国 "互联网 + 公益" 发展现状及问题探究 [J]. 科技传播, 10(16): 132-133.

樊帅, 杜鹏, 田志龙, 等, 2017. "互联网 + 公益" 背景下虚拟共创行为的影响研究 [J]. 宏观经济研究, 7: 166-183.

范秀成, 陈英毅, 2002. 体验营销: 企业赢得顾客的新思维 [J]. 经济管理, 22: 62-67.

方佳明, 邵培基, 粟婕, 2006. 基于网络的问卷调查回复率影响因素实证研究 [J]. 管理评论, 18(10): 14-19.

方润生, 李雄诒, 2005. 组织冗余的利用对中国企业创新产出的影响 [J]. 管理工程学报, 19(3): 15-20.

葛万达, 盛光华, 龚思羽, 2020. 消费者绿色价值共创意愿的形成机制——归因理论与互惠理论的视角 [J]. 软科学, 34(1): 13-18.

郭志达, 2017. 基于互联网推动环境污染治理变革的主要表现研究 [J]. 环境科学与管理, 42(2): 10-13.

何霞, 2015. 困境与超越: 民间微公益项目合法性问题研究 [J]. 青年探索, 1: 36-43.

胡怡, 张雪媚, 2018. 互联网时代环境传播的游戏化创新策略——以 "蚂蚁森林" 为例 [J]. 新闻爱好者, 2: 74-77.

胡乙, 赵惊涛, 2017. "互联网 +" 视域下环境保护公众参与平台建构问题研究 [J]. 法学杂志, 38(4): 125-131.

黄春燕, 宋忠智, 祝运海, 等, 2020. 蚂蚁森林: 环保公益的互联网实践 [J]. 清华管理评论, Z1: 126-134.

黄健青, 黄晓凤, 殷国鹏, 2017. 众筹项目融资成功的影响因素及预测模型研究 [J]. 中国软科学, 7: 91-100.

黄玲, 周勤, 2015. 基于期望理论的众筹设计研究 [J]. 财经科学, 6: 32-42.

黄雪冰, 2015. 移动支付使用意愿影响因素的分析 [D]. 南宁: 广西大学.

黄志刚, 唐旻, 2018. 中国众筹成功率影响因素研究——以淘宝众筹为例 [J]. 亚太经济, (4): 103-110, 151-152.

简兆权, 令狐克睿, 2018. 虚拟品牌社区顾客契合对价值共创的影响机制 [J]. 管理学报, 15(3): 326-334.

蒋骁, 2014. 基于信任的众筹出版用户支付意愿研究 [J]. 科技与出版, 5: 18-21.

孔萌萌, 2018. 基于 SWOT 框架的线上公益分析——以 "蚂蚁森林" 为例 [J]. 西部广播电视, 20: 12-19.

李梦娣, 2018. 场景理论视域下 "互联网 + 公益" 的传播模式探索——以 "蚂蚁森林" 为例 [J]. 新闻世界, 6: 69-73.

李万帅, 黄诗静, 张译元, 2015. 感知收益对公众参与众筹行为的影响——基于不同偏好视角 [J]. 市场论坛, 4: 17-18, 21.

李维安, 姜广省, 卢建词, 2017. 捐赠者会在意慈善组织的公益项目吗——基于理性选择理论的实证研究 [J]. 南开管理评论, 20(4): 49-61.

刘谦, 2019. 面向社交网络的文本倾向性比对方法的研究与实现 [D]. 北京: 北京交通大学.

刘人境, 柴婧, 2013. SNS 社交网络个人用户持续使用行为的影响因素研究 [J]. 软科学, 27(4): 132-135, 140.

刘秀秀, 2018. 互联网公益的发展生态及其治理 [J]. 国家行政学院学报, 5: 158-163, 192-193.

刘永昶, 卢广婧璇, 2017. 环保微公益活动信息传播效果研究——以微信公益平台为例 [J]. 新闻大学, 1: 102-109.

卢广婧璇, 2016. "互联网 +" 时代的环保微公益——以腾讯微公益为例 [J]. 新闻研究导刊, 7(18): 354.

马贵侠, 谢栋, 潘琳, 2019. "互联网 +" 时代中国公益组织互联网传播能力评估实证研究 [J]. 西南民族大学学报, 40(8): 162-169.

马化腾, 2016. 关于以 "互联网 +" 为驱动推进我国经济社会创新发展的建议 [J]. 中国科技产业, 3: 38-39.

马晓荔, 张健康, 2005. 公益传播现状及发展前景 [J]. 当代传播, 3: 23-25.

孟猛, 朱庆华, 2018. 移动社交媒体用户持续使用行为研究 [J]. 现代情报, 38(1): 5-18.

能青青, 周如南, 2016. 社交媒体时代的公益传播——以腾讯公益为例 [J]. 新闻世界, 6: 51-53.

潘琳, 2017. 中国草根公益组织互联网使用与传播实证分析——基于数字鸿沟视角 [J]. 中国青年研究, 10: 57-63.

裘丽, 韩肖, 2017. 我国草根 NGO 联盟组织间的资源共享模式探讨——基于华夏公益联盟案例分析 [J]. 行政论坛, 24(2): 97-102.

盛光华, 龚思羽, 葛万达, 2019. 品牌绿色延伸会提升消费者响应吗?——绿色延伸类型与思维模式的匹配效应研究 [J]. 外国经济与管理, 41(4): 98-110.

苏涛永, 黄珊珊, 李雪兵, 2019. 众筹项目特征、支持者人数与融资绩效——基于信号理论的实证研究 [J]. 中国林业经济, 1: 6-11, 122.

孙玉琴, 2019. "互联网 +": 为公益慈善事业插上腾飞的翅膀——第六届世界互联网大会 "互联网公益慈善论坛" 综述 [J]. 中国民政, 21: 45-48.

腾讯研究院, 2021. 2021 公益数字化研究报告 [N/OL]. 科技日报, 2021-05-21[2023-09-28]. http://www.stdaily.com/index/kejixinwen/2021-05/21/content_1135874.shtml.

王鉴忠, 盖玉妍, 2012. 顾客体验理论逻辑演进与未来展望 [J]. 辽宁大学学报 (哲学社会科学版), 40(1): 93-98.

王宇灿, 袁勤俭, 2014. 消费者在线评价参与意愿影响因素研究——以体验型商品为例 [J]. 现代情报, 34(10): 166-173.

温倩宇, 胡广伟, 2017. 基于价值网的电子政务服务价值共创机制研究 [J]. 情报杂志, 36(12): 152-158.

翁智雄, 葛察忠, 陈蕴恬, 等, 2015. 中国环保公益众筹发展研究 [J]. 环境与可持续发展, 40(6): 39-43.

武柏宇, 彭本红, 2018. 服务主导逻辑、网络嵌入与网络平台的价值共创——动态能力的中介作用 [J]. 研究与发展管理, 30(1): 138-150.

武文珍, 陈启杰, 2012. 价值共创理论形成路径探析与未来研究展望 [J]. 外国经济与管理, 34(6): 66-73.

夏丹, 2017. 企业与环保社会组织公益合作策略探讨 [J]. 环境与发展, 29(9): 14-17.

徐晨飞, 陈珂祺, 2015. 众筹网站用户参与度影响因素研究——以 "众筹网" 为例 [J]. 情报杂志, 11: 175-182.

徐家良, 2018. 互联网公益: 一个值得大力发展的新平台 [J]. 理论探索, 2: 18-23, 38.

许鑫, 俞飞, 张莉, 2011. 一种文本倾向性分析方法及其应用 [J]. 现代图书情报技术, 10: 54-62.

杨睿宇, 马箫, 2017. 网络公益众筹的现状及风险防范研究 [J]. 学习与实践, 2: 81-88.

杨学成, 徐秀秀, 陶晓波, 2016. 基于体验营销的价值共创机理研究——以汽车行业为例 [J]. 管理评论, 28(5): 232-240.

杨艳军, 郭毅光, 2018. 绿色众筹投资者参与行为影响因素研究 [J]. 企业经济, 10: 19-28.

姚卓, 陈晓红, 张希, 等, 2016. 基于质量信号的众筹融资影响因素研究 [J]. 金融经济学研究, 31(4): 60-71.

尹梦琪, 张扬, 2019. 互联网 + 条件下公益众筹平台的治理问题——以 A 公司为例 [J]. 智库时代, 8: 143-144.

苑广阔, 2019. 期待互联网公益激发更多公众参与热情 [N/OL]. 青岛日报, 2019-11-20[2023-09-28]. https://www.dailyqd.com/epaper/html/2019-11/20/content_267081.htm.

岳佳仪, 2018. 互联网时代的新型公益传播探究 [J]. 今传媒 (学术版), 26(1): 48-50.

张蓓, 黄志平, 杨炳成, 2014. 农产品供应链核心企业质量安全控制意愿实证分析——基于广东省 214 家农产品生产企业的调查数据 [J]. 中国农村经济, 1: 62-75.

张璐, 周琪, 苏敬勤, 等, 2019. 新创企业如何实现商业模式创新?——基于资源行动视角的纵向案例研究 [J]. 管理评论, 31(9): 219-230.

张晓东, 朱敏, 2011. 网络口碑对消费者购买行为的影响研究 [J]. 消费经济, 37(3): 15-17, 22.

张心宇, 2019. 价值共创理论视角下环境传播游戏化研究——以 "蚂蚁森林" 为例 [J]. 媒体融合新观察, 6: 72-74.

张阳春, 2020. 个体随机效应下广义线性模型的方差检验 [D]. 上海: 华东师范大学.

张月义, 虞岚婷, 茅婷, 等, 2020. "标准＋认证" 视角下制造业区域品牌建设企业参与意愿及决策行为研究 [J]. 管理学报, 17(2): 290-297.

赵辉, 田志龙, 2014. 伙伴关系、结构嵌入与绩效: 对公益性 CSR 项目实施的多案例研究 [J]. 管理世界, 6: 142-156.

赵文红, 邵建春, 尉俊东, 2008. 参与度、信任与合作效果的关系——基于中国非营利组织与企业合作的实证分析 [J]. 南开管理评论, 11(3): 51-57.

赵振, 2015. "互联网＋" 跨界经营: 创造性破坏视角 [J]. 中国工业经济, 10: 146-160.

钟琦, 杨雪帆, 吴志樵, 2021. 平台生态系统价值共创的研究述评 [J]. 系统工程理论与实践, 41(2): 421-430.

朱灏, 尹可丽, 杨李慧子, 2020. 面部表情与捐赠者——受益者关系对网络慈善众筹捐赠行为的影响 [J]. 心理与行为研究, 18(4): 570-576.

朱丽献, 李兆友, 2008. 企业技术创新采纳的基本内涵及行为表现 [J]. 科技管理研究, 6: 13-15.

邹振宇, 王鹏涛, 2021. 价值共创视角下公益性数字图书馆运作模式与路径创新研究 [J]. 图书馆学研究, 2: 48-57.

左文明, 黄枫璇, 毕凌燕, 2020. 分享经济背景下价值共创行为的影响因素——以网约车为例 [J]. 南开管理评论, 23(5): 183-193.

ADENA M, HUCK S, 2020. Online fundraising, self-image, and the long-term impact of ask avoidance[J]. Management Science, 66(2): 722-743.

AGHEKYAN-SIMONIAN M, FORSYTHE S, SUK KWON W, et al., 2012. The role of product brand image and online store image on perceived risks and online purchase intentions for apparel[J]. Journal of Retailing and Consumer Services, 19: 325-331.

AHN T, RYU S, HAN I, 2007. The impact of web quality and playfulness on user acceptance of online retailing[J]. Information and Management, 44: 263-275.

AIKEN M T, HAGE J, 1971. The organic organization and innovation[J]. Sociology, 5: 63-82.

AJZEN I, 1991. The theory of planned behavior[J]. Organizational Behavior and Human Decision Processes, 50(2): 179-211.

AKERLOF G, 1970. The market for "lemons": Quality uncertainty and the market mechanism[J]. Quarterly Journal of Economics, 84(3): 488-500.

ALTHOFF T, LESKOVEC J, 2015. Donor retention in online crowdfunding communities: A case study of donorschoose.org[C]. 24th International Conference on World Wide Web, Florence: 34-44.

ALTMANN S, FALK A, HEIDHUES P, et al., 2019. Defaults and donations: Evidence from a field experiment[J]. Review of Economics and Statistics, 101(5): 808-826.

ANDRE K, BUREAU S, GAUTIER A, et al., 2017. Beyond the opposition between altruism and self-interest: Reciprocal giving in reward-based crowdfunding[J]. Journal of Business Ethics, 146(2): 313-332.

ARGO N, KLINOWSKI D, KRISHNAMURTI T, et al., 2020. The completion effect in charitable crowdfunding[J]. Journal of Economic Behavior & Organization, 172: 17-32.

ASSHIDIN N H N, ABIDIN N, BORHAN H B, 2016. Perceived quality and emotional value that influence consumer's purchase intention towards American and local products[J]. Procedia Economics and Finance, 35(3): 639-643.

BA Z, ZHAO Y C, ZHOU L, et al., 2020. Exploring the donation allocation of online charitable crowdfunding based on topical and spatial analysis: Evidence from the Tencent Gongyi[J]. Information Processing & Management, 57(6): 102322.

BAGHERI A, CHITSAZAN H, EBRAHIMI A, 2019. Crowdfunding motivations: A focus on donors' perspectives[J]. Technological Forecasting and Social Change, 146: 218-232.

BAILEY J E, PEARSON S W, 1983. Development of a tool for measuring and analyzing computer user satisfaction[J]. Management Science, 29(5): 530-545.

BAUER R A, 1960. Consumer behavior as risk taking[C]. Proceedings of the 43rd National Conference of the American Marketing Association, Chicago: 389-398.

BEHL A, DUTTA P, 2020. Engaging donors on crowdfunding platform in Disaster Relief Operations (DRO) using gamification: A Civic Voluntary Model (CVM) approach[J]. International Journal of Information Management, 54: 102140.

BEHL A, DUTTA P, LUO Z W, et al., 2021. Enabling artificial intelligence on a donation-based crowdfunding platform: A theoretical approach[J]. Annals of Operations Research, 319319: 761-789

BELLEFLAMME P, LAMBERT T, SCHWIENBACHER A, 2014. Crowdfunding: Tapping the right crowd[J]. Journal of Business Venturing, 29(5): 585-609.

BELLIO E, BUCCOLIERO L, FIORENTINI G, 2013. Marketing and fundraising through mobile phones: New strategies for nonprofit organizations and charities[C]. 10th International Conference on E-Business (ICE-B), Reykjavik: 1-8.

BERECZKEI T, BIRKAS B, KEREKES Z, 2010. Altruism towards strangers in need: Costly signaling in an industrial society[J]. Evolution and Human Behavior, 31(2): 95-103.

BHATI A, MCDONNELL D, 2020. Success in an online giving day: The role of social media in fundraising[J]. Nonprofit & Voluntary Sector Quarterly, 49(1): 74-92.

BHATTACHERJEE A, 2001. Understanding information systems continuance: An expectation-confirmation model[J]. MIS Quarterly, 25(3): 351-370.

BHATTACHERJEE A, PEROLS J, SANFORD C, 2008. Information technology continuance: A theoretic extension and empirical test[J]. Data Processor for Better Business Education, 49: 17-26.

BOCK G W, ZMUD R W, KIM Y G, et al., 2005. Behavioral intention formation in knowledge sharing: Examining the roles of extrinsic motivators, social-psychological forces, and organizational climate[J]. MIS Quarterly, 29(1): 87-111.

BOURGEOIS L J, 1981. On the measurement of organizational slack[J]. Academy of Management Review, 6: 29-39.

BROEK T A V D, NEED A, EHRENHARD M L, et al., 2019. The influence of network structure and prosocial cultural norms on charitable giving: A multilevel analysis of Movember's fundraising campaigns in 24 countries[J]. Social Networks, 58: 128-135.

BURT R S, 1999. The social capital of opinion leaders[J]. The Annals of the American Academy of Political and Social Science, 566(1): 37-54.

BURTCH G, GHOSE A, WATTAL S, 2013. An empirical examination of the antecedents and consequences of contribution patterns in crowd-funded markets[J]. Information Systems Research, 24(3): 499-519.

BUSCH T, 1995. Gender differences in self-efficacy and attitudes toward computers[J]. Journal of Educational Computing Research, 12(2): 147-158.

CASES A S, 2002. Perceived risk and risk-reduction strategies in internet shopping[J]. International Review of Retail, Distribution and Consumer Research, 12(4): 375-394.

CASON T N, ZUBRICKAS R, 2019. Donation-based crowdfunding with refund bonuses[J]. European Economic Review, 119: 452-471.

CASTILLO M, PETRIE R, WARDELL C, 2014. Fundraising through online social networks: A field experiment on peer-to-peer solicitation[J]. Journal of Public Economics, 114(S1): 29-35.

CHEN C C, TSAI J L, 2019. Determinants of behavioral intention to use the Personalized Location-based Mobile Tourism Application: An empirical study by integrating TAM with ISSM[J]. Future Generation Computer Systems, 96: 628-638.

CHEN R, XIE Y, LIU Y, 2021a. Defining, conceptualizing, and measuring organizational resilience: A multiple case study[J]. Sustainability, 13(5): 2517.

CHEN R F, HSIAO J L, 2012. An investigation on physicians' acceptance of hospital information systems: A case study[J]. International Journal of Medical Informatics, 81(12): 810-820.

CHEN W, GIVENS T, 2013. Mobile donation in America[J]. Mobile Media & Communication, 1(2): 196-212.

CHEN X, SONG D, SHOU Y, et al., 2021b. Altruism or social motives? Evidence from online charitable giving in China[J]. Enterprise Information Systems, 16(4): 566-588.

CHEN Y, DAI R, YAO J, et al., 2019. Donate time or money? The determinants of donation intention in online crowdfunding[J]. Sustainability, 11(16): 4269.

CHEN Y R R, 2018. Strategic donor engagement on mobile social networking sites for mobile donations: A study of millennial Wechat users in China[J]. Chinese Journal of Communication, 11(SI): 26-44.

CHOI E K, WILSON A, FOWLER D, 2013. Exploring customer experiential components and the conceptual framework of customer experience, customer satisfaction, and actual behavior[J]. Journal of Foodservice Business Research, 16(4): 347-358.

CHONG A Y L, CHAN F T S, 2012. Structural equation modeling for multi-stage analysis on radio frequency identification (RFID) diffusion in the health care industry[J]. Expert Systems with Applications, 29(SI): 8645-8654.

CHOY K, SCHLAGWEIN D, 2016. Crowdsourcing for a better world on the relation between IT affordances and donor motivations in charitable crowdfunding[J]. Information Technology & People, 29: 221-247.

CHUANG S H, 2018. Facilitating the chain of market orientation to value co-creation: The mediating role of e-marketing adoption[J]. Journal of Destination Marketing & Management, 7: 39-49.

COLLINS L, PIERRAKIS Y, 2012. The Venture Crowd: Crowdfunding Equity Investments into Business[M]. London: Springer.

CORDOVA A, DOLCI J, GIANFRAT G, 2015. The determinants of crowdfunding success: Evidence from technology projects[J]. Procedia Social & Behavioral Sciences, 181: 115-124.

COX J, NGUYEN T, THORPE A, et al., 2018a. Being seen to care: The relationship between self-presentation and contributions to online pro-social crowdfunding campaigns[J]. Computers in Human Behavior, 83: 45-55.

COX J, THANG N, KANG S M, 2018b. The kindness of strangers? An investigation into the interaction of funder motivations in online crowdfunding campaigns[J]. Kyklos, 71(2): 187-212.

CRUZ-JESUS F, PINHEIRO A, OLIVEIRA T, 2019. Understanding CRM adoption stages: Empirical analysis building on the TOE framework[J]. Computers in Industry, 109: 1-13.

CSÍKSZENTMIHÁLYI M, LEFEVRE J, 1989. Optimal experience in work and leisure[J]. Journal of Personality and Social Psychology, 56(5): 815-822.

DAFT R L, BECKER S W, 1978. The innovative organization: Innovation adoption in school organizations[J]. Administrative Science Quarterly, 24: 161.

DAMANPOUR F, 1987. The adoption of technological, administrative, and ancillary innovations: Impact of organizational factors[J]. Journal of Management, 13: 675-688.

DAMANPOUR F, 1991. Organizational innovation: A meta-analysis of effects of determinants and moderators[J]. Academy of Management Journal, 34: 555-590.

DAVID S, DE ABREU M, TRIGO A, 2014. Charx: A proposal for a collaborative information system for the exchange of goods between charities[C]. Proceedings of International Conference Information Systems and Design of Communication, Portugal: 1-7.

DELONE W, 1998. Determinants of success for computer usage in small business[J]. MIS Quarterly, 12(1): 51-61.

DELONE W H, MCLEAN E R, 1992. Information systems success: The quest for the dependent variable[J]. Information Systems Research, 3(1): 60-95.

DELONE W H, MCLEAN E R, 2003. The Delone and Mclean model of information systems success: A ten-year update[J]. Journal of Management Information Systems, 19(4): 9-30.

DIMAGGIO P, POWELL W W, 1983. The iron cage revisited institutional isomorphism and collective rationality in organizational fields[J]. American Sociological Review, 48(6): 143-166.

DU L, LI X, CHEN F, et al., 2020. Evaluating participants' customer citizenship behaviors using an internet charity platform[J]. Social Behavior and Personality, 48: 1-15.

EGGERT A, ULAGA W, 2003. Customer perceived value: A substitute for satisfaction in business markets?[J]. Journal of Business & Industrial Marketing, 17(2-3): 107-118.

EINOLF C J, PHILBRICK D M, SLAY K, 2013. National giving campaigns in the United States: Entertainment, empathy, and the national peer group[J]. Nonprofit & Voluntary Sector Quarterly, 42(2): 241-261.

EISENHARDT K M, MARTIN J A, 2000. Dynamic capabilities, what are they?[J]. Strategic Management Journal, 21: 1105-1121.

ELSDEN C, TROTTER L, HARDING M, et al., 2019. Programmable donations: Exploring escrow-based conditional giving[C]. Proceedings of the 2019 Chi Conference on Human Factors in Computing Systems, Glasgow: 1-13.

ELWAKEEL O A B, 2019. Stakeholder evolution: A study of stakeholder dynamics in 12 Norwegian projects[J]. International Journal of Managing Projects in Business, 13(1): 172-196.

ELWALDA A, LU K, 2016. The impact of online customer reviews (OCRs) on customers' purchase decisions: An exploration of the main dimensions of OCRs[J]. Journal of Customer Behaviour, 15(2): 123-152.

ERCEG N, BURGHART M, COTTONE A, et al., 2018. The effect of moral congruence of calls to action and salient social norms on online charitable donations: A protocol study[J]. Frontiers In Psychology, 9(1913): 1-14.

EVERS M L C B P, 2012. Main drivers of crowd-funding success: A conceptual framework and empirical analysis[D]. Rotterdam: Erasmus University.

FANG I C, FANG S C, 2016. Factors affecting consumer stickiness to continue using mobile applications[J]. International Journal of Mobile Communications, 14(5): 431-453.

FAROOQ M S, KHAN M, ABID A, 2020. A framework to make charity collection transparent and auditable using blockchain technology[J]. Computers & Electrical Engineering, 83: 106588.

FEATHERMAN M S, PAVLOU P A, 2003. Predicting e-services adoption: A perceived risk facets perspective[J]. International Journal of Human Computer Studies, 59(4): 451-474.

FISHBEIN M, AJZEN I, 1975. Belief, attitude, intention and behavior: An introduction to theory and research[J]. Philosophy and Rhetoric, 41: 842-844.

FLANAGIN A J, METZGER M J, PURE R, et al., 2014. Mitigating risk in ecommerce transactions: Perceptions of information credibility and the role of user-generated ratings in product quality and purchase intention[J]. Electronic Commerce Research, 14(1): 1-23.

FORNELL C, LARCKER D F, 1981. Evaluating structural equation models with unobservable variables and measurement error[J]. Journal of Marketing Research, 18(1): 39-50.

FORSYTHE S M, SHI B, 2004. Consumer patronage and risk perceptions in internet shopping[J]. Journal of Business Research, 56(11): 867-875.

GALVAGNO M, DALLI D, 2014. Theory of value co-creation: A systematic literature review[J]. Managing Service Quality, 24: 643-683.

GANDIA J L, 2011. Internet disclosure by nonprofit organizations: Empirical evidence of nongovernmental organizations for development in Spain[J]. Nonprofit & Voluntary Sector Quarterly, 40(1): 57-78.

GAO L, BAI X, PARK A, 2017. Understanding sustained participation in virtual travel communities from the perspectives of is success model and flow theory[J]. Journal of Hospitality & Tourism Research, 41(4): 475-509.

GAO L, WAECHTER K A, BAI X, 2015. Understanding consumers' continuance intention towards mobile purchase: A theoretical framework and empirical study — A case of China[J]. Computers in Human Behavior, 53: 249-262.

GEFEN D, 2000. E-commerce: The role of familiarity and trust[J]. Omega-International Journal of Management Science, 28(6): 725-737.

GEFEN D, 2002. Reflections on the dimensions of trust and trustworthiness among online consumers[J]. Data Base, 33: 38-53.

GERBER E, HUI J, KUO P Y, 2012. Crowdfunding: Why people are motivated to post and fund projects on crowdfunding platforms[C]. Computer Supported Cooperative Work, Seattle.

GERRIT K A C, 2017. Signaling in equity crowdfunding[J]. Entrepreneurship Theory and Practice, 39(4): 955-980.

GLASER B G, STRAUSS A L, 1967. The discovery of grounded theory: Strategies for qualitative research[J]. Social Forces, 46(4): 555.

GLEASURE R, FELLER J, 2016. Does heart or head rule donor behaviors in charitable crowdfunding markets?[J]. International Journal of Electronic Commerce, 20(4): 499-524.

GOLRANG H, SAFARI E, 2021. Applying gamification design to a donation-based crowdfunding platform for improving user engagement[J]. Entertainment Computing, 38: 100425.

GOMES R, KNOWLES P A, 2001. Strategic internet and e-commerce applications for local nonprofit organizations[J]. Journal of Nonprofit & Public Sector Marketing, 9: 215-245.

GONG X, LIU Z, ZHENG X, et al., 2018. Why are experienced users of Wechat likely to continue using the app?[J]. Asia Pacific Journal of Marketing and Logistics, 30(4): 1013-1039.

GRABOSKY P, 2001. The nature of trust online[J]. The Age, 23(1): 1-12.

GREER T V L R, 1994. Effects of source and paper color on response rates in mail surveys[J]. Industrial Marketing Management, 23(1): 47-54.

GRÖNROOS C, SVENSSON G, 2008. Service logic revisited: Who creates value? And who co-creates?[J]. European Business Review, 20(4): 298-314.

GUO C, SAXTON G D, 2014a. Speaking and being heard: How nonprofit advocacy organizations gain attention on social media[J]. Nonprofit & Voluntary Sector Quarterly, 47(1): 5-26.

GUO C, SAXTON G D, 2014b. Tweeting social change: How social media are changing nonprofit advocacy[J]. Nonprofit & Voluntary Sector Quarterly, 43(1): 57-79.

GUO Y, BARNES S, 2011. Purchase behavior in virtual worlds: An empirical investigation in second life[J]. Information and Management, 48(7): 303-312.

HA S, STOEL L, 2009. Consumer e-shopping acceptance: Antecedents in a technology acceptance model[J]. Journal of Business Research, 62(5): 565-571.

HAIR J F, HULT G T M, RINGLE C M, et al, 2016. A Primer on Partial Least Squares Structural Equation Modeling (PLS-SEM)[M]. London: Springer.

HANSEN T, MLLER JENSEN J, STUBBE SOLGAARD H, 2004. Predicting online grocery buying intention: A comparison of the theory of reasoned action and the theory of planned behavior[J]. International Journal of Information Management, 24(6): 539-550.

HEIDENREICH S, HANDRICH M, 2015. Adoption of technology-based services: The role of customers' willingness to co-create[J]. Journal of Service Management, 66(1): 44-71.

HEIKKILÄ J P, 2013. An institutional theory perspective on e-HRM's strategic potential in MNC subsidiaries[J]. The Journal of Strategic Information Systems, 22(3): 238-251.

HO H Y, LIN P C, LU M H, 2014. Effects of online crowdfunding on consumers' perceived value and purchase intention[J]. Anthropologist, 17(3): 837-844.

HO S S, LIAO Y, ROSENTHAL S, 2015. Applying the theory of planned behavior and media dependency theory: Predictors of public pro-environmental behavioral intentions in Singapore[J]. Environmental Communication, 9(1): 77-99.

HOFFMAN D L, NOVAK T P, 1996. Marketing in hypermedia computer-mediated environments: Conceptual foundations[J]. Journal of Marketing, 60: 50-68.

HONG S, RYU J, 2019. Crowdfunding public projects: Collaborative governance for achieving citizen co-funding of public goods[J]. Government Information Quarterly, 36(1): 145-153.

HOSMER L T, 1995. Trust: The connecting link between organizational theory and philosophical ethics[J]. Academy of Management Review, 20: 379-403.

HOYER W D C R D M, 2010. Consumer cocreation in new product development[J]. Journal of Service Research, 13(3): 283-296.

HSU C L, LIN J C C, 2008. Acceptance of blog usage: The roles of technology acceptance, social influence and knowledge sharing motivation[J]. Information and Management, 45(1): 65-74.

HSU C W, CHANG Y L, CHEN T S, et al., 2021. Who donates on line? Segmentation analysis and marketing strategies based on machine learning for online charitable donations in Taiwan[J]. IEEE Access, 9: 52728-52740.

IDA E, 2017. The role of customers' involvement in value co-creation behaviour is value co-creation the source of competitive advantage?[J]. Journal of Competitiveness, 9(3): 51-66.

IMLAWI J, GREGG D, KARIMI J, 2015. Student engagement in course-based social networks: The impact of instructor credibility and use of communication[J]. Computers & Education, 88: 84-96.

JAIN S, SIMHA R, 2018. Blockchain for the common good: A digital currency for citizen philanthropy and social entrepreneurship[C]. International Congress on Cybermatics, Halifax.

JANTUNEN A, TARKIAINEN A, CHARI S, et al, 2018. Dynamic capabilities, operational changes, and performance outcomes in the media industry[J]. Journal of Business Research, 89: 251-257.

JARVENPAA S L, TRACTINSKY N, VITALE M, 2000. Consumer trust in an internet store[J]. Information Technology and Management, 1(1): 45-71.

JEYARAJ A, ROTTMAN J W, LACITY M C, 2006. A review of the predictors, linkages, and biases in IT innovation adoption research[J]. Journal of Information Technology, 21: 1-23.

JIAO H, QIAN L, LIU T, et al., 2021. Why do people support online crowdfunding charities? A case study from China[J]. Frontiers in Psychology, 12(12): 582508.

JILKE S, LU J, XU C, et al., 2019. Using large-scale social media experiments in public administration: Assessing charitable consequences of government funding of nonprofits[J]. Journal of Public Administration Research and Theory, 29(4): 627-639.

KAU A K, TANG Y E, GHOSE S, 2003. Typology of online shoppers[J]. Journal of Consumer Marketing, 20: 139-156.

KELLEHER C, WILSON H N, MACDONALD E K, et al., 2019. The score is not the music: Integrating experience and practice perspectives on value co-creation in collective consumption contexts[J]. Journal of Service Research, 22(2): 120-138.

KELLNER A, TOWNSEND K, WILKINSON A, 2017. "The mission or the margin?" a high-performance work system in a non-profit organisation[J]. The International Journal of Human Resource Management, 28(4): 1938-1959.

KHADJAVI M, 2016. Indirect reciprocity and charitable giving— Evidence from a field experiment[J]. Management Science, 63(11): 3531-3997.

KHAN N, OUAICH R, 2019. Feasibility analysis of blockchain for donation-based crowd-funding of ethical projects[C]. 1st American-University in the Emirates International Research Conference, Dubai.

KIM D J, FERRIN D L, RAO H R, 2008. A trust-based consumer decision-making model in electronic commerce: The role of trust, perceived risk, and their antecedents[J]. Decision Support Systems, 44(2): 544-564.

KINCH J W, 1973. Social Psychology[M]. San Francisco: McGraw-Hill Book Company.

KOTHARI A, 2018. NGOs and health reporting in Tanzania[J]. African Journalism Studies, 39(2): 42-60.

KUBO T, VERISSIMO D, URYU S, et al., 2021. What determines the success and failure of environmental crowdfunding?[J]. AMBIO, 50(SI): 1659-1669.

KUMP B, ENGELMANN A, KESSLER A, et al., 2018. Toward a dynamic capabilities scale: Measuring organizational sensing, seizing, and transforming capacities[J]. Industrial and Corporate Change, 28(5): 1149-1172.

KUPPUSWAMY V, BAYUS B L, 2018. Crowdfunding creative ideas: The dynamics of project backers[M]. Berlin: Springer International Publishing.

KWAK D H A, RAMAMURTHY K R, NAZARETH D, et al., 2018. The moderating role of helper's high in anchoring process: An empirical investigation in the context of charity website design[J]. Computers in Human Behavior, 84: 230-244.

KWAK D H, RAMAMURTHY K R, NAZARETH D L, 2019. Beautiful is good and good is reputable: Multiple-attribute charity website evaluation and initial perceptions of reputation under the halo effect[J]. Journal of the Association for Information Systems, 20: 1611-1649.

KWON T H, ZMUD R W, 1987. Unifying the Fragmented Models of Information Systems Implementation[M]. USA: Wiley.

LASCU D N, ZINKHAN G, 1999. Consumer conformity: Review and applications for marketing theory and practice[J]. Journal of Marketing Theory and Practice, 7(3): 1-12.

LEE D, PARK J, 2020. The relationship between a charity crowdfunding project's contents and donors' participation: An empirical study with deep learning methodologies[J]. Computers in Human Behavior, 106: 106261.

LEE J N, KIM Y G, 1999. Effect of partnership quality on is outsourcing success: Conceptual framework and empirical validation[J]. Journal of Management Information Systems, 15: 29-62.

LEE M C, 2009. Factors influencing the adoption of internet banking: An integration of TAM and TPB with perceived risk and perceived benefit[J]. Electronic Commerce Research and Applications, 8(3): 130-141.

LEWIS G, 2011. Asymmetric information, adverse selection and online disclosure: The case of eBay motors[J]. American Economic Review, 101(4): 1535-1546.

LI D, BROWNE G J, WETHERBE J C, 2006. Why do internet users stick with a specific web site? A relationship perspective[J]. International Journal of Electronic Commerce, 10(4): 105.

LI F, 2020. The digital transformation of business models in the creative industries: A holistic framework and emerging trends[J]. Technovation, 92-93: 102012.

LI H, ATUAHENE-GIMA K, 2001. Product innovation strategy and the performance of new technology ventures in China[J]. Academy of Management Journal, 44(6): 1123-1134.

LI Y M, WU J D, HSIEH C Y, et al., 2020. A social fundraising mechanism for charity crowdfunding[J]. Decision Support Systems, 129: 113170.

LI Y Z, HE T L, SONG Y R, et al., 2018. Factors impacting donors' intention to donate to charitable crowd-funding projects in China: A UTAUT-based model[J]. Information, Communication & Society, 21(3): 404-415.

LIANG H, SARAF N, HU Q, et al., 2007. Assimilation of enterprise systems: The effect of institutional pressures and the mediating role of top management[J]. MIS Quarterly, 31: 59-87.

LIANG T P, WU S P J, HUANG C C, 2019. Why funders invest in crowdfunding projects: Role of trust from the dual-process perspective[J]. Information and Management, 56: 70-84.

LIN H F, 2007a. Effects of extrinsic and intrinsic motivation on employee knowledge sharing intentions[J]. Journal of Information Science, 33(2): 135-149.

LIN H F, LEE G G, 2005. Impact of organizational learning and knowledge management factors on e-business adoption[J]. Management Decision, 43: 171-188.

LIN J C C, 2007b. Online stickiness: Its antecedents and effect on purchasing intention[J]. Behaviour & Information Technology, 26(6): 507-516.

LIN K Y, LU H P, 2011. Why people use social networking sites: An empirical study integrating network externalities and motivation theory[J]. Computers in Human Behavior, 27(3): 1152-1161.

LIN S H, LEE H C, CHANG C T, et al., 2020. Behavioral intention towards mobile learning in Taiwan, China, Indonesia, and Vietnam [J]. Technology in Society, 63: 1-13.

LIU C J, HAO F, 2017. Reciprocity belief and gratitude as moderators of the association between social status and charitable giving[J]. Personality and Individual Differences, 111: 46-50.

LIU J, DING J, 2020. Requesting for retweeting or donating? A research on how the fundraiser seeks help in the social charitable crowdfunding[J]. Physica A-Statistical Mechanics and Its Applications, 557: 124812.

LIU L, SUH A, WAGNER C, 2018. Empathy or perceived credibility? An empirical study on individual donation behavior in charitable crowdfunding[J]. Internet Research, 28: 623-651.

LOVEJOY K, SAXTON G D, 2012. Information, community, and action: How non-profit organizations use social media[J]. Journal of Computer-mediated Communication, 17(3): 337-353.

LOVELOCK C H, YIP G S, 1996. Developing global strategies for service businesses[J]. California Management Review, 38(2): 64-86.

LOW C, CHEN Y, WU M, 2011. Understanding the determinants of cloud computing adoption[J]. Industrial Management & Data Systems, 111: 1006-1023.

LU Y, 2020. Innovation and improvement of translation teaching of college English curriculum in the new era of internet plus[J]. International Journal of Intelligent Information and Management Science, 9(2): 155-157.

LUGOVOY D B, LUGOVAYA E A, 2019. Communication strategies in the activity of charitable organizations in digital society[C]. Proceedings of the 2019 IEEE Communication Strategies in Digital Society Seminar, Petersburg: 11-14.

LUO X R, ZHANG J, MARQUIS C, 2016. Mobilization in the internet age: Internet activism and corporate response[J]. Academy of Management Journal, 59(6): 2045-2068.

MA Z, LI C, XUE Y, et al., 2021. From pioneer to promotion: How can residential waste diversion non-profit organizations (NPOs) best co-evolve in modern China?[J]. Environmental Challenges, 3: 1-5.

MAJUMDAR A, BOSE I, 2018. My words for your pizza: An analysis of persuasive narratives in online crowdfunding[J]. Information and Management, 55(6): 781-794.

MARTIN E R, MONKS S A, WARREN L L, et al., 2000. A test for linkage and association in general pedigrees: The pedigree disequilibrium test[J]. American Journal of Human Genetics, 67(1): 146-154.

MARTINS R, OLIVEIRA T, THOMAS M A, et al., 2019. Firms' continuance intention on SaaS use-an empirical study[J]. Information Technology & People, 32: 189-216.

MAULIADI R, SETYAUTAMI M R A, AFRIYANTI I, et al., 2017. A platform for charities system generation with SPL approach[C]. International Conference on Information Technology Systems and Innovation (ICITSI), Indonesia: 108-113.

MAYER R C, DAVIS J H, SCHOORMAN F D, 1995. An integrative model of organizational trust[J]. Academy of Management Review, 20: 709-734.

MCLURE WASKO M, FARAJ S, 2005. Why should I share? Examining social capital and knowledge contribution in electronic networks of practice[J]. MIS Quarterly, 29(1): 35-57.

MEER J, 2014. Effects of the price of charitable giving: Evidence from an online crowdfunding platform[J]. Journal of Economic Behavior & Organization, 103: 113-124.

MEER J, 2017. Does fundraising create new giving?[J]. Journal of Public Economics, 145: 82-93.

MEJIA J, URREA G, PEDRAZA-MARTINEZ A J, 2019. Operational transparency on crowdfunding platforms: Effect on donations for emergency response[J]. Production and Operations Management, 28(7): 1773-1791.

MING-SYAN C, JIAWEI H, YU P S, 1996. Data mining: An overview from a database perspective[J]. IEEE Transactions on Knowledge and Data Engineering, 8(6): 866-883.

MIYAZAKI A D, FERNANDEZ A, 2001. Consumer perceptions of privacy and security risks for online shopping[J]. Journal of Consumer Affairs, 35(1): 27-44.

MOLLICK E, 2014. The dynamics of crowdfunding: An exploratory study[J]. Journal of Business Venturing, 29(1): 1-16.

MOQRI M, BANDYOPADHYAY S, 2016. Please share! Online word of mouth and charitable crowdfunding[C]. 22nd Americas Conference on Information Systems (AMCIS), Dublin: 162-169.

MOUAKKET S, 2015. Factors influencing continuance intention to use social network sites: The Facebook case[J]. Computers in Human Behavior, 53: 102-110.

MUNZ K P, JUNG M H, ALTER A L, 2020. Name similarity encourages generosity: A field experiment in email personalization[J]. Marketing Science, 39(SI): 1071-1091.

NAH S, SAXTON G D, 2013. Modeling the adoption and use of social media by nonprofit organizations[J]. New Media & Society, 15(2): 294-313.

NELSON R R, TODD P A, WIXOM B, 2005. Antecedents of information and system quality: An empirical examination within the context of data warehousing[J]. Journal of Management Information Systems, 21: 199-235.

NORMANN R, RAMÍREZ R, 1993. From value chain to value constellation: Designing interactive strategy[J]. Harvard Business Review, 71(4): 65-77.

NOVAK T P, HOFFMAN D L, YUNG Y F, 2000. Measuring the customer experience in online environments: A structural modeling approach[J]. Marketing Science, 19(S1): 22-42.

NOWAK M A, SIGMUND K, 2005. Evolution of indirect reciprocity[J]. Nature, 437(7063): 1291-1298.

OSTLUND L E, 1974. Perceived innovation attributes as predictors of innovativeness[J]. Journal of Consumer Research, 1(2): 23-29.

OZDEMIR Z D, ALTINKEMER K, DE P, et al., 2010. Donor-to-nonprofit online marketplace: An economic analysis of the effects on fundraising[J]. Journal of Management Information Systems, 27(2): 213-242.

PANDIT P, KULKARNI A A, 2018. Refinement of the equilibrium of public goods games over networks: Efficiency and effort of specialized equilibria[J]. Journal of Mathematical Economics, 79: 125-139.

PANIC K, HUDDERS L, CAUBERGHE V, 2016. Fundraising in an interactive online environment[J]. Nonprofit & Voluntary Sector Quarterly, 45(2): 333-350.

PAYNE A F, STORBACKA K, FROW P, 2008. Managing the co-creation of value[J]. Journal of Academy Marketing Science, 36(1): 83-96.

PETER J P, TARPEY L X, 1975. A comparative analysis of three consumer decision strategies[J]. Journal of Consumer Research, 2(1): 29-37.

PITSCHNER S, PITSCHNER-FINN S, 2014. Non-profit differentials in crowd-based financing: Evidence from 50,000 campaigns[J]. Economics Letters, 123(3): 391-394.

PRAHALAD C K, VENKATRAM R, 2000. Co-opting customer competence[J]. Harvard Business Review, 78(1): 79-87.

PREMKUMAR G P, RAMAMURTHY K, NILAKANTA S, 1994. Implementation of electronic data interchange: An innovation diffusion perspective[J]. Journal of Management Information Systems, 11: 157-186.

PREMKUMAR G P, ROBERTS M, 1999. Adoption of new information technologies in rural small businesses[J]. Omega-International Journal of Management Science, 27: 467-484.

RAMIREZ R, 1999. Value co-production: Intellectual origins and implications for practice and research[J]. Strategic Management Journal, 20(1): 49-65.

RAO A R M K B, 1989. The effect of price, brand name, and store name on buyers' perceptions of product quality: An integrative review[J]. Journal of Marketing Research, 26(3): 351-357.

REDDICK C G, PONOMARIOV B, 2012. The effect of individuals' organization affiliation on their internet donations[J]. Nonprofit & Voluntary Sector Quarterly, 42(6): 1197-1223.

REUVER M D, ONGENA G, BOUWMAN H, 2011. Should mobile internet services be an extension of the fixed internet? Context-of-use, fixed-mobile reinforcement and personal innovativeness[C]. 10th International Conference on Mobile Business, Como: 6-15.

RODRÍGUEZ M D M G, PÉREZ M D C C, GODOY M L, 2012. Determining factors in online transparency of NGOs: A Spanish case study[J]. Voluntas, 23(3): 661-683.

ROGERS E M, SIMON, SCHUSTER, 2003. Diffusion of Innovations[M]. Florence: Free Press.

ROSNER M M, 1968. Economic determinants of organizational innovation[J]. Administrative Science Quarterly, 12: 614.

ROUIBAH K, LOWRY P B, HWANG Y, 2016. The effects of perceived enjoyment and perceived risks on trust formation and intentions to use online payment systems: New perspectives from an Arab country[J]. Electronic Commerce Research and Applications, 19: 33-43.

RYZHOV I O, HAN B, BRADIC J, 2016. Cultivating disaster donors using data analytics[J]. Management Science, 62(3): 849-866.

SALEH H, AVDOSHIN S, DZHONOV A, 2019. Platform for tracking donations of charitable foundations based on blockchain technology[C]. 6th Conference on Actual Problems of Systems and Software Engineering, Moscow: 182-187.

SALIDO-ANDRES N, REY-GARCIA M, ALVAREZ-GONZALEZ L I, et al., 2018. Nonprofit organizations at the crossroads of offline and online fundraising in the digital era: The influence of the volume of target beneficiaries on the success of donation-based crowdfunding through digital platforms[C]. 13th Iberian Conference on Information Systems and Technologies (CISTI), Caceres: 1-5.

SAMBEEK, 2015. Finding the hidden influencers: The effect of altruism and demographics on the intention to participate in crowdfunding[M]. Maastricht, USA: Maastricht University.

SANSANI S, ROZENTAL A, 2018. Who favours the gay community? Experimental evidence using charitable donations[J]. Bulletin of Economic Research, 70(1): 1-16.

SASAKI S, 2019. Majority size and conformity behavior in charitable giving: Field evidence from a donation-based crowdfunding platform in Japan[J]. Journal of Economic Psychology, 70: 36-51.

SAUNDERS T J, TAYLOR A H, ATKINSON Q D, 2016. No evidence that a range of artificial monitoring cues influence online donations to charity in an MTurk sample[J]. Royal Society Open Science, 3: 15071010.

SAXTON G D, GUO C, 2011. Accountability online: Understanding the web-based accountability practices of nonprofit organizations[J]. Nonprofit & Voluntary Sector Quarterly, 40(2): 270-295.

SAXTON G D, NEELY D G, GUO C, 2014. Web disclosure and the market for charitable contributions[J]. Journal of Accounting and Public Policy, 33(2): 127-144.

SAXTON G D, WANG L, 2014. The social network effect: The determinants of giving through social media[J]. Nonprofit & Voluntary Sector Quarterly, 43(5): 850-868.

SCHAUPP L C, CARTER L, MCBRIDE M E, 2010. E-file adoption: A study of U.S. Taxpayers' intentions[J]. Computers in Human Behavior, 26(4): 636-644.

SCHERER C W, CHO H, 2003. A social network contagion theory of risk perception[J]. Risk Analysis, 23(2): 261-267.

SCOTT R, 2001. Institutions and organizations[M]. California: Sage Publication.

SEETHAMRAJU R T, 2015. Adoption of software as a service (SaaS) enterprise resource planning (ERP) systems in small and medium sized enterprises (SMEs)[J]. Information Systems Frontiers, 17: 475-492.

SEO H, KIM J Y, YANG S U, 2009. Global activism and new media: A study of transnational NGOs' online public relations[J]. Public Relations Review, 35: 123-126.

SEO S, JANG S S, MIAO L, et al., 2013. The impact of food safety events on the value of food-related firms: An event study approach[J]. International Journal of Hospitality Management, 33: 153-165.

SHAPIRO S L, REAMS L, SO K K F, 2019. Is it worth the price? The role of perceived financial risk, identification, and perceived value in purchasing pay-per-view broadcasts of combat sports[J]. Sport Management Review, 22(2): 235-246.

SHIM S, LEE B, KIM S L, 2018. Rival precedence and open platform adoption: An empirical analysis[J]. International Journal of Information Management, 38(1): 217-231.

SHNEOR R, MUNIM Z H, 2019. Reward crowdfunding contribution as planned behaviour: An extended framework[J]. Journal of Business Research, 103: 56-70.

SHUBIK M, CYERT R M, MARCH J G, 1963. A behavioral theory of the firm[J]. Journal of the American Statistical Association, 60: 378.

SINGH N, MTHULI S A, 2020. The big picture of non-profit organisational sustainability: A qualitative system dynamics approach[J]. Systemic Practice and Action Research, 34(3): 229-249.

SINHAA N, SINGHB P, GUPTAA M, et al., 2020. Robotics at workplace: An integrated Twitter analytics — SEM based approach for behavioral intention to accept [J]. International Journal of Information Management, 55: 1-17.

SISCO M R, WEBER E U, 2019. Examining charitable giving in real-world online donations[J]. Nature Communications, 10(1): 3968.

SMITH J R, MCSWEENEY A, 2007. Charitable giving: The effectiveness of a revised theory of planned behaviour model in predicting donating intentions and behaviour[J]. Journal of Community & Applied Social Psychology, 17(5): 363-386.

SORENSEN A, ANDREWS L, DRENNAN J, 2017. Using social media posts as resources for engaging in value co-creation: The case for social media-based cause brand communities[J]. Journal of Service Theory and Practice, 27(SI): 898-922.

SPARKMANA G, ATTARI S Z, 2020. Credibility, communication, and climate change: How lifestyle inconsistency and do-gooder derogation impact decarbonization advocacy[J]. Energy Research & Social Science, 59: 1-7.

STAUSS B H K S T, 2010. A customer-dominant logic of service[J]. Journal of Service Management, 21(4): 531-548.

STONE R N, GRONHAUG K, 1993. Perceived risk: Further considerations for the marketing discipline[J]. European Journal of Marketing, 27(3): 39-50.

SULAEMAN D, 2019. Externalities in charitable crowdfunding[C]. Proceedings of the 52nd Annual Hawaii International Conference on System Sciences, Hawaii.

SURA S, AHN J, LEE O, 2017. Factors influencing intention to donate via social network site (SNS): From Asian's perspective[J]. Telematics and Informatics, 34(1): 164-176.

SVENSSON P G, MAHONEY T Q, HAMBRICK M E, 2015. Twitter as a communication tool for nonprofits: A study of sport-for-development organizations[J]. Nonprofit & Voluntary Sector Quarterly, 44(6): 1086-1106.

SWEENEY J C, SOUTAR G N, 2001. Consumer perceived value: The development of a multiple item scale[J]. Journal of Retailing, 77(2): 203-220.

TAJFEL H, TURNER J C, 1986. The social identity theory of intergroup behavior[J]. The Social Psychology of Intergroup Relations, 13(3): 7-24.

TAM J L M, 2004. Customer satisfaction, service quality and perceived value: An integrative model[J]. Journal of Marketing Management, 20(7-8): 897-917.

TANAKA K G, VOIDA A, 2016. Legitimacy work: Invisible work in philanthropic crowdfunding[C]. Annual CHI Conference on Human Factors in Computing Systems, New York: 4550-4561.

TEECE D J, 2007. Explicating dynamic capabilities: The nature and microfoundations of (sustainable) enterprise performance[J]. Strategic Management Journal, 28: 1319-1350.

TEECE D J, PISANO G P, 1994. The dynamic capabilities of firms: An introduction[J]. Industrial and Corporate Change, 3: 537-556.

TEECE D J, PISANO G, SHUEN A, 1997. Dynamic capabilities and strategic management[J]. Strategic Management Journal, 18(7): 509-533.

TEO T S H, LIU J, 2007. Consumer trust in e-commerce in the United States, Singapore and China[J]. Omega-International Journal of Management Science, 35(1): 22-38.

TORNATZKY L G, FLEISCHER M, CHAKRABARTI A K, 1990. Processes of technological innovation[M]. Lexington: Lexington Books.

TRANG S T N, ZANDER S, VISSER B D, et al., 2016. Towards an importance-performance analysis of factors affecting e-business diffusion in the wood industry[J]. Journal of Cleaner Production, 110: 121-131.

TSAI K S, WANG Q, 2019. Charitable crowdfunding in China: An emergent channel for setting policy agendas?[J]. China Quarterly, 240: 936-966.

VAN TONDER E, PETZER D J, 2018. The interrelationships between relationship marketing constructs and customer engagement dimensions[J]. The Service Industries Journal, 38: 948-973.

VARGO S L, LUSCH R F, 2004. Evolving to a new dominant logic for marketing[J]. Journal of Marketing, 68(1): 1-17.

VENKATESH V, MORRIS M G, DAVIS G B, et al., 2003. User acceptance of information technology: Toward a unified view[J]. MIS Quarterly, 27: 425-478.

WALLACE E, BUIL I, DE CHERNATONY L, 2017. When does "liking" a charity lead to donation behaviour? Exploring conspicuous donation behaviour on social media platforms[J]. European Journal of Marketing, 51(11-12): 2002-2029.

WALLACE T, RUTHERFORD A C, 2021. The big bird gets the worm? How size influences social networking by charitable organizations[J]. Nonprofit & Voluntary Sector Quarterly, 50: 626-646.

WANG B, REN C, DONG X, et al., 2019. Determinants shaping willingness towards on-line recycling behaviour: An empirical study of household e-waste recycling in China[J]. Resources, Conservation and Recycling, 143: 218-225.

WANG C L, AHMED P K, 2004. The development and validation of the organisational innovativeness construct using confirmatory factor analysis[J]. European Journal of Innovation Management, 7: 303-313.

WANG J, ZHENG C, LIU Y L, 2014. Analysis of the effects of the micro public welfare information diffusion based on visual simulation[C]. International Conference on Artificial Intelligence and Software Engineering, Phuket: 631-636.

WANG R Y, STRONG D M, 1996. Beyond accuracy: What data quality means to data consumers[J]. Journal of Management Information Systems, 12: 5-33.

WANG Y M, WANG Y S, YANG Y F, 2010. Understanding the determinants of RFID adoption in the manufacturing industry[J]. Technological Forecasting and Social Change, 77: 803-815.

WASH R, 2013. The value of completing crowdfunding projects[C]. Proceedings of the 7th International Conference on Weblogs and Social Media, ICWSM, Cambridge: 631-639.

WATERS R D, JAMAL J Y, 2011. Tweet, tweet, tweet: A content analysis of nonprofit organizations' twitter updates[J]. Public Relations Review, 37(3): 321-324.

WILDEN R, GUDERGAN S, AKAKA M. A, et al., 2019. The role of cocreation and dynamic capabilities in service provision and performance: A configurational study[J]. Industrial Marketing Management, 78: 43-57.

WINDMEIJER F, WRIGHT E, SMITH S, 2015. Peer effects in charitable giving: Evidence from the (running) field[J]. The Economic Journal, 125(585): 1053-1071.

WIXOM B H, TODD P A, 2005. A theoretical integration of user satisfaction and technology acceptance[J]. Information Systems Research, 16(1): 85-102.

WOODRUFF R B, 1997. Customer value: The next source for competitive advantage[J]. Journal of the Academy of Marketing Science, 25(2): 139-153.

WU H, ZHU X, 2020. Developing a reliable service system of charity donation during the covid-19 outbreak[J]. IEEE Access, 8: 154848-154860.

XIAO A, HUANG Y, BORTREE D S, et al., 2021. Designing social media fundraising messages: An experimental approach to understanding how message concreteness and framing influence donation intentions[J]. Nonprofit & Voluntary Sector Quarterly, 51(4): 832-856.

XIAO D, ZHANG Z, TIAN Z, et al., 2011. A new Chinese public welfare operation mode based on value network model[C]. 13th International Conference on Enterprise Information Systems, Beijing: 510-514.

XIAO S, YUE Q, 2021. The role you play, the life you have: Donor retention in online charitable crowdfunding platform[J]. Decision Support Systems, 140: 113427.

XU L Z, 2018. Will a digital camera cure your sick puppy? Modality and category effects in donation-based crowdfunding[J]. Telematics and Informatics, 35(7): 1914-1924.

YANG Z, KONG X, SUN J, et al., 2018. Switching to green lifestyles: Behavior change of ant forest users[J]. International Journal of Environmental Research and Public Health, 15(9): 1-14.

YOO S C, DRUMWRIGHT M, 2018. Nonprofit fundraising with virtual reality[J]. Nonprofit Management & Leadership, 29(1): 11-27.

YU H Y, DONG P W, MA T, 2018. Exploring donors' online charity adoption base on trust on information adoption process[C]. International Conference on Management Science and Engineering-Annual Conference Proceedings, Frankfurt: 110-118.

ZAHRA S A, GEORGE G, 2002. The net-enabled business innovation cycle and the evolution of dynamic capabilities[J]. Information Systems Research, 13: 147-150.

ZEITHAML V A, 1988. Consumer perceptions of price, quality, and value: A means-end model and synthesis of evidence[J]. Journal of Marketing, 52: 2-22.

ZHANG H, CHEN W, 2019. Crowdfunding technological innovations: Interaction between consumer benefits and rewards[J]. Technovation, 84-85: 11-20.

ZHANG J L P, 2012. Rational herding in microloan markets[J]. Management Science, 58(5): 892-912.

ZHANG Y, TAN C D, SUN J, et al., 2020. Why do people patronize donation-based crowd-funding platforms? An activity perspective of critical success factors[J]. Computers in Human Behavior, 112: 106470.

ZHAO Y M, HE N N, CHEN Z, et al., 2020. Identification of protein lysine crotonyla-tion sites by a deep learning framework with convolutional neural networks[J]. IEEE Access, 8: 14244-14252.

ZHE O, WEI J, XIAO Y, et al., 2017. Media attention and corporate disaster relief: Evidence from China[J]. Disaster Prevention and Management, 26(1): 2-12.

ZHOU H, PAN Q, 2016. Information, community, and action on sina-weibo: How Chinese philanthropic NGOs use social media[J]. Voluntas, 27(5): 2433-2457.

ZHOU H, YE S, 2019. Legitimacy, worthiness, and social network: An empirical study of the key factors influencing crowdfunding outcomes for nonprofit projects[J]. Voluntas, 30(4): 849-864.

ZHOU H, YE S, 2021. Fundraising in the digital era: Legitimacy, social network, and political ties matter in China[J]. Voluntas, 32(2): 498-511.

ZHOU T, 2013. An empirical examination of continuance intention of mobile payment services[J]. Decision Support Systems, 54: 1085-1091.

ZWASS V, 2010. Co-creation: Toward a taxonomy and an integrated research perspec-tive[J]. International Journal of Electronic Commerce, 15: 11-48.